基础物理实验

韩道福　赵　勇　黄伟军　主编

电子工业出版社

Publishing House of Electronics Industry

北京·BEIJING

内 容 简 介

本书基于当前大学物理实验开设的主要实验项目，涵盖力、热、电、光、磁等基础物理内容。本书中的所有实验均为探索研究型综合性实验，注重引导学生在自主学习过程中的思维导向与价值引领，注重物理知识、实验思维和实验方法的引导和训练，注重对学生的数据处理、分析总结的思维锻炼，以提高学生综合实践能力、培养学生创新能力。

本书可作为高等学校理工科专业"大学物理实验"课程的教材或参考书，也可供其他专业学生和社会读者阅读。

图书在版编目（CIP）数据

基础物理实验 / 韩道福，赵勇，黄伟军主编.

北京 ：电子工业出版社，2024. 12. -- ISBN 978-7-121 -49826-8

Ⅰ. 04-33

中国国家版本馆 CIP 数据核字第 2025UG3332 号

责任编辑：孟　宇

印　　刷：河北鑫兆源印刷有限公司

装　　订：河北鑫兆源印刷有限公司

出版发行：电子工业出版社

　　　　　北京市海淀区万寿路 173 信箱　邮编：100036

开　　本：787×1092　1/16　印张：17　字数：435 千字

版　　次：2024 年 12 月第 1 版

印　　次：2024 年 12 月第 1 次印刷

定　　价：59.80 元

凡所购买电子工业出版社图书有缺损问题，请向购买书店调换。若书店售缺，请与本社发行部联系，联系及邮购电话：（010）88254888，88258888。

质量投诉请发邮件至 zlts@phei.com.cn，盗版侵权举报请发邮件至 dbqq@phei.com.cn。

本书咨询联系方式：mengyu@phei.com.cn。

前　言

　　物理实验是理论与实验相融合的综合性实践课程，高等院校大学生通过物理实验课程的系统培养，能够为他们的实验知识构建、实验技能养成、科学素养训练和初步的科研创新能力形成打下重要基础。在传统的大学物理实验教学过程中，学生过于依赖教师的讲解、演示，主要进行的是模仿式实验，多年实践经验表明，这种教学方式不利于学生提高思考问题和解决问题的能力，进而导致学生对物理实验兴趣不高，并且学生从这门课中的获益较少。为此，本书采用全新的编写体例，每个实验以问题导向开篇，从物理问题入手，通过物理原理、实验方法来解决相应的物理问题，同时启发学生对整个实验过程进行分析，并引导学生进一步进行思考与总结。这样一来就把实验学习的主动权交给了学生，可以极大地调动学生的兴趣和学习积极性。换一个角度讲，本书编写体例特别重视物理思想和创新思维的培养，注重引导学生对构建物理模型和实验设计思想的分析理解，让学生积极思考、提出问题，寻找解决问题思路和方法，开展实验探索与求证，提高学生对仪器、系统和实验设计思路的深层次融会贯通，进而提升物理实验教学成效。

　　本书按照下列逻辑思路来编写：绪论部分内容着重从能力培养方面谈为什么要学物理实验，突出知识学习和能力培养。测量和数据处理单独成一章，清晰地阐述了测量和数据处理的基础知识、基本方法，其内容简洁明了、主题突出，使学生容易掌握。实验中的通用测量工具、仪器作为基础学习内容从具体的实验项目内容中独立出来，单独成节进行介绍，这样使得学生能更好地聚焦于每章节的具体实验内容。各实验项目以问题研究为导向，按照知识铺垫、思维引导、问题形成和探索解决的逻辑机制或结构体系编写，这有利于培养学生深入学习、解决问题的能力。需要特别指出的是，在各实验项目中，有意对实验步骤或仪器操作方法、实验数据表格和实验具体过程等做了部分省略，并且不限定实验内容和实验流程，避免学生照葫芦画瓢，机械、程序化地完成实验，而是通过本书来引导学生检索查阅资料、自由探索，给学生更多思考的空间，这对于培养学生自学能力、实验设计能力、研究和创新能力是非常重要的！

　　物理实验教学是一个集体的事业，实验教学的每个环节都需要很多实验教师和实验技术人员长期的努力和改进，本书是南昌大学物理实验中心多年来集体劳动的成果。参加本书编写工作的有韩道福、胡萍、黄伟军、洪文钦、李寅、袁吉仁、赵勇、钟双英等老师，同时朱雨微、梅静雯、宁轩、张云飞等参与了部分资料搜集和文字整理工作，全书由韩道福、赵勇策划并统稿。

　　在本书编写过程中参阅了有关著作和文献，在此一并表示诚挚的感谢和敬意。由于编者经验和知识能力有限，错误和不妥之处在所难免，敬请批评指正！

编者
2024 年 9 月

目　录

第1章　绪论

"大学物理实验"课程是高等学校理工科类专业学生的必修基础课程，是本科生掌握系统实验方法和实验技能的开端，该课程也是为学生系统讲授物理实验方法和训练学生实验基本技能的一门重要基础课程。通过对物理实验学习不仅可以加深对物理理论的理解，更重要的是使学生在基础实验知识、实验方法和技能等方面得到较为系统、严格的训练。在培养学生良好的科学素质及科学世界观方面，大学物理实验也具有不可替代的作用。

1.1　课程目的和任务

通过对物理实验现象的观测、分析和物理量的测量，学习物理实验基本知识和技能，加深对物理学原理的理解，提高对科学实验重要性的认识，使学生获得必要的实验知识。课程内容包括对实验仪器的规范操作、基本实验方法、实验操作技能、正确记录数据并对数据处理分析、自主创新设计实验及撰写实验报告等。

培养学生实事求是的科学素养、严谨踏实的工作作风，勇于探索、坚韧不拔的钻研精神以及遵守纪律、团结协作、爱护公物的优良品德。

1.2　教学环节

1. 课前预习

课前预习是实验过程是否顺利的关键环节，要求学生仔细阅读实验教材及相关背景资料，撰写预习报告，预习报告要简明扼要地阐述实验依据的原理，包括主要的公式、电路和光路图、待测物理量、实验仪器、实验方法及实验关键步骤等。

2. 实验操作

实验操作是整个实验教学环节的核心。在上课过程中应遵守实验室规则，规范操作仪器，注意细心观察实验现象，当遇到问题（如对实验现象有疑问或者仪器发生故障）时，及时请示指导教师。

严肃对待实验数据，要用钢笔或圆珠笔记录原始数据，不能使用铅笔。如确实记错了，也不要涂改，应轻轻画上一道，并在旁边写上正确的值（错误多的，须重新记录），使正误数据都能清晰可辨，以供在分析测量结果和误差时参考。这样做有助于养成良好的实验习惯。

在离开实验室前，必须把实验数据交给教师审阅签字，整理还原仪器后方可离开实验室。

3. 实验报告

实验报告是在预习报告基础上完成实验数据处理和小结讨论工作的完整报告。实验数据处理过程包括计算、作图、误差分析等，其中数据计算要保留一些必要的计算过程。作图要按作图规则进行，图线要规整、平滑、美观。在处理完实验数据后，应给出实验结果和实验结论。实验报告应规范完整、条理清晰、图表正确、数据完备、结果正确。

实验报告主要包括以下内容。

（1）实验名称。

（2）实验目的。

（3）实验仪器。

（4）实验原理。简要阐述实验原理，包括电路图、光路图或实验装置示意图等，以及测量中依据的主要公式，式中各量的物理含义及单位，公式成立应满足的实验条件等。切记不能照抄。

（5）实验步骤。重点写"做什么，怎么做"和实验注意事项。

（6）数据表格与数据处理。要记录仪器编号、规格及完整的实验数据，还要完成相关计算、曲线图、误差分析，最后写明实验结果。

（7）小结或讨论。内容不限，可以是对实验现象的分析、对实验关键问题的研究体会，以及实验的收获和建议，并解答相应的思考题。

1.3　实验室规则

学生必须提前十分钟按顺序进入实验室，同时须带上预习报告（有了该报告，说明学生完成了指定的实验前预习内容，若课前不做预习，则不准参加本次实验课）和记录实验数据的表格，经指导教师检查同意后方可开始实验。因故不能到课，须向教师请假，经许后方可安排补做实验。

遵守实验室规则，按照指定编组就坐，不得随意动用他组及与本实验无关的其他仪器。

严禁在实验室内喧哗，确保实验室安静、整洁。

实验过程中要注意安全，如发生设备故障，应立即切断电源，并报告指导教师及时处理。

爱护仪器设备和实验室设施，节约用水、用电和实验材料等，公用工具用完后应及时放回原处。严禁私自将仪器拿出实验室，恶意损害仪器应照价赔偿。

实验完毕后，学生应将仪器整理还原，将台面和附近实验区收拾整齐，经指导教师确认测量数据和仪器还原情况并签字后，方能离开实验室。

实验报告应在实验后一周内上交。

第 2 章　测量误差、不确定度与数据处理

物理实验的目的是探寻和验证物理规律，通过对测量数据认真、有效地处理，能得出合理的结论，从而把感性认识上升为理性认识，形成或验证物理规律。数据处理是物理实验中一项极其重要的工作，数据处理方法包括确定测量误差、确定有效数字、进行不确定度评定等。

2.1　测量与误差

2.1.1　测量

在进行物理实验时，不仅要对物理现象进行定性的观测和研究，更重要的是对所观测到的物理现象进行定量的测量，得出物理量之间的关系，进而表明物理性质，得出物理规律。

测量就是将被测量和选作标准单位的同物理量之间比较得出其倍数的过程，因此，一**个物理量的测量值应由数值和单位两部分组成。**

1. 直接测量和间接测量

根据测量方式的不同，对物理量的测量可分为**直接测量**和**间接测量**。凡是直接由仪器获取物理量数值的测量称为直接测量，相应的物理量称为直接测量量。若通过待测量和若干个直接测量量之间的函数关系求出，则这样的测量称为间接测量。相应的物理量称为间接测量量。

2. 等精度测量和非等精度测量

根据测量条件的不同，物理量的测量可分为等精度测量和非等精度测量。凡是在测量过程中，每次测量的条件都相同，没有根据判断哪一次测量更为精确，这样的一系列测量称为**等精度测量**，反之为**非等精度测量**。

通常在测量过程中，要保证测量条件始终不变是十分困难的。例如，测量的环境、测量者、测量方法和测量仪器等，如果其中一个条件改变了，那么等精度测量就变成了非等精度测量。处理非等精度测量的数据很困难，因此在某个条件变化不大时，仍可视为等精度测量。

2.1.2　误差和分类

在测量一个物理量时，其在客观世界具有的真实大小称为**真值**。测量次数趋于无穷时算术平均值趋于真值。因此，多次测量结果的平均值可作为近真值。由于测量仪器、测量方法、测量环境及测量条件等的限制和影响，测量值和真值之间会存在一些偏差，这种偏差称为**误差**，也称为**绝对误差**，它反映了测量值偏离真值的大小与方向，其直接反映的是测量结

果的可靠性。测量误差按其产生的原因与性质可分为系统误差、随机误差和过失误差三大类。

1．系统误差

在相同条件下对同一物理量进行多次测量，其误差总是使测量结果向一个方向偏离，其数值是一定的或按某种规律变化的，这种误差称为**系统误差**。系统误差的来源有以下三个方面。

（1）测量仪器的不完善、仪器不够精密或安装调整不妥。如刻度不准、零点不对、天平臂不等长、砝码未经校准等。

（2）实验理论和实验方法不完善，所引用的理论与实验条件不符。如在空气中测量质量而没有考虑空气阻力的影响，故所测结果偏小；在测量电压时，未考虑电压表内阻对电压的影响等。

（3）实验者的生理或心理特点，以及缺乏实验经验。如有些人习惯侧坐、斜视读数，有些人的眼睛辨色能力较差等，这些都会使测量值偏大或偏小。

若要减小或消除系统误差，首先应在设计实验时对实验方法予以考虑，或者对使用的公式进行修正，其次在实验时应对使用的仪器、仪表进行校准。

2．随机误差

在等精度测量条件下，对同一物理量进行多次测量，其误差的绝对值时大时小，其符号时正时负，既不可预料也不可控制，呈现一种随机性，这种误差称为随机误差**也称偶然误差**。

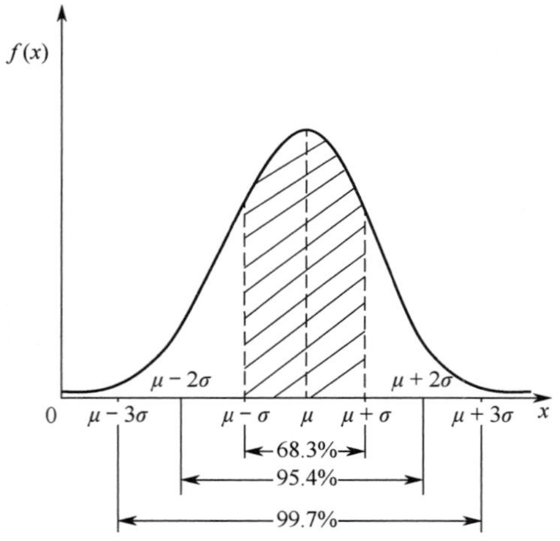

以测量值 x 为横坐标，以误差出现的概率密度 $f(x)$ 为纵坐标，则多次测量结果的随机误差概率密度可用如图 2.1 所示的正态分布曲线表示。从图 2.1 可以看出，测量值在 $x = \mu$ 处的密度最大，相应横坐标 μ 点为测量次数 $n \to \infty$ 时的测量平均值。图 2.1 中 σ 为正态分布的标准偏差，是表征测量量分散性的参数。当曲线与 x 轴之间总面积为 1 时，介于横坐标上任意两点间的面积可用来表示此范围内的概率。由此曲线可得出随机误差的特点如下。

图 2.1　正态分布曲线

（1）误差的绝对值不会超过某一最大值 $\Delta_{\max}$，即具有有界性。

（2）绝对值小的误差出现的概率大，绝对值大的误差出现的概率小，即具有单峰性。

（3）绝对值相同的正、负误差出现的概率相等，即具有对称性。

（4）随机误差的算术平均值随测量次数的增加而减小，即具有抵偿性。

由此可见，虽然随机误差因不可预知而无法避免，从个别测量值来看，它的数值具有随机性，但是如果测量次数足够多，就会发现随机误差遵从一定的统计规律，可以用概率理论来估算它。

通过多次测量，利用随机误差统计规律而达到互相补偿的目的，要尽可能消除偶然误差的影响。

下面介绍标准偏差与偶然误差的估算。

测量值 x 的正态分布函数为

$$f(x) = \frac{1}{\sqrt{2\pi}\sigma} \int_{-\infty}^{x} e - \frac{(t-u)^2}{2\sigma^2} dt \tag{2.1}$$

其中，μ 表示 x 出现的概率最大的值，在消除系统误差后，μ 为真值，σ 称为标准偏差，它反映了测量的离散程度。定义 $\xi = \int_{x_1}^{x_2} f(x)dx$，表示变量 x 在区间 (x_1, x_2) 内出现的概率称为置信概率。x 出现在 $(\mu-\sigma, \mu+\sigma)$ 之间的概率为

$$\xi = \int_{x_1}^{x_2} f(x)dx = 0.683 \tag{2.2}$$

说明对任一次测量出现在区间 $(\mu-\sigma, \mu+\sigma)$ 内的可能性均为 0.683。为了给出更方便的置信水平，置信区间可扩展为 $(\mu-2\sigma, \mu+2\sigma)$ 和 $(\mu-3\sigma, \mu+3\sigma)$，其置信概率分别为

$$\xi = \int_{x_1}^{x2} f(x)dx = 0.954 \text{ 和 } \xi = \int_{x_1}^{x2} f(x)dx = 0.997 \tag{2.3}$$

如果对物理量 x 测量 n 次，每次测量值均为 x_i，则 x 的标准偏差可用贝塞尔公式估算，即

$$\sigma_x = \sqrt{\frac{\sum_{i=1}^{n}(x_i - \bar{x})^2}{n-1}} = \frac{\sigma}{\sqrt{n}} \tag{2.4}$$

其意义为任意一次测量的结果落在区间 $(\bar{x}-\sigma_x, \bar{x}+\sigma_x)$ 内的概率均为 0.683。

算术平均值的标准偏差表示测量值对真值的离散程度，估算公式为

$$\sigma_{\bar{x}} = \sqrt{\frac{\sum(\bar{x}-x_i)^2}{n(n-1)}} = \frac{\sigma_x}{\sqrt{n}} \tag{2.5}$$

式（2.5）说明，平均值的标准偏差是 n 次测量值的标准差的 $1/\sqrt{n}$，显然 $\sigma_{\bar{x}}$ 小于 σ_x。$\sigma_{\bar{x}}$ 的意义是待物理量处于区间 $(\bar{x}-\sigma_{\bar{x}}, \bar{x}+\sigma_{\bar{x}})$ 内的概率均为 0.683。从式（2.5）可以看出，当 n 为无穷大时，$\sigma_{\bar{x}}=0$，即测量次数无穷多时，测量值的平均值就是真值。

当测量次数相当多时，测量值才近似为正态分布，上述结果才成立。在测量次数较少的情况下，测量值偏离正态分布较多，呈 t 分布；当测量次数较多时，t 分布趋于正态分布。当测量次数较少或置信概率较高时，$t>1$；当测量次数 $n \geq 10$ 且置信概率为 68.3% 时，$t \approx 1$。在物理实验中，置信概率采用 0.95。$t_{0.95}$ 和 $t_{0.95}/\sqrt{n}$ 的值见表 2.1。

表 2.1　$t_{0.95}$ 和 $t_{0.95}/\sqrt{n}$ 的值

$t_{0.95}$ 与 $t_{0.95}/\sqrt{n}$	n									
	3	4	5	6	7	8	9	10	15	20
$t_{0.95}$	4.30	3.18	2.78	2.57	2.45	2.36	2.31	2.26	2.14	2.09
$t_{0.95}/\sqrt{n}$	2.48	1.59	1.204	1.05	0.926	0.843	0.770	0.715	0.553	0.467

3. 过失误差

过失误差主要是由于测量人员的粗心大意，或仪器设备的不完善，或实验环境和测量条件发生突变、干扰造成的异常值，故也称粗大误差。若测量值经过科学的判断证实为过失误差，应马上将其剔除。

2.2 测量的不确定度和测量结果的表示

2.2.1 测量的不确定度

测量误差存在于一切测量过程中。由于测量误差的存在而对测量值不能确定的程度，即为测量的不确定度，它给出测量结果不能确定的误差范围。一个完整的测量结果不仅要标明其测量值大小，还要标出测量的不确定度，以表明该测量结果的可信赖程度。

目前已普遍采用不确定度来表示测量结果的误差，在我国于 1992 年 10 月开始实施的《测量误差和数据处理技术规范》中，也规定了利用不确定度评价测量结果的误差。

通常不确定度按计算方法分为两类，即用统计计算方法对具有随机误差性质的测量值计算获得的 A 类分量 u_A，以及用非统计计算方法获得的 B 类分量 u_B。

1. 不确定度 A 类分量

不确定度 A 类分量一般取多次测量平均值的标准偏差，取置信概率一般为 0.95。从表 2.1 中可以看出，当 $n=6$ 时，与 $t_{0.95}/\sqrt{n} \approx 1$，取 $\mu_A = \sigma_x$，即在置信概率为 0.95 的前提下，A 类不确定度可以用测量值的标准偏差 σ_x 估算，即

$$u_A = \sigma_x = \sqrt{\frac{\sum_{i=1}^{n}(x_i - \overline{x})^2}{(n-1)}} \tag{2.6}$$

2.2.2 不确定度 B 类分量

凡是不能用统计方法来处理的不确定度均为 B 类不确定度，不确定度的 B 类分量是用非统计方法计算的分量，如仪器误差等。在物理实验中，可简化用仪器标定的最大允差 $\Delta_仪$ 来表述，即不确定度的 B 类分量 μ_B 取仪器标定的最大允差 $\Delta_仪$。$\Delta_仪$ 包含了仪器的系统误差，也包含了环境及测量者自身可能出现的变化（具随机性）对测量结果的影响。$\Delta_仪$ 可从仪器说明书中得到，它表征同一规格型号的合格产品，在正常使用条件下，可能产生的最大误差。一般而言，$\Delta_仪$ 为仪器最小刻度所对应的物理量的数量级（但不同仪器差别很大）。例如，指针式电表的最大允差是量程乘以级别的百分数，即若用量程为 100V 的一级电压表，测量一个电池的电动势（为 1.5V），电压表的不确定度为 1.0V。对于数字电表，仪器最大允差为读数乘以级别的百分数，再加上最末位的若干单位。即如某精度为 1.0 级的三位半电表，用 100.0V 量程测量电池电动势，读数为 1.5V。按其说明书，读数乘级别的 1%，再加上末位的（如）5 个单位，则测量结果的不确定度为(0.015+0.5)V=0.52V。若改用 10.00V

量程，则不确定度为 0.015+0.05=0.065V。

某些常用实验仪器的最大允差 $\Delta_{仪}$ 见表 2.2。

表 2.2　某些常用实验仪器的最大允差

仪器名称	量程	最小分度值	最大允差
钢板尺	150mm	1mm	±0.10mm
	500mm	1mm	±0.15mm
	1000mm	1mm	±0.20mm
钢卷尺	1m	1mm	±0.8mm
	2m	1mm	±1.2mm
游标卡尺	125mm	0.02mm	±0.02mm
		0.05mm	±0.05mm
螺旋测径器（千分尺）	0~25mm	0.01mm	±0.004mm
七级天平（物理天平）	500g	0.05g	0.08（接近满量程）、0.06g（1/2 量程）、0.04g（1/3 量程）
三级天平（分析天平）	200g	0.1mg	1.3mg（接近满量程）、1.0mg（1/2 量程）、0.7mg（1/3 量程）
普通温度计（水银或有机溶剂）	0~100℃	1℃	±0.1℃
精密温度计（水银）	0~100℃	0.1℃	±0.2℃
电表（0.5 级）	—	—	0.5%×量程
电表（0.1 级）			0.1%×量程
数字万用表	—	—	$\alpha\% \cdot U_x + \beta\% \cdot U_m$（其中 U_x、U_m 分别表示测量值（即读数）及满度值（即量程）。α, β 对不同的测量功能有不同的读数。通常将 $\beta\% \cdot U_m$ 用"数字"表示，如"2 个字"等）

2.2.3　不确定度的评定和测量结果的表示

1．直接测量量的不确定度

（1）在进行单次测量时，u 常用极限误差 Δ 表示。Δ 的取法一般有两种：一种是仪器标定的最大允差 $\Delta_{仪}$；另一种是根据不同仪器、测量对象、环境条件、仪器灵敏阈值等估计一个极限误差。两者中取数值较大的作为 Δ 值。

（2）在进行多次测量时，采用下面的步骤计算直接测量量的不确定度。

① 求测量数据的算术平均值：$\overline{x} = \dfrac{\sum x_i}{n}$。

② 用贝塞尔公式计算标准差：$\sigma_x = \sqrt{\dfrac{\sum (\overline{x} - x_i)^2}{n-1}}$

③ 用标准差乘以一个置信参数 $t_{0.95}/\sqrt{n}$，若测量次数 $n=6$，取 $t_{0.95}/\sqrt{n} \approx 1$，则 $\mu_A = \sigma_x$。

④ 根据仪器标定的最大允差 $\Delta_{仪}$ 确定 $\mu_B = \Delta_{仪}$。

⑤ 由 μ_A、μ_B 合成的不确定度为 $u = \sqrt{\mu_A{}^2 + \mu_B{}^2}$。若 A 类分量有 n 个，B 类分量有 m 个，那么合成不确定度为 $u = \sqrt{\sum_{i=1}^{n} \mu_{A_i}{}^2 + \sum_{i=1}^{m} \mu_{B_i}{}^2}$。

⑥ 计算相对不确定度：$u_r = \dfrac{u}{\bar{x}} \times 100\%$。

⑦ 给出测量结果

$$\begin{cases} x = (\bar{x} \pm u) \quad 单位 \\ u_r = \dfrac{u}{\bar{x}} \times 100\% \end{cases}$$

【例 2.1】在室温 23℃下，用共振干涉法测量超声波在空气中传播的波长 λ，其数据如表 2.3 所示，试用不确定度表示测量结果。

表 2.3　用共振干涉法测量超声波在空气中传播的波长 λ

N	1	2	3	4	5	6
λ /cm	0.6872	0.6854	0.6840	0.6880	0.6820	0.6880

解：波长 λ 的平均值为

$$\bar{\lambda} = \frac{1}{6}\sum_{i=1}^{6} \lambda_i = 0.6858（cm）$$

任意一次测量值的标准差为

$$\sigma_\lambda = \sqrt{\frac{\sum_{1}^{6}(\bar{\lambda} - \lambda_i)^2}{(6-1)}} = \sqrt{\frac{2.9 \times 10^3 \times 10^{-8}}{5}} \approx 0.0024 （cm）$$

实验装置的游标示值误差为：$\Delta_{仪} = 0.002\text{cm}$。波长不确定度的 A 类分量为：$\mu_A = \sigma_\lambda = 0.0024\text{cm}$。B 类分量为：$\mu_B = \Delta_{仪} = 0.002\text{cm}$。

于是波长的合成不确定度为

$$u_\lambda = \sqrt{\mu_A{}^2 + \mu_B{}^2} = \sqrt{(0.0024)^2 + (0.0020)^2} \approx 0.003(\text{cm})$$

相对不确定度为

$$u_{r\lambda} = \frac{u_\lambda}{\bar{\lambda}} \times 100\% = 0.45\%$$

测量的结果为

$$\begin{cases} \lambda = (0.686 \pm 0.003)(\text{cm}) \\ u_{r\lambda} = 0.45\% \end{cases}$$

2．间接测量量的不确定度

间接测量量是由直接测量量根据一定数学公式计算出来的。设间接测量所用的数学公

式可以表为如下的函数形式

$$N = F(x, y, z, \cdots) \tag{2.7}$$

式中的 N 是间接测量量，$x, y, z\cdots$ 是直接测量量，它们是相互独立的量。设 $x, y, z\cdots$ 的不确定度分别为 $u_x, u_y, u_z, \cdots$，则间接测量量的不确定度的传递公式为

$$u = \sqrt{\left(\frac{\partial F}{\partial x}\right)^2 (u_x)^2 + \left(\frac{\partial F}{\partial y}\right)^2 (u_y)^2 + \left(\frac{\partial F}{\partial z}\right)^2 (u_z)^2 + \cdots} \tag{2.8}$$

$$u_r = \frac{u_N}{N} = \sqrt{\left(\frac{\partial LnF}{\partial x}\right)^2 (u_x)^2 + \left(\frac{\partial LnF}{\partial y}\right)^2 (u_y)^2 + \left(\frac{\partial LnF}{\partial z}\right)^2 (u_z)^2 + \cdots} \tag{2.9}$$

使用如下步骤计算间接测量量的不确定度。

（1）先写出（或求出）各直接测量量的不确定度。

（2）根据 $N = F(x, y, z, \cdots)$ 的关系求出 $\frac{\partial F}{\partial x}, \frac{\partial F}{\partial y} \cdots$，或 $\frac{\partial LnF}{\partial x}, \frac{\partial LnF}{\partial y}$。

（3）用 $u = \sqrt{\left(\frac{\partial F}{\partial x}\right)^2 (u_x)^2 + \left(\frac{\partial F}{\partial y}\right)^2 (u_y)^2 + \left(\frac{\partial F}{\partial z}\right)^2 (u_z)^2 + \cdots}$，

或

$$u_r = \frac{u_N}{\overset{*}{N}} = \sqrt{\left(\frac{\partial LnF}{\partial x}\right)^2 (u_x)^2 + \left(\frac{\partial LnF}{\partial y}\right)^2 (u_y)^2 + \left(\frac{\partial LnF}{\partial z}\right)^2 (u_z)^2 + \cdots}$$

求出 u 和 u_x。也可用传递公式，直接用各直接测量量的不确定度进行计算（见表 2.4）。

（4）给出测量结果

$$\begin{cases} N = (\overline{N} + u) \\ u_r = \dfrac{u}{\overline{N}} \times 100\% \end{cases}, \quad \overline{N} = f(\overline{x}, \overline{y}, \overline{z}, \cdots)$$

【例 2.2】已知金属环的内径 $D_1 = (0.2880 \pm 0.004)\text{cm}$，外径 $D_2 = (3.600 \pm 0.004)\text{cm}$，高度 $H = (2.575 \pm 0.004)\text{cm}$。求金属环的体积，并用不确定度表示实验结果。

解：求金属的体积 $\overline{V} = \dfrac{\pi}{4}(D_2^2 - D_1^2)H = \dfrac{\pi}{4} \times (3.600^2 - 2.880^2) \times 2.575 = 9.436\text{cm}^3$。

求偏导有

$$\frac{\partial \ln V}{\partial D_2} = \frac{2D_2}{D_2^2 - D_1^2}, \quad \frac{\partial \ln V}{\partial D_1} = \frac{-2D_2}{D_2^2 - D_1^2}, \quad \frac{\partial \ln V}{\partial H} = \frac{1}{H}$$

$$u_{rV} = \frac{u_V}{\overline{V}} = \sqrt{\left(\frac{2D_2 u_{D_2}}{D_2^2 - D_1^2}\right)^2 + \left(\frac{-2D_1 u_{D_1}}{D_2^2 - D_1^2}\right)^2 + \left(\frac{u_H}{H}\right)^2} = （代入数据）=0.008 = 0.8\%$$

求出 $u_V = \overline{V} u_{rV} = 0.936 \times 0.008 \approx 0.08\text{cm}^3$。

实验结果为

$$\begin{cases} V = (9.44 \pm 0.08)\text{cm}^3 \\ u_{rV} = 0.8\% \end{cases}$$

常用函数的不确定度传递公式如表 2.4 所示。

表 2.4　常用函数的不确定度传递公式

测 量 关 系	不确定度传递公式
$N = x + y$	$u = \sqrt{u_x{}^2 + u_y{}^2}$
$N = x - y$	$u = \sqrt{u_x{}^2 + u_y{}^2}$
$N = kx$	$u = ku_x, u_r = \dfrac{u}{x}$
$N = \sqrt[k]{x}$	$u_r = \dfrac{1}{k} \cdot \dfrac{u}{x}$
$N = xy$	$u_r = \sqrt{u_{rx}{}^2 + u_{ry}{}^2}$
$N = \dfrac{x}{y}$	$u_r = \sqrt{u_{rx}{}^2 + u_{ry}{}^2}$
$N = \dfrac{x^k \times y^m}{z^n}$	$u_r = \sqrt{(ku_{rx})^2 + (mu_{ry})^2 + (nu_{rz})^2}$
$N = \sin x$	$u_r = |\cos x| u_x$
$N = \ln x$	$u = u_{rx}$

2.3　有效数字及其运算规则

2.3.1　有效数字的概念

既然任何一个物理量的测量结果都包含误差，那么就不应该对物理量数值的尾数进行任意取舍。测量结果只写到开始有误差的那一位数或两位数，以后的数按"四舍六入五凑偶"方法进行取舍。"五凑偶"是指对"5"进行取舍的法则，如果 5 的前一位是奇数，则将 5 进上，使有误差末位为偶数，若 5 的前一位是偶数则将 5 舍去。把测量结果中可靠的几位数字加上有误差的一到两位数字称为测量结果的有效数字。或者说，有效数字中最后一到两位数字是不确定的。显然，有效数字是表示不确定度的一种粗略的方法，而不确定度则是有效数字中最后一到两位数字不确定度的定量描述，它们都表示含有误差的测量结果。

有效数字的位数与小数点的位置无关，如 1.23 与 123 都是三位有效数字。关于"0"是不是有效数字的问题，可以这样来判断：从左到右数，以第一个不是零的数字为起点，其左边的"0"不是有效数字，其右边的 0 不可以省略。例如，不能将 1.3500cm 写成 1.35cm，因为它们的准确程度是不同的。

有效数字位数的多少大致反映相对误差的大小，有效数字越多，则相对误差越小，测量结果的准确度越高。

2.3.2　测量结果的有效数字

不确定度本身只是一个估计值，一般情况下，不确定度的有效数字一般只取一位（只在第一位数值为 1 或 2 时取两位），如有尾数则进位。例如，0.0232 进位成 0.024；0.00311

进位成 0.004。

测量结果的有效数字位数由不确定度来确定。测量结果的末位须与不确定度的末位取齐。如 L=(1.00±0.02)cm。

一次直接测量结果的有效数字由仪器极限误差或估计的不确定度来确定。多次直接测量算术平均值的有效数字由计算得到平均值的不确定度来确定。对于间接测量结果的有效数字，也是先算出结果的不确定度，再由不确定度来确定的。

当测量结果很大或很小时，用科学计数法表示。例如，某年我国人口为七亿五千万，极限误差为二千万，就应写作 $(7.5±0.2)×10^4$ 万，其中 $(7.5±0.2)$ 表明有效数字和不确定度，10^4 万表示单位。

2.3.3　有效数字的运算法则

在有效数字运算过程中，为了不因运算而引入"误差"或损失有效数字，影响测量结果的精度，统一规定有效数字的**近似运算法则**如下：

（1）在所有量相加（或相减）时，其和（或差）数在小数点后应保留的位数与所有数中小数点后位数最少的一个相同。

（2）在所有量相乘（或相除）后保留的有效数字，只需与诸因子中有效数字最少的一个相同。

（3）乘方与开方的有效数字与其底的有效数字相同。

（4）一般来说，函数运算的位数应根据误差分析来确定。在物理实验中，为了简便和统一起见，对常用的对数函数、指数函数和三角函数做如下规定：对数函数运算后的尾数取位与真数的位数相同；指数函数运算后的有效数字的位数可与指数的小数点后的位数相同（包括紧接小数点后的零）；三角函数的取位随弧度的有效数字的多少来决定运算结果的有效数字。

（5）在运算过程中，可能会遇到一种特定的数，即正确数。例如，将半径化为直径 $d = 2r$ 时出现的倍数 2，它不是由测量得来的。还有实验测量次数 n，它总是正整数，没有可疑部分。有效数字的运算法则不适用于正确数，只需由其他测量值的有效数字的多少来决定运算结果的有效数字。

（6）在运算过程中，还可能会遇到一些常数，如 π，g 之类，一般取这些常数与测量的有效数字的位数相同。例如：圆周长 $l = 2\pi R$，当 R=2.356mm 时，此时 π 应取 3.142。

有效数字的位数多少决定于测量仪器，而不决定于运算过程。因此，在选择计算工具时，应使其所给出的位数不少于应有的有效位数，否则将使测量结果精度降低，这是不允许的。相反通过计算工具随意增多测量结果的有效位数也是错误的，不要认为计算出的结果位数越多越好。

注意，要学会正确取得数据，以及记录、分析和处理这些数据，即要学会在数据的海洋里航行。这对科学实验者来说是十分重要的。

2.4　数据处理基本方法

数据处理是物理实验的重要环节，通过对实验数据进行记录、整理、计算、分析，从而找出测量对象数据的内在规律，并正确地给出实验结果。

2.4.1　列表法

对一个物理量进行多次测量，或者测量几个量之间的关系，往往借助列表法把实验数据列成表格。该方法的好处是，使大量数据清晰、醒目，并且易于检查数据和发现问题，同时有助于反映出物理量之间的对应关系。

表格没有统一的格式，但在设计表格时，要能充分反映上述优点，需注意以下几点。

（1）各栏目都要注明名称和单位。

（2）栏目顺序应注意数据间的联系和计算顺序，力求简明、齐全、有条理。

（3）对于反映测量值函数关系的数据表格，应按自变量由小到大或由大到小的顺序排列。

（4）在填写测量值到表格中时，要遵守有效数字规则，同一栏目测量值的有效位数要相同。

2.4.2　图解法

图解法是实验数据处理的重要方法之一，图线能够明显地表示出实验数据之间的关系，并且通过它可以找出两个量之间的数学关系式。作图的基本要求如下。

（1）作图纸的选择。

作图纸分为直角坐标纸（毫米方格纸）、对数坐标纸、半对数坐标和极坐标纸等几种，根据作图需要进行选择。

（2）坐标比例的选取与标度。

作图时通常将自变量作为横坐标（X 轴），将因变量作为纵坐标（Y 轴），并标明坐标轴代表的物理量（相应的符号）和单位。坐标比例的选取，原则上要做到数据中的可靠数字在图上应是可靠的。纵横坐标比例可以不同，标度也不一定从零开始。总之要充分利用图纸。

在坐标轴上，应均匀地每隔一定间距（如 2cm）标出分度值，标记所用有效数字应与实验数据的有效数字相同。

（3）数据点的标出。

实验数据点用符号"+"标出，符号"+"的交点正是数据点的位置。同一张图上如有几条实验曲线，各条曲线的数据点可用不同的符号（×、⊙等）标出，以示区别。

（4）曲线的描绘。

由实验数据点描绘出平滑的实验曲线，连线要用透明直尺或三角板、曲线板等连接，要尽可能使所描绘的曲线通过较多的测量点。对那些严重偏离曲线的个别点，应检查标点是否有错误。若没有错误，在连线时可不予考虑。其他不在图线上的点应均匀地分布在曲线的两侧。对于仪器仪表的校正曲线和定标曲线，连接时应将相邻的两点连成直线，整个曲线呈折线形状。

（5）注解和说明。

在图纸上要写明图线的名称、作图者姓名、日期及必要的说明（如实验条件，包括温度、气压等）。

（6）利用直线图解法求出斜率和截距。

① 选点。用两点法进行选点。因为直线不一定通过原点，所以不能采用一点法。在直线上取相距较远的两点 $A(x_1, y_1)$ 和 $B(x_2, y_2)$。这两点不一定是实验数据点，并用与实验数据点不同的记号表示，在记号旁注明其坐标值。如果所选两点距离过近，则在计算斜率时会减少有效数字的位数。注意，不能在实验数据范围以外选点，因为这样无实验依据。

② 求斜率。直线方程为 $y = a + bx$，将 A 和 B 两点坐标值代入，便可求出斜率。即

$$b = (y_2-y_1)/(x_2-x_1) \quad （单位）$$

③ 求截距。若坐标起点为零，则可将直线用虚线延长得到与纵坐标轴的交点，便可求出截距，即

$$a = (x_2 y_1 - x_1 y_2)/(x_2-x_1) \quad （单位）$$

（7）曲线改直。

对于两个变量之间的函数关系是非线性的情况，如果它们之间的函数关系是已知的，或者准备用某种关系式去拟合曲线时，应尽可能通过变量变换将非线性函数曲线转换为线性函数的直线。例如：

① $PV = C$ （C 为常数），令 $U = 1/V$，则 $P = CU$，可见 P 与 U 呈线性关系。

② $T = 2\pi\sqrt{l/g}$，令 $Y = T^2$，则 $Y = 4\pi^2 l/g$，则 Y 与 l 呈线性关系，斜率为 $4\pi^2/g$。

③ $y = ax^b$，式中 a 和 b 为常数。等式两边取对数得 $\log y = \log a + b\log x$。于是，$\log y$ 与 $\log x$ 呈线性关系，b 为斜率，$\log a$ 为截距。

2.4.3　逐差法

在两个变量间存在多项式函数关系，且自变量为等差级数变化情况下，用逐差法处理数据，既能充分利用实验数据，又具有减小误差的作用。具体做法是，将测量得到的偶数组数据分为两组，并将对应项分别相减，然后再求平均值。

例如，求弹簧的倔强系数 k，砝码质量用 m 表示，弹簧长度用 l 表示，测量得到的数据如表 2.5 所示。

表 2.5　测量的数据

次数 i	m_i/g	l_i/cm	次数 i	m_i/g	l_i/cm
1	0	10.00	5	40	13.22
2	10	10.81	6	50	14.01
3	20	11.60	7	60	14.83
4	30	12.43	8	70	15.62

解：$\Delta l_1 = l_5 - l_1 = 13.22 - 10.00 = 3.22$ cm。

$\Delta l_2 = l_6 - l_2 = 14.01 - 10.81 = 3.20$ cm。

$\Delta l_3 = l_7 - l_3 = 14.83 - 11.60 = 3.23$ cm。

$\Delta l_4 = l_8 - l_4 = 15.62 - 12.43 = 3.19$ cm。

Δl 相当于加 40g 砝码弹簧的伸长量，于是

$$k = \frac{4f}{\Delta l} = \frac{4 \times 10 \times 9.80 \times 10^{-3}}{(3.22 + 3.20 + 3.23 + 3.19) \times 10^{-2} \div 4} = 12.2(\text{N}/\text{m})$$

4．最小二乘法

最小二乘法是一系列近似计算方法中最为准确的一种，采用最小二乘法能从一组等精度的测量值中确定最佳值，该最佳值是各测量值的误差平方和最小的这个值。采用最小二乘法还能使估计曲线最好地拟合于各测量点。

实验曲线的拟合分为两类：一是已知函数 $y = f(x)$ 的形式，要确定其中未定参量的最佳值；二是先确定函数 $y = f(x)$ 的具体形式，即确定表示函数关系的经验公式，然后再确定其中参量的最佳值。在物理实验中大多属于第一类，因此下面仅介绍已知函数关系，确定未定参量最佳值的方法。

设已知函数 $y = f(x)$ 的形式为 $y = b + ax$，式中只有一个变量 x，故称一元线性回归。通过实验，等精度地测得一组实验数据（x_i, y_i, $i = 1, 2, \cdots, k$），如果实验没有误差，当把 (x_1, y_1)、(x_2, y_2)、$\cdots$、(x_i, y_i) 代入函数式时，方程两边应该相等。但实际上，由于总存在误差，因此将其归结为 y 的测量偏差，并记作 ε_1, ε_2, $\cdots$, ε_i，这样公式就应改写成

$$\begin{aligned} y_1 - b - ax_1 &= \varepsilon_1 \\ y_2 - b - ax_2 &= \varepsilon_2 \qquad (i = 1, 2, \cdots, k) \\ &\cdots \\ y_i - b - ax_i &= \varepsilon_i \end{aligned} \tag{2.10}$$

若要满足以上要求，则各偏差的平方和必须最小，即

$$\phi_{\min} = \sum \varepsilon_i^2 \tag{2.11}$$

式（2.11）对 a 和 b 分别求偏微商，得到：

（1）回归直线斜率和截距的最佳估计值为

$$\sum \varepsilon_i^2 = \sum [y_i - f(x_i)]^2 = \sum [y_i - (b + ax_i)]^2$$

$$\xrightarrow{\quad} \min \begin{cases} a = \dfrac{\overline{xy} - \overline{x} \cdot \overline{y}}{\overline{x^2} - \overline{x}^2} \\ b = \overline{y} - a\overline{x} \end{cases}$$

（2）各参量的标准误差如下。

测量值偏差的标准误差为 $\sigma_y = \sqrt{\dfrac{\sum \varepsilon_i^2}{k - n}}$ ，式中 k 为测量次数，n 为未知量个数。

a 的标准误差为 $\sigma_a = \dfrac{\sigma_y}{\sqrt{\overline{x^2} - \overline{x}^2}}$ ；b 的标准误差为 $\sigma_b = \sqrt{\overline{x^2}} \sigma_a$ 。

（3）检验

在待定参量确定后，还要计算相关系数。对于一元线性回归，定义相关系数为

$$r = \frac{\sum (x_i - \overline{x}) \sum (y_i - \overline{y})}{\sqrt{\sum (x_i - \overline{x})^2} \sqrt{\sum (y_i - \overline{y})^2}}$$

r 表示两个变量之间的函数关系与线性的符合程度，$r \in [-1, 1]$。当 $|r| \to 1$ 时，x、y 间线性

关系较好；当$|r|\to 0$ 时，x、y 间无线性关系，拟合无意义，故必须用其他函数重新试探；当 $r>0$ 时，回归直线的斜率为正，称为正相关；当 $r<0$ 时，回归直线的斜率为负，称为负相关。

习题 2

1. 在多次测量的随机误差遵从高斯分布的条件下，真值处于 $(x-\sigma_x, x+\sigma_x)$ 区间内的概率为（　　）。

（A）　57.5 %　　　　（B）　68.3 %　　　（C）　99.7 %　　　　（D）　100 %

2. 为用螺旋测微计测量长度时，测量值=末读数−初读数，初读数是为了消除（　　　）。

（A）系统误差　　　（B）偶然误差　　　（C）过失误差　　　（D）其他误差

3. 在进行 n 次测量的情况下，任意一次测量的标准偏差为（　　　）。

（A）$\sqrt{\dfrac{\sum v_i^2}{n-1}}$　　　（B）$\sqrt{\dfrac{\sum v_i^2}{n(n-1)}}$　　　（C）$\dfrac{\sum |v_i|}{n-1}$　　　（D）$\dfrac{\sum |v_i|}{n(n-1)}$

4. 在计算铜块的密度 ρ 和不确定度 $U_{r\rho}$ 时，计算器上分别显示为"8.35256"和"0.01532"，则密度和不确定分别为（　　　）。

（A）$\rho =(8.35256 \pm 0.0153)$（$\mathrm{gcm}^{-3}$），$U_{r\rho} = 0.1834\%$

（B）$\rho =(8.352 \pm 0.015)$（gcm^{-3}），$U_{r\rho} = 0.18\%$

（C）$\rho =(8.353 \pm 0.015)$（gcm^{-3}），$U_{r\rho} = 0.18\%$

（D）$\rho =(8.3526 \pm 0.015)$（gcm^{-3}），$U_{r\rho} = 0.18\%$

5. 判断下列写法是否正确，若不正确则写出正确答案。

（1）$L =(10.800\pm0.2)\mathrm{cm}$

（2）$d =(12.435\pm0.02)\mathrm{cm}$

（3）$h =(27.3\times10^4\pm2000)\mathrm{km}$

（4）$R =6371\ \mathrm{km}=6371\ 000\ \mathrm{m}=637\ 100\ 000\ \mathrm{cm}$

（5）$\theta =60°\pm2'$

6. 已知周期 $T=1.236\pm0.001\mathrm{s}$，计算角频率 ω 的测量结果，并对其进行不确定度的计算，写出标准式。

7. 某长度测量值为1.2353m，则所用测量仪器是下列中的哪一种？为什么？

（A）千分尺　　　（B）50分卡尺　　　（C）20分卡尺　　　　（D）米尺

8. 若要测约 2V 的电压，则用下列哪块表误差最小？为什么？

（A）级别 0.2 级　　量程 10V　　　（B）级别 0.5 级　　量程 3V

（C）级别 1.0 级　　量程 3V　　　（D）级别 0.5 级　　量程 7.5V

9. 用位移法测凸透镜焦距的公式为 $f = \dfrac{L^2 - l^2}{4L}$，求测量结果标准差和最大不确定度表达式。

10. 常见的数据处理方法有哪些?其中逐差法和最小二乘法的操作要点有哪些?

11. 在利用作图法处理实验数据时有哪些注意事项？

第3章 基础实验

3.1 实验一 用数据认识物理世界

3.1.1 物理问题

物理实验是用数据认识世界的过程，测量是获取数据的方法，通过对测量数据认真、有效地处理，能得出合理的结论，从而把感性认知上升为理性认知，形成或验证物理规律。本次实验研究的是如何正确测量、处理数据，以及分析误差。爱因斯坦说："一个矛盾的实验结果就足以推翻一种理论。"这句话高度概括了科学发展过程中科学实验举足轻重的地位，也更加说明了得到精确实验结果的重要性，所以精确测量、处理数据、分析误差是学生必需的素质。通过对本次实验的探讨，学生要熟练、正确地掌握物理实验中测量数据、处理数据、分析误差的方法，从而为日后的学习奠定基础。

3.1.2 物理原理

若要正确测量数据、处理数据、分析误差，则可以采用查阅书籍和文献的方法，并通过对具体实例的处理和分析加深对实验方法的印象。

3.1.3 实验方法

处理物理数据的实验方法有：直接计算法和图像处理法。其中图像处理软件包括MATLAB、Excel、Origin 等。

MATLAB：MATLAB 是 Matrix&Laboratory 两个词的组合，意为矩阵工厂（矩阵实验室）。该软件主要面对科学计算、可视化及交互式程序设计的高科技计算环境。它将数值分析、矩阵计算、科学数据可视化以及非线性动态系统的建模和仿真等诸多强大功能集成在一个易于使用的视窗环境中，为科学研究、工程设计及必须进行有效数值计算的众多科学领域提供了一种全面的解决方案，并在很大程度上摆脱了传统非交互式程序设计语言（如C、FORTRAN）的编辑模式。

MATLAB 的优点如下。

（1）具有数值计算及符号计算功能，能使用户从烦杂的数学运算分析中解脱出来。

（2）具有完备的图形处理功能，能实现计算结果和编程的可视化。

（3）友好的用户界面及接近数学表达式的自然化语言，使学生易于学习和掌握。

（4）功能丰富的工具箱（如信号处理工具箱、通信工具箱等）为用户提供了大量方便实用的处理工具。

Excel：Excel 控件有公式计算引擎支持内置函数，并支持通过内置函数和运算符来自定义公式。通常支持的函数包括日期函数、时间函数、工程计算函数、财务计算函数、逻辑函数、数学和三角函数、统计函数、文本函数等。有些强大的 Excel 控件能支持丰富多彩的图表效果，如柱形图、线性图、饼图、条状图、区域图等，类似 Spread 支持超过 80 种图表效果。Excel 可基于工作表的数据直接生成图表，或者通过代码创建完成图表的数据绑定和类型设置，并对图表的细节进行详细的定制。

Origin：Origin 具有两大主要功能，即数据分析和绘图。Origin 的数据分析主要包括统计、信号处理、图像处理、峰值分析和曲线拟合等各种完善的数学分析功能。在准备好数据后，进行数据分析时，只需先选择所要分析的数据，然后再选择相应的菜单命令即可；Origin 的绘图是基于模板的，Origin 本身提供了几十种二维和三维绘图模板并且允许用户自己定制模板。在绘图时，只要选择所需要的模板就行。用户既可以自定义数学函数、图形样式和绘图模板，还可以方便地与各种数据库软件、办公软件、图像处理软件等连接。

3.1.4　实验数据

1. 测量

测量就是将被测量和选作标准单位的同物理量之间比较得出其倍数的过程，因此，一个物理量的测量值应由数值和单位两部分组成。

测量方法是指在进行测量时所用的、按类别叙述的一组操作逻辑顺序。从不同观点出发，可以将测量方法进行不同的分类，常见的方法如下。

（1）直接测量和间接测量

按实测几何量是否为将要测的几何量，可分为直接测量和间接测量。

① 直接测量。直接测量是指直接从计量器具获得被测量量的测量方法。如用游标卡尺、千分尺测量长度。

② 间接测量。间接测量是指测得的量与被测量有一定函数关系，然后通过函数关系求得被测量值。如在测量大尺寸圆柱形零件直径 D 时，先测出其周长 L，然后再按公式 $D = L / \pi$ 求得零件的直径 D。

直接测量过程简单，其测量精度只与测量过程有关，而间接测量的精度不仅取决于几个实测几何量的测量精度，还与所依据的计算公式和计算的精度有关。因此为减少测量误差，一般采用直接测量，必要时才采用间接测量。

（2）绝对测量和相对测量

按示值是否为被测量量，可分为绝对测量和相对测量。

① 绝对测量是指被计量器具显示或指示的示值即是被测量量。如用测长仪测量零件，其尺寸由刻度尺直接读出。

② 相对测量也称比较测量，是指计量器具显示或指示被测量量相对于已知标准量的偏差，测量结果为已知标准量与该偏差值的代数和。

一般来说，相对测量的测量精度比绝对测量的测量精度要高。

2．数据

数据是指对客观事件进行记录并可以鉴别的符号，是对客观事物的性质、状态及相互关系等进行记载的物理符号或这些物理符号的组合。数据是可识别的、抽象的符号，它不仅指狭义上的数字，还可以是具有一定意义的文字、字母、数字符号的组合、图形、图像、视频、音频等，也可以是客观事物的属性、数量、位置及其相互关系的抽象表示。例如，"0、1、2…""阴、雨、下降、气温""学生的档案记录、货物的运输情况"等都是数据。数据经过加工后就成为信息。

3．误差及分类

在观测一个物理量时，其在客观世界具有的真实大小，称为真值。测量次数趋于无穷时物理量的算术平均值趋于真值，因此，多次测量结果的平均值可作为近真值。由于测量仪器、测量方法、测量环境及条件等的限制和影响，测量值和真值之间会存在一些偏差，这种偏差称为误差，也称为绝对误差，它反映了测量值偏离真值的大小与方向，其直接反映测量结果的可靠性。测量误差按其产生的原因与性质分为系统误差、随机误差和过失误差三大类。这三大类误差在 2.1.2 节中已经介绍过，在此不再详述。

下面列举了部分数据，要求对这些数据进行处理与分析。

红外热成像与黑体辐射的实验数据如表 3.1～表 3.3 所示。

表 3.1　红外热成像与黑体辐射的实验数据 1

位置 ΔL/mm	−30	−20	−10	0	10	20
M/℃	41.6	41.7	41.7	41.4	41.5	41.8

表 3.2　红外热成像与黑体辐射的实验数据 2

黑体温度/℃	黑面辐射强度/℃	白面辐射强度/℃	光面辐射强度/℃
30.0	25.8	26.1	20.3
40.0	33.6	33.9	20.8
50.0	43.8	43.6	21.3
60.0	54.4	54.7	24.4
70.0	66.1	65.8	24.4
80.0	75.7	76.0	25.6

表 3.3　红外热成像与黑体辐射的实验数据 3

V/V	I/A	R/Ω	T/K	T^4/($\times 10^{12}$K)	M/℃
5	1.06	4.72	783.07	0.38	69.6
6	1.16	5.17	880.14	0.60	70.6
7	1.26	5.56	961.79	0.86	74.9
8	1.36	5.88	1031.44	1.13	79.5
9	1.45	6.21	1100.61	1.47	84.5
10	1.53	6.54	1170.74	1.88	91.0

黑体辐射与距离的关系如图 3.1 所示。

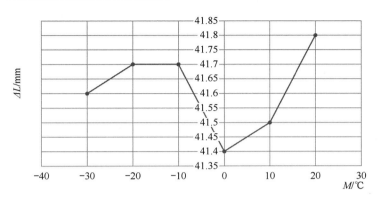

图 3.1　黑体辐射与距离的关系

同种材料不同性质面辐射率的比较如图 3.2 所示。

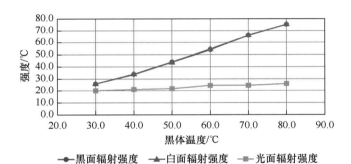

图 3.2　同种材料不同性质面辐射率的比较

验证斯特潘–玻尔兹曼定律如图 3.3 所示。

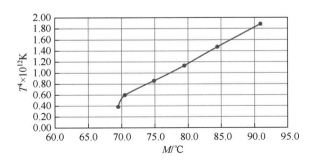

图 3.3　验证斯特潘–玻尔兹曼定律

使用 Excel 对此实验数据制表并绘图，可以较为直观地反映实验中存在的误差。还可以通过计算该实验数据的不确定度来较为客观地反映这组数据规律。

表 3.4 为密立根油滴实验的实验数据。

表 3.4　密立根油滴实验的实验数据

油滴种类	测量次数	V/V	Tg/s	平均电压/V	平均时间/s	电荷量/C	油滴半径/m
油滴 1	1	309	22.477	308.2	22.234	$3.77×10^{-19}$	$3.03×10^{-5}$
	2	309	22.241				
	3	307	21.681				
	4	309	22.224				
	5	307	22.547				
油滴 2	1	341	22.232	340.6	22.2906	$3.45×10^{-19}$	$-4.80×10^{-6}$
	2	341	22.966				
	3	341	21.267				
	4	339	22.164				
	5	341	22.824				
油滴 3	1	291	19.183	291.4	18.403	$5.30×10^{-19}$	$5.46×10^{-5}$
	2	291	18.191				
	3	291	17.837				
	4	292	18.094				
	5	292	18.710				
油滴 4	1	317	20.621	313	205672	$4.17×10^{-19}$	$2.35×10^{-5}$
	2	315	20.585				
	3	302	20.460				
	4	315	20.070				
	5	316	21.100				
油滴 5	1	255	22.159	253	20.94175	$4.93×10^{-19}$	$2.95×10^{-6}$
	2	254	21.460				
	3	254	21.392				
	4	253	20.525				
	5	249	20.390				

计算元电荷电荷量的不确定度为

$$\mu = \frac{\sum_1^5 \left|Q_i - ne\right|\big/n}{5(5-1)} \qquad （3.1）$$

其中，Q_i 为电荷量，n 为距离电荷 Q 最近的整数。

代入数值计算有

$$\mu = \left|3.77 - 1.6×2\right| \div 2 + \left|3.45 - 1.6×2\right| \div 2 + \left|5.30 - 1.6×3\right| \div 3 +$$
$$\left|4.17 - 1.6×3\right| \div 3 + \left|4.93 - 1.6×3\right| \div 3 × 10^{-19} \div 5 \div 4$$
$$= 0.0415×10^{-19}$$

绝对不确定度为

$$\mu_r = 3\%$$

3.1.5　分析讨论

选取典型的黑体辐射与红外热成像实验和密立根油滴实验的数据测量、数据处理、误差分析来进行解释。在黑体辐射与红外热成像实验中，操作热成像仪并完成热成像的基本测量，要等仪器充分预热后再进行实验，数据读取必须在稳定状态下进行，以提高测量的准确率，在数据处理中采用绘制图表的方式验证了斯特潘-玻尔兹曼定律。在密立根油滴实验中，该实验的思路是带电油滴在电场中受力平衡，使油滴悬浮在两个金属片之间，并根据已知的电场强度来计算出整个油滴的总电荷量。再重复许多次实验后，归纳总结油滴的总电荷量，从而得到单一电子的电荷。为了保证实验精确性，选择 5 个不同的油滴且对每个油滴测量 5 次以上，测量过程中选取大小合适的油滴，并忽略油滴受到空气阻力的情况。在数据处理中，采用了创建表格和直接计算的方式，并在误差分析中计算不确定度，在公式推导过程中给定了空气黏度系数和修正常数，基于以上考虑和处理，得到了较为理想的实验数据。

3.1.6　思考总结

在进行物理实验的过程中，精确地测量实验数据并能够对数据进行有效的分析处理，是对学生的最基本要求。数据处理的方式可以多种多样，但是要求能够直观地反映实验结果，并且数据必须是真实的，不要出现数据造假的情况。总之，数据处理是物理实验中一项极其重要的工作，通过对测量数据认真、有效地处理，能得出合理的结论。

3.2　实验二　基本仪器测量

3.2.1　物理问题

常见的基本测量仪器有哪些？对于长度的测量，实验室常用的仪器有几种？这几种仪器分别在什么条件下使用比较合适？如果螺旋测微器在进行调零后，发现可动尺度的零刻度线未对准固定尺度的刻度线，应如何处理？在使用天平测量物体质量时，为什么要先放最大的砝码？并且测量时对于具有不同性质的物体有哪些要求？

在一般简单实验中，使用到的测量仪器主要分为长度测量仪器、质量测量仪器和时间测量仪器等。在本次实验中，需要掌握米尺、秒表、游标卡尺、螺旋测微器及天平的使用方法和注意事项。

3.2.2　物理原理

1. 游标卡尺简介

游标卡尺是一种测量长度、内外径、深度的量具，如图 3.4 所示。游标卡尺由主尺和附在主尺上能滑动的游标尺两部分组成。主尺一般以毫米为单位，而游标尺上则有 10、20 或 50 个分格，根据分格的不同，游标尺可分为 10 分度游标尺、20 分度游标尺、50 分度格游标尺等，10 分度的游标尺有 9mm，20 分度的游标尺有 19mm，50 分度的游标尺有 49mm。根据精度的划分，常用游标卡尺可分为 3 种：0.1mm、0.05mm 和 0.02mm。游标卡尺分度值如表 3.5 所示。游标卡尺的主尺和游标尺上都有两副活动量爪，分别是内测量爪和外测量爪，内测量爪通常用来测量内径，外测量爪通常用来测量长度和外径。

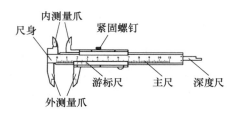

图 3.4　游标卡尺的构造及分度值

表 3.5　游标卡尺分度值

刻度格数（分度）	刻度总长度	每小格与 1mm 的差值	精确度
10	9mm	0.1mm	0.1mm
20	19mm	0.05mm	0.05mm
50	49mm	0.02mm	0.02mm

2．游标卡尺的读数原理

游标卡尺的读数示意图如图 3.5 所示。

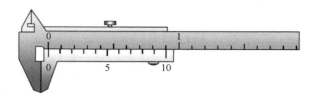

图 3.5　游标卡尺的读数示意图

如图 3.5 所示，以 10 分度游标卡尺来说明其读数原理。

当未进行测量时，游标尺的零刻度线与主尺的零刻度线对齐。主尺的每一小格的间距为 1mm，游标尺的每一小格的间距为 0.9mm。因为游标尺的总长度为 $0.9 \times 10 = 9$mm，所以游标尺的第 10 条刻度线对准主尺的 9mm 刻度线。

当利用游标卡尺测量某个物体长度时，游标尺上的零刻度线由原来对准主尺零刻度线的位置移动了 $X_1 + X_2$ 距离，所以物体长度应为 $X_1 + X_2$。其中 X_1 可以从主尺上直接读出，X_2 由游标尺读出。

3．螺旋测微器简介

螺旋测微器（见图 3.6）又称千分尺、螺旋测微仪、分厘卡，是比游标卡尺更精密的测量长度的工具，用它测量物体长度可以精确到 0.01mm，测量范围为几个厘米。其一部分是螺距为 0.5mm 的螺纹，当它在固定套管的螺套中转动时，将前进或后退，活动套管和螺杆连成一体，其周边等分成 50 个分格。螺杆转动的整圈数由固定套管上间隔 0.5mm 的刻线去测量，不足一圈的部分由活动套管周边的刻线去测量。旋钮每转动一周，即转动 50 个刻度，套管移动 0.5mm。注意，最终测量结果需要估读一位小数。

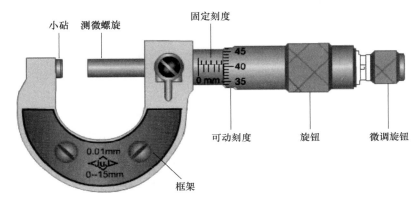

图 3.6　螺旋测微器

4．螺旋测微器的读数原理

利用螺旋测微器测量物体长度时的读数步骤如下。

① 先读固定刻度。

② 再读半刻度，若半刻度线已露出，记作 0.5mm；若半刻度线未露出，记作 0.0mm。

③ 再读可动刻度（注意估读），记作 $n \times 0.01$mm。

④ 最终读数结果 = 固定刻度+半刻度+可动刻度+估读。

5．秒表简介

秒表是一种较先进的电子计时器，目前国产的秒表一般都是利用石英振荡器的振荡频率作为时间基准的，采用 6 位液晶数字显示时间。

6．秒表的读数原理

秒表使用情况示意图如图 3.7 所示。在计时器显示的情况下，按下 S2 持续 2s，即可出现秒表功能，如图 3.7（a）所示。按一下 S1，开始自动计秒，再按一下 S1，停止计秒，显示所计数据，如图 3.7（b）所示。若按住 S3 持续 2s，则秒表自动复零，即恢复到如图 3.7（a）所示的状态。

7．天平简介

天平（见图 3.8）用于称量物体质量，狭义上也称托盘天平（实验室中多用托盘天平）。

它由托盘、指针、游码、砝码、平衡螺母等组成。分度值一般为 0.1g 或 0.2g。由支点（轴）在梁的中心支着横梁而形成两个臂，每个臂上各挂着一个托盘，其中一个托盘里放已知质量的物体，另一个托盘里放待称重的物体，固定在梁上的指针不摆动且指向正中刻度时的偏转就是待称重物体的质量。

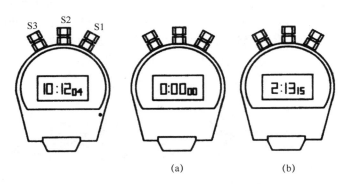

图 3.7　秒表使用情况示意图

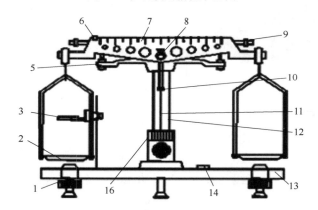

图 3.8　天平

1—调平螺母；2—托盘；3—托架；4—支架；5—挂钩；6—游码；7—游码卡尺
8—刀口、刀垫；9—平衡螺母；10—感量砣；11—指针；12—支柱
13—底座；14—水准仪；15—起动旋钮；16—指针标尺游码

8. 天平的读数原理

天平是根据杠杆平衡原理制成的，其横梁是等臂杠杆。当两个托盘中物体质量相同时，天平就会平衡。正确称量的读数为 $m_{物} = m_{砝} + m_{刻}$，其中 $m_{刻}$ 为标尺上游码指示的刻度。

3.2.3　实验方法

1. 游标卡尺

（1）实验装置

利用游标卡尺测量物体直径示意图如图 3.9 所示。

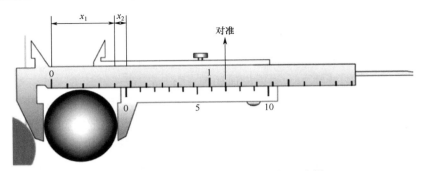

图 3.9　利用游标卡尺测量物体直径示意图

（2）操作步骤

① 以游标尺零刻线位置为准，在主尺上读取整毫米数。

② 观察游标尺上哪一条刻线与主尺上的某一刻线对齐，在游标尺上读出毫米以下的小数。

③ 最后读数为毫米整数加上毫米小数。

2．螺旋测微器

（1）实验装置

螺旋测微器读数示意图如图 3.10 所示。

（2）操作步骤

操作步骤前文已介绍过，此处不再重复。图 3.10 中的读数为 8.561mm。

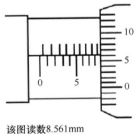

该图读数8.561mm

图 3.10　螺旋测微器读数示意图

3．秒表

（1）实验装置

秒表读数示意图如图 3.11 所示。

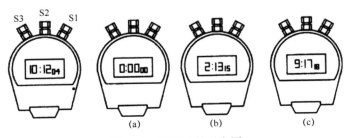

图 3.11　秒表读数示意图

（2）操作步骤

秒表读数原理前文已经介绍过，此处不再赘述。

若要记录甲、乙两物体同时出发，但不同时到达终点的运动时间，则可采用双计时功能方式。即首先按住 S2 持续 2s，秒表出现如图 3.11（a）所示的状态。然后按一下 S1，秒表开始自动计秒。待甲物体到达终点时再按一下 S3，则显示甲物体的计秒数停止，此时液晶屏上的冒号仍在闪动，内部电路仍在继续为乙物体累积计秒。把甲物体的时间记录下后，再按一下 S2，显示出乙物体的累积计数。待乙物体到达终点时，再按一下 S1，冒号不再闪动，显示出乙物体的运动时间。这时若要再次测量时间就按住 S2 持续 2s，秒表出现如图 3.11（a）所示的状态。若需要恢复正常计时显示，可按一下 S2，秒表就进入正常计时显示状态，图 3.11（c）显示的时间是 9h 17min 18s。

若需要进行时刻的校正与调整，可先持续按住 S2，待显示时、分、秒的计秒数字闪动时再松开 S2，然后间断地按 S1，直到显示出所需要调整的正确秒数时为止。如还需校正分，可按一下 S2，此时，显示分的数字在闪动，再间断地按 S1，直到显示出所需的正确分数时为止。时、日、月及星期的调整方法同上。

4. 天平

（1）实验装置

天平构造示意图如图 3.8 所示。

（2）操作步骤

安装和调整：① 各部件需擦净后安装，托吊盘背面标有"1""2"标记，应按"左 1 右 2"安装。安装完毕应转动手轮使横梁数次起落，调整横梁落下时的支承螺丝，使横梁起落时不扭动，落下时，刀口离开刀承，托盘刚好落在底座上。

② 调节天平底座水平：调节调平螺母，使底座上气泡在圆圈刻线中间位置，表示天平已调到水平位置。

③ 调节横梁平衡：用镊子把游码拨到左边零刻度处，转动手轮慢慢升起横梁，以刻度盘中央刻线为准，使指针两边摆动等幅，如不等幅，则应降下横梁调整横梁两端的平衡螺母，再升起横梁，如此反复，直至横梁平衡。还有一点应明确：对于天平的整个横梁系统（包括两个托盘在内），重心位于刀口的正下方。天平的灵敏程度和重心到刀口的距离有关，调节感量砣的位置可改变整个横梁系统的重心位置，重心位置越高，距刀口距离越近，天平灵敏度越高，感量越小。出厂时天平的感量砣位置是调好的，其感量也就确定了，一般在使用天平时不要调整感量砣。

使用：① 称量物体时应将待称物体放在左托盘，用镊子将砝码夹放到右托盘中，然后转动手轮，升起横梁，看指针偏转情况，再降下横梁加减砝码，再升起横梁看指针偏转情况，如此反复，直到天平平衡为止，这时砝码和游码所示总质量即为被称物体质量。

② 载物台用法：对于某些实验要测定的物体物理量，不能把物体直接放入托盘中称量，可借助于载物台。例如，测量浸在液体中的物体所受的浮力，可先将被测物体放入托盘中，称出其质量，然后调整载物台位置，用细线把被测物系好，浸入装有液体的烧

杯中（物体不要触碰杯底），再把烧杯放在载物台上，被测物上的细线一头挂在吊钩上，此时再称得的质量为物体的真实质量与物体所受浮力之差。

3.2.4　实验数据

1. 数据记录

（1）游标卡尺

需要测量的数据：某物体的长度。

读者可根据所需要测量的数据自行设计表格，表 3.6 仅供参考。

表 3.6　利用游标卡尺测量长度

测量次数	1	2	3	4	5
测量值/cm					
平均值/cm					

（2）螺旋测微器

需要测量的数据：某物体的直径。

读者可根据所需要测量的数据自行设计表格，表 3.7 仅供参考。

表 3.7　利用螺旋测微器测量长度

测量次数	1	2	3	4	5
测量值/mm					
平均值/mm					

（3）秒表

需要测量的数据：某物体的运动时间。

读者可根据所需要测量的数据自行设计表格，表 3.8 仅供参考。

表 3.8　利用秒表测量时间

测量次数	1	2	3	4	5
测量值/s					
平均值/s					

（4）天平

需要测量的数据：某物体的质量。

读者可根据所需要测量的数据自行设计表格，表 3.9 仅供参考。

表 3.9　利用天平测量质量

测量次数	1	2	3	4	5
测量值/g					
平均值/g					

2. 数据处理

以测量长度为例，实验测量对应次数记为 x_n，$n=1, 2, 3, 4, 5$，在 5 次数据全部测量结束后，计算 5 组数据的平均值 $\bar{x}$，再计算 A 类不确定度 Δ_A，其中 $\Delta_A = \dfrac{t_{0.95}}{\sqrt{n}}\sigma_x$，$n$ 为测量次数，即 5，通过查表 2.1 可得，当 $n = 5$ 时，对应的 $\dfrac{t_{0.95}}{\sqrt{n}} = 1.204$，由式 $\sigma_x = \sqrt{\dfrac{\sum_{n=1}^{5}\left(\bar{x} - x_n\right)^2}{n-1}}$，将测得数据代入式中即可得 σ_x，进而得到 Δ_A。

对于 B 类不确定度 Δ_B 可通过查找对应的仪器误差获得（见表 2.2），最后的不确定度为 $\mu_x = \sqrt{\Delta_A^2 + \Delta_B^2}$。最后的相对误差为

$$\Delta x = \sqrt{\left(\frac{\partial F}{\alpha x}\right)^2 (u_x)^2 + \left(\frac{\partial F}{\partial y}\right)^2 (u_y)^2 + \cdots}$$

对应的误差百分比为 $(\Delta x / \bar{x}) \times 100\%$，最终实验数据形式为 $x = (\bar{x} \pm u)$、$u_r = \dfrac{u}{x} \times 100\%$。其他实验数据的处理方法同上。

3.2.5　分析讨论

（1）游标卡尺除了可以直接用于测量物体的长度，还有其他功能。观察游标卡尺的内测量爪和深度尺，思考如何用它们测量物体的内径与深度。

分析：观察内测量爪和深度尺的形状和位置，可以试试将深度尺或内测量爪探入物体中。

（2）在实验中使用螺旋测微器时，大多数时候初始位置的刻度并不是零。请思考要如何处理读数以消除这一因素的影响？

分析：由于大多数刻度不为零，则将这个数据记录之后再与下一次记录的数据相减即可达到消除误差的目的。

（3）在实验中使用秒表时，记录的时间并没有实际数据准确，实验人员往往有自己的反应时间和执行时间，按表和操作按表这两个过程都需要一定的反应时间才能完成，这样会出现记录时间过长或是过短的情况。

分析：此情况唯有多次测量才能消除误差。

（4）用天平测量物体质量的准确程度很大一部分取决于对每个操作步骤的认真程度。如一开始的调零操作，如果天平没有完全水平则会影响实验结果；在放置物体或砝码时，若没有等待天平完全平稳也会造成实验误差。所以在实验过程中，仔细、平稳、细致是非常重要的。

分析：在一个平台上使用天平，这一点很重要，以及在测量过程中要轻拿轻放。

3.2.6　思考总结

1. 使用游标卡尺的注意事项

（1）使用游标卡尺时，要轻拿轻放，不得碰撞或掉落地下。不能测量粗糙的物体，以

免损坏量爪，避免与刃具放在一起，以免刃具划伤游标卡尺的表面，不使用时应将其置于干燥中性的地方，远离酸碱性物质，防止锈蚀。

（2）测量前应把游标卡尺擦干净，检查游标卡尺的两个测量面和测量刃口是否平直无损，当把两个量爪紧密贴合时，应无明显的间隙，同时游标尺和主尺的零位刻线要相互对准。这个过程称为校对游标卡尺的零位。

（3）移动尺框时，活动要自如，不应过松或过紧，更不能有晃动的现象。当用固定螺钉固定尺框时，游标卡尺的读数不应改变。在移动尺框时，不要忘记松开固定螺母，也不宜使其过松以免掉落。

当用游标卡尺测量零件时，不允许过分地施加压力，该压力应使两个量爪刚好接触零件表面。

（4）在游标卡尺上读数时，保持游标卡尺水平，在明亮的环境中，使视线尽可能和卡尺的刻线表面垂直，以免由于视线的歪斜造成读数误差。

（5）为了获得准确的测量结果，可以多测量几次，即在物体的同一截面上的不同方向进行测量。

（6）对于较长的物体，则应当在全长的各个部位进行测量，务必获得一个比较准确的测量结果。

2．使用螺旋测微器的注意事项

（1）在测量时，注意要在测微螺杆快靠近被测物体时停止使用旋钮，而改用微调旋钮，避免产生过大的压力。这样既可使测量结果精确，又能保护螺旋测微器。

（2）在读数时，要注意固定刻度尺上表示半毫米的刻度线是否已经露出。

（3）在读数时，若千分位有一位估读数字，则不能将这位随便舍弃，即使固定刻度的零点正好与可动刻度的某一刻度线对齐，千分位上也应读取为"0"。

（4）当小砧和测微螺杆并拢时，可动刻度的零点与固定刻度的零点不重合，将出现零误差，应加以修正，即在最后测量长度的读数上去掉零误差的数值。

3．使用秒表的注意事项

（1）保持电池的定期更换，一般在显示屏显示变暗时即可更换电池，不要等秒表的电池耗尽再更换。

（2）要将秒表放置在干燥、安全的环境中，做到防潮、防震、防腐蚀、防火等工作。

（3）避免在秒表上放置物品。

（4）不要随意打开秒表私自进行维修，应请专业人士进行维修。

4．使用天平的注意事项

（1）注意保护天平的刀口。天平是比较精密的仪器，使用时要特别注意保护它的三个刀口。一般来说，应在天平接近平衡时才能把横梁升起，所以在称量物体前应先用手掂一掂物体，估计一下其质量，防止超过天平的量程，并在右托盘放入质量相当的砝码，再升起横梁。通过调节平衡螺母来使天平的横梁平衡，在称量时，加减砝码都要在天平静止的情况下进行。再转动手轮，升起横梁时动作要轻，稍稍升起横梁，若天平不平衡，则应轻轻放下横梁，不必把横梁完全升到最高处再观察是否平衡。注意，被测物体和砝码均要放在托盘的中间。

（2）使用天平时不能用手摸天平，不能把潮湿的物体或化学药品直接放在天平托盘里。砝码只能用镊子夹取，不能直接用手拿，用后应及时放回砝码盒。

（3）天平使用完毕要使刀口和刀承分离，各天平间的零件不能互换，使用后应将天平存放在干燥、清洁的地方。

（4）加砝码应该从大到小，这样可以节省时间。

（5）在称量过程中，不可再调节平衡螺母。

（6）右侧托盘中放砝码，左侧托盘中放物体。

（7）事先把游码移至零刻度线，并调节平衡螺母，调节平衡螺母时最好用镊子，使天平左右平衡。

5. 思考与总结

利用基本仪器来测量数据是非常重要的，不仅只在单一实验中需要使用。基本仪器是大多数实验测量数据的基础，其测量数据与数据处理同样如此。往往很多复杂的实验都需要利用基本仪器精准地测量数据，才能进行相应的计算。同时，任何实验或多或少都会有无法避免的误差，误差可以无限减小但是不能消除，在进行读数时，人为误差也是一个方面，观察角度不同、感官感受不同等都可能影响实验数据，进而影响实验结果。同时通过本次实验，面对之前提出的实验问题，小组内部要积极讨论，总结出以下结论。

（1）常见的基本仪器有游标卡尺、螺旋测微器、秒表、天平等。

（2）以本实验中的 4 种基本仪器为例，在需要测量圆环状物体的长度、物体内外径、比较精细的长度时，一般使用游标卡尺，使用螺旋测微器也可以测量，但是螺旋测微器不能测量内外径，其精度可以达到 0.01mm。秒表和天平分别用于测量时间和物体质量。

（3）当可动尺刻度为平齐 0 刻度时，若误差不太大，测量结果可以人为增减对应的起始误差，若起始误差较大，则需要对螺旋测微器进行调零，通过尾部旋钮将内部分离，重新对准校对旋回即可。

（4）砝码质量从大到小放置能够更加快速地了解物体大约质量，同时在取换砝码时，大砝码比小砝码更容易通过镊子夹取，方便实验操作。

（5）当利用天平测量固状物体时，可以直接进行测量。但是对于粉末状或是液态物体，则需要通过特定容器来间接测量，用总质量减去盛装的容器质量即可。

3.3 实验三 用单摆测量重力加速度

3.3.1 物理问题

重力加速度 g 是一个常用的物理量，平时利用重力加速度可以探究更多的物理量，如加速度、质量等。测量重力加速度的装置和方法有很多种，如单摆、复摆、落球、滴水和小车拉试管等。通过对可行性和准确性的分析，采用单摆进行测量重力加速度。

　　单摆是能够产生往复摆动的一种装置，将无重细杆或不可伸长的细柔绳一端悬于重力场内一定点，另一端固定一个小球，这样就构成单摆。若小球只限于在铅直平面内摆动，则为平面单摆；若小球摆动不限于铅直平面，则为球面单摆。

　　那么如何利用单摆测量重力加速度呢？具体步骤包括：明确单摆的物理模型；利用单摆测量重力加速度，并对其进行不确定度分析及测量误差控制；测量单摆长度和时间；制作实验表格、作图、数据拟合、误差分析。此外如果学生感兴趣还可以测量单摆的转动惯量。

3.3.2　物理原理

1. 周期 T 和重力加速度的关系

（1）单摆的物理模型

用一根不可伸长的细线悬挂一个小球如图 3.12 所示。做幅角 θ 很小的摆动就构成了一个单摆。

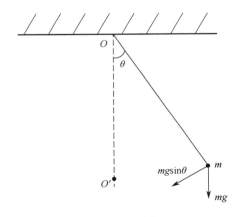

图 3.12　单摆受力分析

　　如果忽略小球的直径，设小球的质量为 m，其质心到支点 O 的距离即为摆长 l。作用在小球上的切向力的大小为 $mg\sin\theta$，它总指向平衡点 O'。当 θ 角很小时（$<5°$），$\sin\theta \approx \theta$（$\theta$ 采用弧度制），切向力的大小为 $mg\theta$，根据牛顿第二定律，质点动力学方程为

$$ma_{切} = mg\sin\theta \tag{3.2}$$

$$m\frac{\mathrm{d}^2\theta}{\mathrm{d}t^2} = mg\theta \tag{3.3}$$

$$\frac{\mathrm{d}^2\theta}{\mathrm{d}t^2} = -\frac{g}{l}\theta \tag{3.4}$$

这是一个简谐运动方程，可知该简谐振动角频率 ω 的平方等于 $\dfrac{g}{l}$，由此可得

$$\omega = \frac{2\pi}{T} = \sqrt{\frac{g}{l}} \tag{3.5}$$

$$T = 2\pi\sqrt{\frac{l}{g}} \tag{3.6}$$

2．小球直径 d、摆动一个周期 T 和重力加速度 g 的误差及不确定度分析

（1）如果小球直径 d 不可忽略，则实际绳长 l' 为

$$l' = l + \frac{d}{2} \tag{3.7}$$

（2）实验时，测量一个周期的相对误差较大，一般是测量连续摆动 n 个周期的时间 t，则

$$T = \frac{t}{n} \tag{3.8}$$

综上所述，重力加速度 g 为

$$g = 4\pi^2 \frac{\left(l + \dfrac{d}{2}\right)^n}{t^2} \tag{3.9}$$

学生需要根据间接测量不确定度的传递公式（2.8）推导出公式（3.9）中 g 的不确定度计算公式。

3.3.3　实验方法

1．实验装置

单摆装置、米尺、游标卡尺、秒表。

2．操作流程

（1）组装单摆

取约 0.5m 的细线（旋转单摆装置上方轮盘调节）穿过带孔的小球，并将摆线末端的小针横向固定住小球，如果没有小针则可以将细线打一个比孔大的结对小球进行固定。

（2）调节单摆仪

将小球调节到刻度盘位置，从单摆侧面观察细线与单摆金属杆是否基本平行，如果不平行，调节钟摆的摆放位置，使其基本平行。

（3）测量摆长 l'

用米尺测量 3 次上端支点到小球孔的长度 l（结果精确到毫米）并取平均值，用游标卡尺测量 3 次小球的直径 d 并取平均值，计算钟摆的摆长 l'。

（4）测量周期

将单摆从平衡位置拉开一个角度（不大于5°），然后释放小球，用秒表记下单摆摆动 n（一般取 30）次的时间 t，计算出平均每摆动一个周期所用的时间 T，反复测量 6 次取平均值。改变 6 次摆长重复上述步骤。

（5）数据记录及其处理

记录实验数据，使用绘图工具对实验数据进行拟合，拟合成 $l' \sim T^2$ 图像，求出斜率 k，

并对实验数据进行误差分析。

3.3.4　实验数据

1．数据记录

需要测量的数据包括：细线的不同长度、小球的直径 d 及小球摆动 30 个周期所用的时间 t。

读者可根据所需要测量的数据自行设计表格，以下表格仅供参考。

（1）细线长度。细线长度测量表如表 3.10 所示。

表 3.10　细线长度测量表

细线的长度 l/cm	1	2	3	平均值
l_1				
l_2				
l_3				
l_4				
l_5				
l_6				

（2）小球直径。小球直径测量表如表 3.11 所示。

表 3.11　小球直径测量表

序　　号	1	2	3	平均值
小球直径 d/mm				

（3）周期。摆动周期测量表如表 3.12 所示。

表 3.12　摆动周期测量表

摆线长度	1	2	3	4	5	6	时间平均值 t/s
l_1'							
l_2'							
l_3'							
l_4'							
l_5'							
l_6'							

2．数据处理

（1）计算重力加速度 g

通过计算得出 l' 和 T^2 两个数据组，根据公式

$$T^2 = \frac{4\pi^2}{g} l'$$

并利用 Origin 或 Excel 画图，将 T^2 作为纵轴，l' 作为横轴，拟合出一次函数，其斜率 $k = 4\pi^2 / g$，所以 $g = 4\pi^2 / k$。

（2）计算 g 的不确定度

推导 g 的不确定度公式，并计算出 g 的不确定度。

3.3.5　分析讨论

1．如何保证测量的小球做平行摆动

分析：此次实验的目的在于通过单摆实验测量本地的重力加速度 g，而在实验中应注意，在摆动小球时，小球很可能会做圆锥摆动，为了让其平行摆动，需要用一个物体对其进行遮挡，之后再松开这个物体，可以保证小球平行摆动。

2．本次实验需要对数据进行分析，如何提高数据误差分析的准确度

分析：通过计算与对比发现，使用最小二乘法的误差比使用逐差法及平均值法的误差要小很多，所以使用最小二乘法进行图形的拟合，可以极大地减小误差，以提高实验结果的准确度。

3．误差分析

分析：在测量摆动周期时，观测需要反应时间，用秒表记录时间也会有延迟；测量摆长、直径时存在读数误差；实验中默认 $\sin\theta \approx \theta$，实际两者存在差异，这在一定程度上也会造成误差。

3.3.6　思考总结

可以用手机中的秒表进行计时，并且单摆的细线长度很难被准确测量，这是因为米尺太长，并且细线的顶端还是固定的，无法准确测量。另外，计时也会存在误差，所以需要多测量几组运动周期和细线的长度，最后取平均值可以减小一定的误差。

针对上面的问题，可以用米尺测量细线的长度，并且可以改进该实验装置，可以在小球摆过的两侧或者在零度的位置加一个光电门，这样可以更加准确地读取运动周期。

3.4　实验四　波尔振动

3.4.1　物理问题

振动是指任何物理量随时间的周期性变化，从简单的摆钟到复杂的地震波，振动现象在我们的日常生活中无处不在。波尔振动通过简单的设备——一个旋转的圆盘和一个振动子，揭示物理世界中许多复杂现象的基本原理。波尔振动实验将帮助我们构建一个振动系统，分析振动系统有规律的往复运动及其对外部周期性作用力的响应。本实验将抽象的物理概念转化为可以直接观测和操作的现象，通过实验可以探索不同形状和质量分布的偏心质量如何影响振动特性，尝试设计能够减小或增大共振效应的系统，研究可以用于改进机

械设计，如发动机平衡系统，或者发展新型减震技术，用于建筑或桥梁的地震防护，在微观科学领域应用共振技术如核磁共振、顺磁共振研究物质结构。未来无论是在工程学、建筑学还是在其他任何科学领域，波尔振动实验都是我们理解和应用振动与共振现象的出发点。波尔振动实验以机械方式探究振动的基本原理和特性，通过一个旋转圆盘和一个简单的振动子，就能够直观地研究如何通过改变驱动频率和阻尼力等条件来影响振动周期和振幅，进一步揭示振动行为背后的科学原理及相关应用。本实验的目标是：精确测量波尔摆（旋转圆盘）的角度及其振动周期，分析在不同振动条件下波尔摆的振动规律。

3.4.2　物理原理

（1）振动系统——波尔摆的构建

图 3.13 所示为一个扭摆，将其摆杆在平面内扭转一定角度后释放，杆在恢复力矩的作用下将产生摆动。以此为模型，将多个杆集合构建，形成圆盘式摆（又称波尔摆），如图 3.14 所示。波尔摆盘面上多个圆孔用于调节圆盘的质量分布，使圆盘相对于中心 O 点转动时转动惯量恒定。为了使圆盘能够往复摆动，振动子（涡卷弹簧）一端与过 O 且与盘面垂直的转轴固定连接，另一端固接于外部连杆 A 点，为圆盘的摆动提供恢复力矩，如图 3.15 所示，这样就构成了一个机械式振动系统。

图 3.13　扭摆　　　　　　图 3.14　从杆式摆到波尔摆

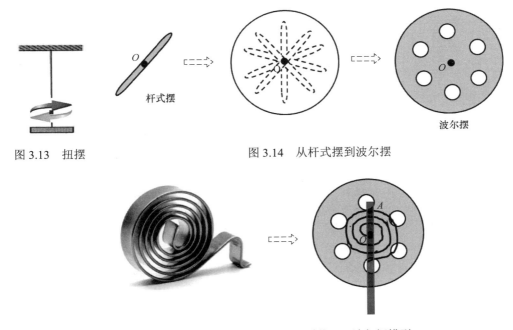

图 3.15　圆盘和涡卷弹簧构建的振动系统——波尔摆模型

（2）自由振动——固有频率测量

如果波尔摆只受到弹性力矩作用，波尔摆的运动为自由振动。此过程中，弹性力矩 M_E 与其扭转角 θ 成正比，即 $M_E = -c\theta$（c 为扭转恢复力系数），摆角 θ 与波尔摆的转动惯量 I 满足微分方程

$$I \frac{\mathrm{d}^2\theta}{\mathrm{d}t^2} = -c\theta \qquad (3.10)$$

令 $\frac{c}{I} = \omega_0^2$，ω_0 为固有圆频率，式（3.10）可变为

$$\frac{\mathrm{d}^2\theta}{\mathrm{d}t^2} + \omega_0^2\theta = 0 \qquad (3.11)$$

其解为

$$\theta = A_0 \cos(\omega_0 t) = A_0 \cos\left(\frac{2\pi t}{T}\right) \qquad (3.12)$$

其中，A_0 为初始振幅，T 为振动的周期且 $\omega_0 = \frac{2\pi}{T}$，由此发现波尔摆的自由振动为简谐振动，测量出自由振动的周期，就能够测出固有频率。

为了测量波尔摆的固有频率，需测出摆角的变化周期。在圆盘外围增加角度测量机构，即角度盘，连续测量摆动时的角度值，或采用角度传感器将摆动过程中摆角的变化转换为随时间变化的电信号，如图 3.16 所示。

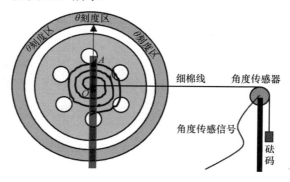

图 3.16　自由振动系统

本实验中的角度传感器为一定滑轮装置，安装在一个固定支杆端。该传感器采用电阻分压的原理，在电阻两端接入恒定直流电压，当该传感器滑轮转动时，带动电刷在电阻导轨上移动，获得与转动角度值成线性关系的电压输出。实验时，波尔摆圆盘摆角的变化带动转轴旋转，缠绕在转轴上细棉线收、放运动带动角度传感器的滑轮转动，摆角的变化转换成与之成线性关系的电压信号，将电压信号提供给 LabVIEW 软件采集，通过数据分析可测量出振动的周期、振幅。

（3）阻尼振动——阻尼系数测量

如图 3.17 所示，将旋转的金属导体板置于电磁铁中做切割磁力线运动，磁场对导体板将产生安培力矩阻碍导体板的旋转。基于此原理，在波尔摆的底部安装两个绕铁芯相对放置的线圈，在通电情况下线圈对圆盘的转动提供阻力矩，形成阻尼振动系统，如图 3.18 所示。

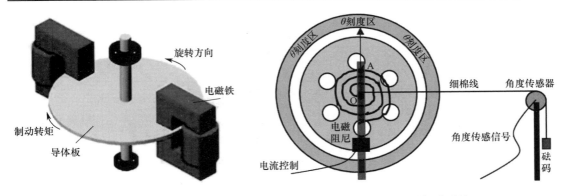

图 3.17　电磁阻尼原理　　　　　　　　　　　图 3.18　阻尼振动系统

在摆角不太大的情况下，近似认为阻尼力矩与摆的角速度成正比，即 $M_R = -r\dfrac{\mathrm{d}\theta}{\mathrm{d}t}$，其中 r 为阻力矩系数，式（3.10）变为

$$I\frac{\mathrm{d}^2\theta}{\mathrm{d}t^2} = -c\theta - r\frac{\mathrm{d}\theta}{\mathrm{d}t} \tag{3.13}$$

令 $\dfrac{r}{I} = 2\beta$（β 称为阻尼系数），$\dfrac{c}{I} = \omega_0^2$（$\omega_0$ 称为固有圆频率），式（3.13）变为

$$\frac{\mathrm{d}^2\theta}{\mathrm{d}t^2} + 2\beta\frac{\mathrm{d}\theta}{\mathrm{d}t} + \omega_0^2\theta = 0 \tag{3.14}$$

其解为

$$\theta = A_0\mathrm{e}^{(-\beta t)}\cos(\omega t) = A_0\mathrm{e}^{(-\beta t)}\cos\left(\frac{2\pi t}{T}\right) \tag{3.15}$$

其中，A_0 为初始振幅，T 为波尔摆做阻尼振动的周期，且 $\omega = \dfrac{2\pi}{T} = \sqrt{\omega_0^2 - \beta^2}$，由式（3.15）可知，波尔摆的振幅随着时间按指数规律衰减。若测得初始振幅 A_0 及第 n 个周期时的振幅 A_n，并测得摆动 n 个周期所用的时间 $t = nT$，则有

$$\frac{A_0}{A_n} = \frac{A_0}{A_0\mathrm{e}^{(-\beta nT)}} = \mathrm{e}^{(\beta nT)} \tag{3.16}$$

所以阻尼系数为

$$\beta = \frac{1}{nT}\ln\frac{A_0}{A_n} \tag{3.17}$$

实验时，角度传感器将阻尼振动的角度变化转换为传感器电信号，利用 LabVIEW 软件采集信号，分析信号可以求出阻尼系数。调控电磁铁电流，可以获得不同电流下的阻尼系数。

（4）受迫振动——振幅、频率、幅频特性、相频特性、拍频、共振现象的研究

在如图 3.18 所示的阻尼振动系统中，增加驱动装置，就构成了一个受迫振动系统，如图 3.19 所示。驱动电机通过一个硬质轻杆连接摆的摇杆，摇杆又与涡卷弹簧相连，因此，来自驱动电机的力矩将通过摇杆及弹簧传递给圆盘，使圆盘产生受迫振动。

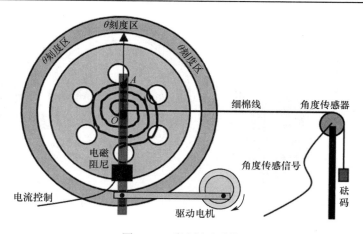

图 3.19　受迫振动系统

当圆盘同时受到阻尼及外力时，将产生受迫振动。设外加简谐力矩的频率是 ω，外力矩角幅度为 θ_0，则 $M_0 = c\theta_0$ 为外力矩幅度，因此外力矩可表示为 $M_{\text{ext}} = M_0 \cos(\omega t)$。摆的运动方程由式（3.14）变为

$$\frac{\mathrm{d}^2\theta}{\mathrm{d}t^2} + 2\beta\frac{\mathrm{d}\theta}{\mathrm{d}t} + \omega_0^2\theta = h\cos(\omega t) \tag{3.18}$$

其中，$h = \dfrac{M_0}{I}$。在稳态情况下，式（3.18）的解是

$$\theta = A\cos(\omega t + \varphi) \tag{3.19}$$

其中 A 为角振幅，可表示为

$$A = \frac{h}{\left[(\omega_0^2 - \omega^2)^2 + 4\beta^2\omega^2\right]^{\frac{1}{2}}} \tag{3.20}$$

而角位移 θ 与外力矩之间的位相差 φ 则可表示为

$$\varphi = \tan^{-1}\left(\frac{2\beta\omega}{\omega^2 - \omega_0^2}\right) \tag{3.21}$$

以上式（3.19）～式（3.21），反映了受迫振动与驱动力矩之间的关系。通过受迫振动实验，将角度传感器在不同驱动条件下的机械振动转换为电信号，经 LabVIEW 软件采集信号后，可进行受迫振动的振幅分析、频率分析、幅频特性和相频特性曲线测量、拍频和共振现象的观测、振动的相图和机械能分析。

3.4.3　实验方法

1. 实验装置

波尔振动实验仪器的配置和布局如图 3.20 所示，包括：波尔振动仪，直流稳压稳流

电源 2 个，安装 LabVIEW 软件的计算机。其中波尔振动仪的角度传感器测量精度可以达到 0.1°。

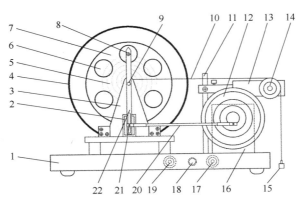

图 3.20　波尔实验仪的简视图

1—底座；2—阻尼线圈；3—支撑架；4—摆轮保护圈；5—蜗卷弹簧；6—摆轮指拨孔；7—圆形摆轮；8—弹簧夹持螺钉；

9—摆轮转轴；10—棉线；11—传感器支撑柱；12—有机玻璃转盘；13—转动传感器；14—传感器转盘；15—砝码；

16—驱动电机（在转盘后面）；17—驱动电机电流输入（后部）；18—驱动电机转速调节旋钮（后部）；

19—阻尼线圈电流输入（后部）；20—连杆；21—摇杆松紧调节螺丝；22—摇杆

2．测量方法

（1）角度测量

通过细棉线将摆盘的转轴和角度传感器连接，摆盘的角度数据转换为电信号。实验时，在 LabVIEW 软件中选择角度测量，角度传感器测出的随时间变化的角度数据将以"角度–时间"即 $\theta - t$ 曲线展示出来，通过 $\theta - t$ 曲线可以非常直观地读取任意时刻的角度值、测出振动周期、观察受迫振动时振幅从非稳态到稳态的变化过程。

（2）频谱分析

LabVIEW 软件的频率测量功能，可以将 $\theta - t$ 数据应用快速傅里叶变换（FFT）实时地将振动的频谱曲线展示出来，通过频谱曲线可直接读取自由振动的固有频率、观测非稳态时不同驱动频率的受迫振动拍频（驱动频率和固有频谱的差频）的出现、稳态时拍频的消失与驱动频率的维持。

（3）相位分析

LabVIEW 软件的频率测量功能，可以将 $\theta - t$ 数据通过快速傅里叶变换实时地将振动的相位曲线展示出来，通过相位曲线，可获得不同驱动频率的受迫振动相位变化。

（4）角速度测量

LabVIEW 软件的角速度测量功能，随时间变化的角度数据将以 $\dot{\theta} - t$ 曲线展示出来，从曲线可以非常直观地读取任意时刻振动角速度。

（5）相图和机械能

LabVIEW 软件利用振动时所测量的角度和角速度值，绘制 $\dot{\theta} - \theta$ 曲线，此曲线为振动的相图，振动的相图能揭示振动时机械能（动能和势能）的变化，因为振动的动能和势能为

$$\begin{cases} \text{势能：} E_p = \dfrac{1}{2}K\theta^2 \\ \text{动能：} E_k = \dfrac{1}{2}I\dot{\theta}^2 \end{cases}$$

3．操作流程

（1）实验前的准备

① 调平波尔振动仪底座，确保摆盘始终能够保持在竖直平面内摆动。

② 稍加外力矩，让波尔摆偏离平衡位置自由摆动，检查摆盘是否能正常自由摆动，要确保波尔摆不受到其他机械阻碍。

③ 检查角度传感器是否装配正确，确保角度传感器定滑轮旋转运动所在平面要与细棉线所在平面，细棉线在定滑轮上有摩擦不滑动。

④ 检查不同电流提供的电磁阻尼是否能正常工作。

⑤ 检查驱动电机是否能正常驱动摆盘振动，是否能调节、提供不同频率的驱动。

以上检查为仪器工作状态检查，如有不正常，则需要检修或调整。

（2）测量自由振动的固有频率及阻尼系数

阻尼线圈不加电流，不加驱动力矩，用手将摆盘转动到某个不太大的初始角度使其偏离平衡位置并释放，让其自由摆动，观察摆动现象，并用 LabVIEW 软件采集角度传感器数据。选取两种初始角度（小于 50° 和大于 50°）释放摆盘，采集不同初始角度下的振动信号。

对不同初始角度下振动信号做振幅测量和频谱分析，测出振动系统的阻尼系数和固有频率，分别讨论阻尼系数、固有频率与初始释放角度之间的关系。

（3）测量阻尼振动的阻尼系数

利用直流稳压电源给阻尼线圈加上任意电压（如 7V），电流限制为最大不超过 0.5A，转动摆轮使其偏离平衡位置并释放，观察摆动现象，并用 LabVIEW 软件采集角度传感器数据，测量阻尼振动的阻尼系数。

在 0～10V 间每隔 1V 测量不同电压下的阻尼系数，同时记录阻尼电流，描绘阻尼系数随阻尼电压变化的关系曲线。

（4）观测受迫振动——振幅、频率、幅频特性、相频特性、拍频、共振现象

利用直流稳压电源给阻尼线圈加上某一电压（如 7V），将驱动电机调速旋钮逆时针调到底，使电机开始转动，带动摆盘做受迫振动。耐心观察受迫振动从非稳态到稳态（振幅不再发生变化）时的振幅变化，用 LabVIEW 软件采集受迫振动信号，通过信号的频谱分析观测非稳态时频谱图，测出拍频，分析并记录稳态时的振动频率及振幅。

顺时针转动驱动电机调速旋钮，每隔半圈为一驱动频率，观察并记录不同驱动频率下摆盘受迫振动（稳态时）的振幅及频率，找出振幅最大值对应的频率即为 7V 阻尼下的共振频率。

根据式（3.21）计算不同频率下的相位差，并以 $\dfrac{\omega}{\omega_0}$ 为横坐标，振幅和相位差为纵坐标，

分别画出受迫振动的幅频特性曲线和相频特性曲线。由曲线找出共振频率，并与步骤（2）测得的固有振动频率进行对比。

（5）振动的相图及机械能

阻尼线圈不加电流，不加驱动力矩，用手将摆盘转动到某一不太大的初始角度使其偏离平衡位置释放，让其自由振动，用 LabVIEW 软件采集角度传感器角度数据和角速度数据，绘制自由振动的相图（$\dot{\theta}-\theta$ 曲线）。

利用直流稳压电源给阻尼线圈加上任意电压（如 7V），转动摆轮使其偏离平衡位置并释放，用 LabVIEW 软件采集角度传感器角度数据和角速度数据，绘制阻尼振动的相图（$\dot{\theta}-\theta$ 曲线）。

同样的方法，可绘制受迫振动的相图。

以上不同振动的相图，反映了不同振动状态下的机械能变化。

3.4.4　实验数据

1．自由振动实验

（1）初始摆角 1=_____（°）。

振动信号 $\theta-t$ 图，阻尼系数=_____。

频谱分析图，固有频率=_____。

（2）初始摆角 2=_____（°）

振动信号 $\theta-t$ 图，阻尼系数=_____。

频谱分析图，固有频率=_____Hz。

（3）讨论不同初始摆角对阻尼系数和固有频率的影响。

2．阻尼振动实验

绘制振动信号 $\theta-t$ 图，阻尼系数=_____。

根据表 3.13 数据绘制阻尼系数随阻尼电压变化的关系曲线。

表 3.13　不同电压下的阻尼系数

阻尼电压/V	阻尼电流/A	阻尼系数（通过 $\theta-t$ 图计算）

3. 受迫振动实验

（1）设定驱动频率=_____Hz，根据非稳态到稳态振动过程中的信号 $\theta - t$ 图和频谱分析分析图，测出频谱图中的拍频=_____Hz。

思考题：驱动频率与拍频有什么关系？

（2）设定驱动电机频率=_____Hz，根据稳态时振动信号的 $\theta - t$ 图和频谱分析图，可知受迫振动的振幅=_____（°），频率=_____Hz。

思考题：驱动频率与稳态时受迫振动频率有什么关系？

（3）设定阻尼电压=_____V，阻尼系数 β =_____。

表 3.14 中的驱动频率由电机转速换算可得，相位差用式（3.21）计算。根据表 3.14 数据绘制幅频特性曲线、相频特性曲线，在曲线中找出最大振幅对应的频率，即为共振频率，比较共振频率与固有频率的大小。

表 3.14　在以上阻尼条件下，不同驱动频率受迫振动的振幅、频率及相位差

驱动频率/Hz	稳态时振幅/°	稳态时振动频率/Hz	相位差 φ /rad

选做：改变阻尼电压，重复以上实验，绘制不同阻尼调节下的幅频特性曲线、相频特性曲线，讨论阻尼对共振频率及其振幅的影响。

思考题：如果受迫振动中没有阻尼，将会发生什么？

4. 相图和机械能

（1）分析自由振动时的 $\dot{\theta} - \theta$ 曲线，讨论自由振动时的机械能变化。

（2）分析阻尼振动时的 $\dot{\theta} - \theta$ 曲线，讨论不同阻尼条件下的机械能变化。

（3）分析受迫振动时的 $\dot{\theta} - \theta$ 曲线，讨论不同驱动频率受迫振动时的机械能变化、共振时的机械能变化。

3.4.5　思考总结

通过以上 1～4 项实验内容，谈谈对振动现象的理解。

3.4.6　拓展实验

（1）探索不同形状和质量分布的偏心圆盘如何影响振动特性，尝试设计能够减小或增大共振效应的系统。

（2）本实验仪器有什么不足，研究可以用于改进的机械设计。

（3）设计新型减震仪器用于建筑或桥梁的地震防护。

（4）调研微观科学领域中的共振技术。

3.5　实验五　声速测量

3.5.1　物理问题

声波是一种在弹性媒质中传遍的机械波，振动频率在 20~20000Hz 的声波称为可闻声波，频率低于 20Hz 的声波称为次声波，频率高于 20000Hz 的声波称为超声波。声波特性的测量如频率、波长、声速、声压衰减、相位等是声波检测技术中的重要内容。声速的测量方法可以分为两大类。一类是根据运动学理论 $v = \dfrac{L}{t}$，通过测量传播距离 L 和时间间隔 t 得到声速 v；另一类是根据波动理论 $v = f\lambda$，通过测量声波的频率 f 和波长 λ 得到声速 v。由于超声波具有波长短、能定向传播等特点，因此在超声波段进行声速测量是比较方便的，超声波的发射和接收一般是通过电磁振动与机械振动的相互转换来实现的，最常见的方法有利用压电效应和磁致伸缩效应。

通过此次声速的测量实验，应掌握声波在空气中传播速度与其他状态参量存在什么样的关系以及超声波产生和接收的原理，了解利用逐差法处理实验数据的优点等。

3.5.2　物理原理

1．声波在空气中的传播速度

在理想气体中声波的传播速度为

$$v = \sqrt{\frac{\gamma R T}{\mu}} \tag{3.22}$$

式中，$\gamma = \dfrac{C_P}{C_V}$ 为比热比，即气体定压比热容与定容比热容的比值，μ 是气体的摩尔质量，T 是绝对温度，$R = 8.31441 \mathrm{J \cdot mol^{-1} \cdot K^{-1}}$ 为普适气体常数。可见，声速与温度、比热比、摩尔质量有关，而后两个因素与气体成分有关。因此，测定声速可以推算出气体的一些参量。还可以利用式（3.22）的函数关系设计声速温度计。

在正常情况下，干燥空气成分按质量比为氮：氧：氩：二氧化碳=78.084：20.946：0.934：0.033，空气的平均摩尔质量 μ 为 28.964kg·mol⁻¹。在标准状态下，在干燥空气中的声速为 $v_0 = 331.5 \mathrm{m \cdot s^{-1}}$。在室温为 $t\,℃$ 时，干燥空气的声速为

$$v = v_0 \sqrt{1 + \frac{t}{T}} \tag{3.23}$$

由于实际空气并不是干燥的，总含有一些水蒸气，经过对空气摩尔质量和比热比的修正，在温度为 t℃、相对湿度为 r 的空气中，声速为

$$v = 331.5 \sqrt{\left(1 + \frac{t}{T_0}\right)\left(1 + 0.31 \frac{rP_s}{P}\right)} \tag{3.24}$$

式中，$T_0 = 273.15K$。P_s 为 t℃时空气的饱和蒸气压，可从饱和蒸气压与温度的关系表中查出；P 为大气压，取 $P = 1.013 \times 10^5 Pa$ 即可；相对湿度 r 可从干湿温度计上读出。由这些气体参量可以计算出声速。

2．测量声速的实验方法

声速 v、声源振动频率 f 和波长 λ 之间的关系为

$$v = f\lambda \tag{3.25}$$

可见，只要测得声波的频率 f 和波长 λ，就可求得声速 v。其中声波频率 f 可通过频率计测得，所以本实验的主要任务是测量声波波长 λ。

（1）相位法

波是振动状态的传播，也可以说是相位的传播。在波的传播方向上的任何两点，如果其振动状态相同或者其相位差为 2π 的整数倍，则这两点间的距离 l 应等于波长的整数倍，即

$$l = n\lambda \quad （n 为一个正整数） \tag{3.26}$$

利用式（3.26）可精确测量波长。

若超声波发生器发出的声波是平面波，当接收器端面垂直于波的传播方向时，其端面上各点都具有相同的相位。当沿传播方向移动接收器时，总可以找到一个位置使得接收到的信号与发射器的激励电信号同相。继续移动接收器，直到找到的信号再一次与发射器的激励电信号同相时，移过的这段距离就等于声波的波长。

需要说明的是，在实际操作中，在用示波器测定电信号时，由于换能器振动的传递或放大电路的相移，接收器端面处的声波与声源并不同相，即总有一定的相位差。为了判断相位差并测量波长，可以利用双线示波器直接比较发射器的信号和接收器的信号，进而沿声波传播方向移动接收器，寻找同相点来测量波长；也可以利用李萨如图形寻找同相或反相时椭圆退化成直线的点，其优点是在斜直线情况下判断相位差最为灵敏。

（2）驻波法

按照波动理论，发生器发出的平面声波经介质到达接收器，若接收面与发射面平行，声波在接收面处就会被垂直反射，于是平面声波在两端面间来回反射并叠加。当接收面与发射头间的距离恰好等于半波长的整数倍时，叠加后的波就形成驻波。此时相邻两波节（或波腹）间的距离等于半个波长（$\lambda/2$）。当发生器的激励频率等于驻波系统的固有频率（本实验中压电陶瓷的固有频率）时，会产生驻波共振，波腹处的振幅达到最大值。

声波是一种纵波。由纵波的性质可以证明，驻波波节处的声压最大。当发生共振时，

接收面为一个波节，接收到的声压最大，转换成的电信号也最强。接收器移动到某个共振位置时，如果示波器上出现了最强的信号，继续移动接收器，再次出现最强的信号时，则两次共振位置之间的距离即为 $\lambda/2$。

3.5.3　实验仪器

主要实验仪器包括声速测量仪、函数信号发生器和示波器。

1．声速测量仪

声速测量仪可分为三部分。第一、二部分为声波发生器和超声波接收器，当一个交变正弦电压信号加在发射用的压电超声波传感器上时，由于压电晶片的逆压电效应，激发起机械振动，从而发出超声波。超声波接收器与超声波发射器用的是同一种结构的超声波传感器，只是两种压电晶片的性能有所差别，接收型压电晶片内的机械能转化为电能的效率高，而发射型压电晶片则相反，电能转化为机械能的效率高。

第三部分为数显游标卡尺，其机械部分与普通游标卡尺一样，但它有一个位移传感器及液晶显示器，在游标尺移动时，能直接显示其移动的距离。

2．函数信号发生器

函数信号发生器是一种多功能信号发生器，可以输出正弦波、方波、三角波共三种波形的交变信号，信号频率范围为 10Hz～2000kHz，既可分挡调节，又可连续调节，连续调节又分粗调和细调两挡，当需要很精确的频率时，可用频率微调。信号幅度可连续调节，最大可达 10V，还有两个衰减挡，使输出幅度可小到 mV 量级。

3.5.4　实验内容

1．用驻波法测声速

（1）用驻波法测声速的实验装置如图 3.21 所示，按图 3.21 连接电路，将信号发生器的输出端与声速测量仪的输入端 S_2 相连，将声速测量仪的输入端 S_1 与示波器的 Y 端（或通道 CH_1）相连，令 S_1 和 S_2 靠近并留有适当的空隙，使两端面平行且与游标尺正交。

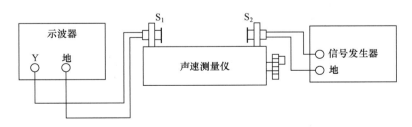

图 3.21　用驻波法测声速的实验装置

（2）根据实验室给出的压电陶瓷换能器的振动频率 f，将信号发生器的输出频率调至与 f 接近，缓慢移动 S_2，当在示波器上看到正弦波首次出现振幅较大时，固定 S_2，再仔细微调信号发生器的输出频率，使显示器上的图形振幅达到最大，读出共振频率 f。

（3）在共振条件下，将 S_2 向 S_1 移动，再缓慢移开 S_2，当示波器上出现振幅最大时，记下 S_2 的位置 x_0。

（4）由近及远移动 S_2，逐次记下各振幅最大时 S_2 的位置，连续测 20 个数据，即 x_1，$x_2, \cdots, x_{20}$。

（5）用逐差法计算出声波波长的平均值。

2．用相位法测声速

（1）按如图 3.22 所示的实验装置图连接电路。

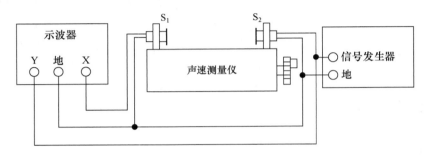

图 3.22　用相位法测声速的实验装置图

（2）将示波器"秒/格"旋钮旋至 X-Y 挡，信号发生器接示波器 CH_2 通道，利用李萨如图形观察发射波与接收波的位相差，并找出同相点。

（3）在共振条件下，使 S_2 靠近 S_1，再慢慢移开 S_2，当示波器上出现 45° 倾斜线时，微调游标卡尺的微调螺母，使图形稳定，记下 S_2 的位置 x_0'。

（4）继续缓慢移开 S_2，依次记下 20 个示波器上李萨如图形为直线时的游标卡尺的读数 $x_1', x_2', x_3', \cdots, x_{20}'$。

（5）用逐差法计算出声波波长的平均值。

3.5.5　实验数据与处理

1．相位法测波长

连续测量 20 个数据（单位为 cm），每 $\lambda/2$ 记录一次。数据表格（见表 3.15）仅供参考，请学生尝试自行设计表格。

表 3.15　记录 x 位置

x_1	x_2	x_3	x_4	x_5	x_6	x_7	x_8	x_9	x_{10}
x_{11}	x_{12}	x_{13}	x_{14}	x_{15}	x_{16}	x_{17}	x_{18}	x_{19}	x_{20}

用逐差法处理数据。数据表格（见表 3.16）仅供参考，请学生尝试自行设计表格。

表 3.16　用逐差法取各点位置的差值

$x_{11}-x_1$	$x_{12}-x_2$	$x_{13}-x_3$	$x_{14}-x_4$	$x_{15}-x_5$	$x_{16}-x_6$	$x_{17}-x_7$	$x_{18}-x_8$	$x_{19}-x_9$	$x_{20}-x_{10}$

（1）计算 $\lambda = \dfrac{\Sigma(x_{i+10}-x_i)}{50} = $＿＿＿＿＿ cm。

计算不确定度：

标准偏差 $s = \sqrt{\dfrac{\Sigma\,(x_{i+10}-x_i-5\lambda)^2}{10-1}} = $＿＿＿＿＿ mm，取仪器误差 $\varDelta_{仪} = $＿＿＿＿＿ mm。因此，波长的测量误差为 $\Delta\lambda = \sqrt{s^2+(\sqrt{2}\varDelta_{仪})^2} = $＿＿＿＿＿ mm，则波长 λ 的测量结果可以得出。

（2）通过超声波仪器与声波的共振频率、仪器不确定误差 Δf、$v = f\lambda$ 和 $\Delta v = \Delta f \Delta \lambda$ 计算 V，即

$$V = (v \pm \Delta v)\ \text{m/s}$$

2．利用理论公式计算声速

记录室温 t 与空气相对湿度 r。查表可得该温度下的饱和蒸气压 P_s。利用理论公式 $v = 331.5\sqrt{\left(1+\dfrac{t}{T_0}\right)\left(1+0.31\dfrac{rP_s}{P}\right)}$ 得出声速 v。

3.5.6　分析讨论

（1）将实验测量的结果与真实值（根据实验环境查表）相比较，计算相对误差，得出用相位法测量声速的准确度。

（2）将实验测量的结果与利用理论公式计算得到的结果相比较，计算相对误差，分析讨论是否可以使用该公式替代实验测量来准确估算声速。

（3）学生可以根据驻波法测量声速的原理设计实验步骤，进行声速的测量，分析讨论用相位法测量声速与用驻波法测量声速的不同点，哪一种方法误差会相对小。

3.5.7　思考总结

1．误差分析

思考是否存在除下文已给出的误差外的其他误差。

（1）该实验利用李萨如图形的形状变化来判断两波之间的相位差，由于示波器上显示的直线图形不能稳定存在，或有时有细微的宽度不易察觉。因此，在测量时会产生偶然误差。

（2）在调节声波发生器的共振频率时，在两波达到共振时，声波发生器显示器上会显示当前波的频率，但显示频率与实际频率必定存在差异，如此会导致系统误差的产生。

（3）游标卡尺上的位移传感器对位移变化的感应程度是有限制的，因此在测量位移时会导致系统误差的产生。

（4）示波器会受到环境电磁信号的干扰，故李萨如图像的显示与实际情况有一定的差异，接地可以减小外界电磁信号的干扰，而若想彻底消除这部分误差，必须进行适当的信号屏蔽。

2．思考总结

学生可以从以下几个方面进行思考总结。

（1）对本实验进行体验性描述。

（2）对实验结果的评价，包括误差及其来源分析。

（3）对实验原理、方法、实验装置或实验系统的评价性总结。

（4）对进一步探索的设想与思考。

（5）回应本实验目的，谈谈对本实验知识点的认知与思考、问题的解决、实验的收获等。

3.6　实验六　用力敏传感器测量液体表面张力系数

3.6.1　物理问题

液体表面张力是由于液体表面层内液体分子受力不平衡引起的，液体表面层内分子受到了一个指向液体内部的合引力作用，在宏观上表现为液体的表面像一层张紧的弹性膜，有自行收缩的趋势，这种收缩力称为液体的表面张力。

液体表面张力是表征液体性质的一个重要参数，几乎所有的工农业生产和日常生活都与表面张力原理有直接或间接关系，如喷洒农药、涂抹涂料、洗澡、刷牙、洗衣都与表面张力有关。液体表面张力可以用液体表面张力系数来描述。

测量液体表面张力系数的方法有拉脱法、毛细管法及最大气泡压力法等，其中拉脱法是最常用的方法之一。本实验将借助力敏传感器，利用拉脱法测量液体表面张力系数。什么是力敏传感器？该如何利用力敏传感器测定液体表面张力系数呢？液体表面张力系数会受到液体的种类、温度、纯度、浓度及待测样品的净化处理程度等因素的影响，那么如何能较为准确地测得液体表面张力系数呢？这是学生在实验的过程中应该思考的问题。

3.6.2　物理原理

1．液体表面张力系数

假设在液面上画一条直线，如图3.23所示。线段两侧液面均有收缩的趋势，即有表面张力作用，该力与液面相切，且与线段垂直，分别用F和F'表示，F和F'是一对作用力与反作用力，即$F=-F'$。

由于线段上各点均有表面张力作用，因此线段越长，合力越大。设线段长为L，则

$$F = \alpha L$$

α即为液体表面张力系数，表示单位长度液膜上的表面张力的大小。在一定条件下，α

不会随着 F 和 L 的变化而变化，它是一个常数。因而液体表面张力系数可以像杨氏模量一样，用以表征一定条件下液体的性质。

2. 实验模型的搭建

如图 3.24 所示，将一个洁净的吊环挂在力敏传感器的挂钩上，保持吊环水平，旋转升降台调节螺旋，缓缓上升液面，当吊环下沿部分完全浸入液面以下时，缓缓下降液面。

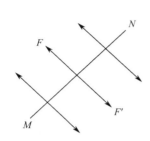

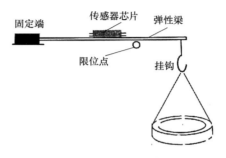

图 3.23　液体的表面张力示意图　　　　　图 3.24　测定液体表面张力系数的物理模型

当吊环底部与液面平齐或略高时，由于液体表面张力的作用，吊环的内、外壁会带起一部分液体，吊环和液面间会形成一个环形液膜，如图 3.25 所示。

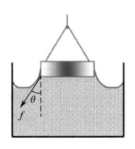

图 3.25　吊环和液面间形成的环形液膜

在受力平衡时吊环重力 mg、向上的拉力 T 与液体表面张力 F 满足

$$T = mg + F\cos\theta$$

当吊环临界脱离液体时，有 $\theta = 0°$，即 $\cos\theta = 1$，则平衡条件近似为

$$T = F + mg$$

液体的表面张力为

$$F = \alpha L$$

其中，长度 L 可近似认为 $L = \pi(D_1 + D_2)$。

如图 3.26 所示，D_1、D_2 分别为吊环的内径和外径。所以 F 可近似认为

$$F = \alpha\pi(D_1 + D_2)$$

则可得

$$T - mg = \alpha\pi(D_1 + D_2)$$

D_1、D_2 可以用螺旋测微器测出，而 $(T-mg)$ 往往无法直接测得，需要利用力敏传感器间接测得。

图 3.26　吊环的内径和外径

3. 力敏传感器

力敏传感器由弹性梁和贴在梁上的传感器芯片组成，其中芯片由 4 个硅扩散电阻组成一个非平衡电桥。当外界压力作用于金属梁时，在压力作用下，电桥会失去平衡，此时将有电压信号输出，输出电压大小与所加外力成正比，即

$$\Delta U = k\Delta F$$

式中，ΔF 为外力的变化量；k 为硅压阻式力敏传感器的灵敏度；ΔU 为传感器输出电压的变化量。

所以拉力 T 与圆环重力 mg 的差值可以用输出电压的差值表示，即

$$T - mg = \frac{U_1 - U_2}{k}$$

U_1 对应于 $\theta = 0°$ 时的输出电压。U_2 对应于金属圆环与液面间的液膜断裂后一瞬间的输出电压。所以 α 最终可以近似表示为

$$\alpha = \frac{U_1 - U_2}{\pi k (D_1 + D_2)}$$

利用力敏传感器的输出电压在一定范围内与所加外力成正比的特性，在实验开始前，首先利用质量已知的砝码对力敏传感器进行定标，求得力敏传感器的灵敏度 k。再将吊环浸没在液体中，记录吊环在即将拉脱液面 $\theta = 0°$ 时的输出电压 U_1 和拉脱后一瞬间的输出电压 U_2，并用螺旋测微器测量圆环的 D_1 和 D_2。将 k、U_1、U_2、D_1、D_2 代入上述公式，即可测得液体的表面张力系数 α。

如何确定 $\theta = 0°$ 时刻，吊环受到大小为 T 的力和吊环受到大小为 mg 的力时对应的输出电压 U_1、U_2？

在将吊环拉起过程中，液体膜的形状经历了如图 3.27 所示的 5 个阶段的变化。

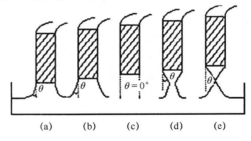

图 3.27　液体膜形状的 5 个变化阶段

第一阶段，当吊环被拉离液面时，在吊环的内外侧会带起液膜，如图 3.27（a）所示；第二阶段，随着吊环和液面的距离逐渐增加，夹角 θ 将会逐渐变小，如图 3.27（b）所示，此时吊环拉力 F 会逐渐变大；第三阶段，随着吊环与液面的距离逐渐增大，θ 减小至 0°，这时液膜并没有被拉断，如图 3.27（c）所示；第四阶段，继续增大吊环与液面的距离，被拉起的液膜逐渐变薄，这时 θ 会反向增加，如图 3.27（d）所示；第五阶段，继续上拉吊环，液膜变得越来越薄直至被拉断如图 3.27（e）所示。正如我们观察到的数字电压表的示数变化情况，在液膜拉断前，随着吊环与液面距离的增大，θ 角会逐渐减小，拉力 $T = mg + F\cos\theta$，因此 T 会变大，数字电压表的示数也逐渐变大；当 θ 角减小为 0° 时，T 达到最大值为 $T = mg + F$，与之对应的数字电压表的示数也达到最大值；继续拉伸液膜，此时 θ 角反向增大，$T = mg + F\cos\theta$ 变小，故 T 变小，数字电压表的示数也随之逐渐变小。因此会观察到当吊环被拉离液面时数字电压表的示数会先变大后变小，可用计算机描绘出吊环所受拉力随吊环拉离液面高度的变化曲线，如图 3.28 所示。

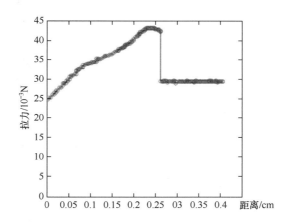

图 3.28 拉力随着吊环与液面之间距离的变化

当 $\theta = 0°$ 时，对应的数字电压表的示数为最大值，即为 U_1。在液体膜脱离后的一瞬间，传感器受到大小为 mg 的力，此时的输出电压即为 U_2。

3.6.3 实验方法

1. 力敏传感器的定标

首先对力敏传感器进行定标，测得力敏传感器的灵敏度 k。

（1）打开电源开关，预热 5min。

（2）将砝码盘挂在传感器梁端头的小钩上，待砝码盘稳定不再晃动时，调节测定仪面板上的调零旋钮，使输出电压显示为零。

（3）用镊子依次将质量为 0.5g 的砝码放入砝码盘中，每放入一个砝码，待砝码盘稳定不再晃动时，记录此时砝码盘中的总砝码质量和对应的数字电压表读数。直到放入 6 个砝码，记录 6 组不同砝码总质量下的数字电压表读数后，取下砝码盘。

（4）用最小二乘法做直线拟合，求出力敏传感器的灵敏度 k。

2．液体表面张力系数 α 的测定

（1）用海绵刷清洗玻璃缸，向玻璃缸中加入适量水后，盖上玻璃盖。

（2）将水平仪放置在玻璃盖上，调整底部的螺母使液面水平。当水平仪中的气泡处于中心时，表示到达水平状态。

（3）将吊环挂在力敏传感器的小钩上，调节弹性梁的高度，使吊环下表面接近液面。升高液面高度，使液面更加接近吊环下表面，观察吊环下表面是否与液面平行。若不平行，则用镊子取下吊环，调整铁丝直至吊环下表面与液面平行。

（4）将吊环放在 NaOH 溶液中浸泡 20～30s，浸泡完后用清水洗净，将吊环挂在传感器的小钩上。

（5）提高液面高度，使吊环下沿部分浸没在液体中。缓慢降低液面高度，直到吊环下表面与液面之间的液膜被拉断。记录液膜被拉起到被拉断过程中，数字电压表的变化情况（可以选择用手机拍摄记录）。观察电压最大值和液面断裂后一瞬间的电压值，分别记录为 U_1 和 U_2。

（6）测量液体的温度 T。

（7）将实验数据代入公式 $\alpha = \dfrac{u_1 - u_2}{\pi k(D_1 + D_2)}$，求出液体表面张力系数 α。

3．注意事项

（1）力敏传感器所能承受的最大压力有限，请勿用力下压弹性梁端头。

（2）在测量液体表面张力系数，使吊环拉离液体时，尽量保持吊环相对稳定上升。

（3）吊环在用 NaOH 溶液净化处理后，请勿直接用手触碰。

（4）NaOH 溶液具有一定的腐蚀性，使用时要注意安全。

3.6.4　实验数据

1．数据记录

（1）力敏传感器的标定

需要测量的数据：每加一次砝码对应的输出电压。

请学生根据需要测量的数据自行设计表格，表 3.17 仅供参考。

表 3.17　输出电压与砝码总质量关系

砝码盘中砝码的总质量/g	输出电压/mV
0.5	
1.0	
1.5	
2.0	
2.5	
3.0	

（2）液体表面张力的测定

需要测量的数据：液体温度、吊环的内径与外径、液膜破裂前电压最大值 U_1 与破裂后瞬间的电压 U_2。

请学生根据需要测量的数据自行设计表格，表 3.18 仅供参考。

表 3.18　液体表面张力的测定

液体温度/℃	吊环内径/cm	环外径/cm	U_1/mV	U_2/mV	张力系数 α /（N/m）

2. 数据处理

（1）使用 Origin 或 Excel 画图或公式编辑的方式对数据进行处理，从而获得力敏传感器的灵敏度。

（2）在预热仪器，熟悉实验目的与操作，并确保挂钩竖直的条件下，依次增加砝码，记录砝码质量，再经计算后得到砝码重力，以输出电压为纵坐标、以砝码重力为横坐标来拟合曲线。

（3）图像显示输出电压与砝码重力大致成正比，选择显示所得图像的线性趋势线，可以直观看到趋势线是一条大致过原点的直线。根据公式 $\Delta U = k\Delta F$ 可知，趋势线的斜率即灵敏度 k 的大小。

（4）理论部分已经推导出液体表面张力系数的测定公式，根据以上测量得到的灵敏度 k、液膜破裂前电压最大值、液膜破裂瞬间电压值、环内/外径，液体表面张力系数可由公式 $\alpha = \dfrac{U_1 - U_2}{\pi k(D_1 + D_2)}$ 求出。为求得某一确定温度下液体的表面张力系数需要重复进行实验，可使用 Excel 中的公式进行数据处理。

3.6.5　分析讨论

（1）在实验过程中，转动旋钮从而使环上下移动，会明显观察到液面乃至液体在晃动。

分析：一是由于在旋转旋钮时用力过大，导致液面晃动。二是由于旋转速度过快，导致吊环在上升时速度过快对液面的影响。三是液面扰动对于液膜的稳定度有影响，从而对实验结果造成影响。最好的方法是在保证提高下降速度时，尽量缓慢地移动吊环。

（2）通过仪器读取数据时，会发现示数随着吊环的升高先增加到一个最大值，再随着吊环的升高减小到一个值，继续升高吊环，液膜破裂，示数急速下降至一个较小的数值。

分析：阶段一，吊环上升，液体对吊环的作用力增大，但是会达到一个最大值，此时 $\theta = 0°$。阶段二，吊环继续上升，液面对吊环的作用力减小。因为此时吊环即将脱离液面，θ 反向增大，液体表面张力的竖直分量变小。阶段三，水膜破裂，且环上会附着一定的液体。

（3）实验时，无法保证吊环完全竖直，示数影响较大。

分析：悬挂吊环的细绳容易弯曲，对吊环的总拉力不在吊环的中心轴线上。细绳对挂钩造成的拉力并不是吊环真正的重力，从而导致后面的测量数据不准确，具体是偏大还是偏小都有可能。可供参考的解决方案是将所用水平仪改进为外壳中嵌入少量磁铁的水平仪，使其能够吸附在吊环下沿。将吊环悬挂在自由端，使其只受竖直向下的重力和竖直向上的拉力。观察水平仪，通过调整细绳曲直，使水平仪气泡位于水平仪的中心，从而确保吊环与液面水平。

3.6.6　思考总结

该实验本身十分简单，需要测量的数据并不多，但是想要精准测量并不容易。在实验过程中，调节水平仪水平需要耗费一些时间，由于摆放位置选取不当，导致水平仪在不同位置呈现不同的测量结果。挂上吊环判断吊环下表面与液面是否平行，并调节吊环上的细绳使其悬挂时与液面垂直，这是本实验最难的地方。由于细绳易形变，难以恰好使吊环悬挂时下表面与液面平行。

实验误差来源包括仪器水平度、读数时吊环的稳定程度、吊环下表面与液面的平行度、仪器本身误差、液体纯净度、吊环脱离液体后表面附着的水珠。实验设计比较巧妙，运用简单的知识，即利用力敏传感器将力的大小与电压示数相结合的原理。

在实验操作方面，要将测量量转化为其他易测量的量，从而完成实验。这对于我们以后的实验和学习具有重要意义。

3.7　实验七　用拉伸法测量金属丝杨氏模量

3.7.1　物理问题

杨氏模量是工程材料的重要参数，它反映了材料弹性形变与内应力的关系，它只与材料性质有关，是工程材料的重要依据之一。任何物体在外力的作用下，都会产生形变，对于弹性物体，若作用的外力不太大，则在外力作用停止后，由此引发的形变也随之消失，这种形变称为弹性形变。

本实验介绍了如何测定杨氏模量，通过实验可以了解仪器的配置原则，了解为什么对不同的长度测量应选用不同的测量仪器，以及在测量中由于测量对象及方法的改变如何估算其系统误差。该实验还介绍了使用光杠杆原理放大物体微小变化量这一巧妙方法，该方法性能稳定、精度高，在设计各类测试仪器中得到了广泛的应用。

3.7.2　物理原理

1. 杨氏模量

在有外力作用下任何物体都会发生形变，最简单的形变就是物体受外力拉伸（或压缩）时发生的伸长（或缩短）形变。本实验研究的是金属丝弹性形变中的伸长形变。

如图 3.29 所示，设金属丝的长度为 L，截面积为 S，一端固定，一端在延长方向上受

力为 F ，并伸长 ΔL 。

应变是物体的相对伸长，即

$$\frac{\Delta L}{L}$$

应力是物体单位面积上的作用力，即

$$\frac{F}{S}$$

根据胡克定律，在物体弹性限度内，物体的应力和应变成正比，即

$$\frac{F}{S} = Y\frac{\Delta L}{L}$$

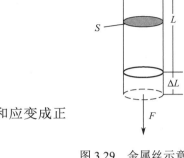

图 3.29　金属丝示意图

故可得

$$Y = \frac{FL}{S\Delta L} \tag{3.27}$$

实验证明，杨氏模量 Y 与外力 F 、物体长度 L 及截面积的大小均无关，只取决于物体材料本身的性质，它是表征固体性质的一个物理量。

根据式（3.27），测出等号右边的各个物理量，杨氏模量便可求得。式（3.27）中的 F 、S 、L 三个量都可用一般方法测得。唯有 ΔL 是一个微小的变化量，用一般仪器难以测准，故本实验采用光杠杆法对 ΔL 进行间接测量，具体测量方法如图 3.30 所示。

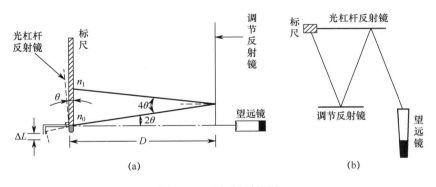

图 3.30　光杠杆原理图

2．光杠杆的光学放大原理

光杠杆原理图如图 3.30 所示，放大法的核心是将微小变化量输入一个"放大器"，经放大后的测量值为 N ，则

$$A = \frac{N}{\Delta L} \tag{3.28}$$

A 为放大器的放大倍数。原则上 A 越大，越有利于测量，但往往会引起信号失真。

标尺和观察者在两侧，开始时光杠杆反射镜与标尺在同一个平面内，在望远镜中读到的标尺读数为 n_0 ，当光杠杆反射镜的后足尖下降 ΔL ，将会产生一个微小偏转角 θ ，此时在

望远镜中读到的标尺读为 n_1，$n_1 - n_0$ 即为放大后的钢丝伸长量 N，常称作视伸长。由图 3.31 可知，因为 θ 极其微小，所以利用近似法原理不难得出

$$\Delta L = b \tan \theta \approx b\theta \tag{3.29}$$

$$N = n_1 - n_0 = D \tan 4\theta \approx 4D\theta \tag{3.30}$$

式中，D 为调节反射平面镜到标尺的距离，b 为光杠杆常数，即为光杠杆后足尖到两前足尖连线的垂直距离。所以放大倍数为

$$A_0 = \frac{N}{\Delta L} = \frac{n_1 - n_0}{\Delta L} = \frac{4D}{b} \tag{3.31}$$

因为本实验测量的是未知金属丝，所以设金属丝直径为 d，可用螺旋测微计测量，则金属丝截面积大小，即

$$S = \frac{\pi d^2}{4} \tag{3.32}$$

将式（3.31）、式（3.32）代入式（3.27）可得

$$Y = \frac{16FLD}{\pi d^2 b N} \tag{3.33}$$

测量时，望远镜要水平地对准光杠杆镜架上的平面反射镜，经光杠杆平面镜反射的标尺虚像成实像于分划板上，从两条视距线上可读出标尺像上的读数。

3.7.3　实验方法

1．实验装置

杨氏弹性模量测量仪（包括望远镜、测量架、光杠杆、标尺、砝码）、钢卷尺、游标卡尺、米尺、直尺、螺旋测微器、待测金属丝。

2．操作流程

（1）仪器调整

① 调节杨氏弹性模量测定仪底座水平。

② 放置平面镜镜面与测定仪平面垂直。

③ 将望远镜放置在平面镜正前方 1.500～2.000m 左右的位置上。

④ 粗调望远镜：调节镜面中心、标尺零点、望远镜等高，望远镜的缺口、准星对准平面镜中心，并能在望远镜外看到标尺的像。

⑤ 调节物镜焦距能看到标尺清晰的像，调节目镜焦距能清晰地看到叉丝。

⑥ 调节叉丝在标尺 0 刻度 ±2cm 以内，并使得视差不超过半格。

（2）记录金属丝伸长变化

① 加载：每挂上 100g 的砝码观测一次标尺读数，读取相应的数据，记录在表格中，记录 8 次数值，记为 $A_1, A_2, A_3, A_4, A_5, A_6, A_7, A_8$。

② 减载：在测量收缩长度前，应加上第 9 个砝码，再取下砝码进行读数。依次取下

100g 的砝码，记录 8 次数值，记为 $B_1, B_2, B_3, B_4, B_5, B_6, B_7, B_8$。

注意：为了避免弛豫现象的影响，每测量一组数据，需要停留 15s 左右。

（3）测量金属丝长度 L、平面镜与标尺之间的距离 D、金属丝直径 d 及光杠杆常数 b。

① 用钢卷尺测量 L 和 D；

② 在金属丝上选取不同部位，用螺旋测微计测量其直径 d，至少测量 6 次，并记入表格中；

③ 取下光杠杆在展开的白纸上同时按下三个尖脚的位置，用直尺作出光杠杆后脚尖到前两尖脚连线的垂线，然后用游标卡尺测出 b。

注意：L、D、b 只测一次，d 至少测 6 次。

3.7.4　实验数据

1. 数据记录

用米尺测量出金属丝的长度 L、平面镜与标尺之间的距离 D，用游标卡尺测量出光杠杆常数 b，用螺旋测微器测量出金属丝直径 d（上、中、下位置分别各测 2 次，共 6 次），数据可记录在如表 3.19 和表 3.20 所示的表格中。

表 3.19　测量金属丝直径

测量次数	1	2	3	4	5	6	平均
d/mm							
L/cm				b/cm			
D/cm							

表 3.20　记录金属丝伸长变化。

砝码质量/g	100	200	300	400	500	600	700	800
拉伸示数 A_i/cm								
收缩示数 B_i/cm								
平均值/cm								

2. 数据处理

（1）先用逐差法计算出金属丝的平均形变量，再利用式（3.33）计算出其杨氏模量。

（2）最后计算测量结果的相对不确定度。

3.7.5　分析讨论

（1）利用拉伸法测金属丝的杨氏模量的误差来自哪里？

分析：误差大小主要取决于金属丝的微小变化量和金属丝的直径。因为平台上的圆柱形卡头上下伸缩存在系统误差，所以用望远镜读取微小变化量时存在随机误差。在测量金属丝直径时，由于金属丝的横截面存在椭圆形，故测出的直径存在系统误差和随机误差。在测量数据时，金属丝并没有保持绝对静止，故读数存在误差。使用米尺时也会存在没拉直的情况，故存在一定的误差。

（2）如何实现金属丝微小变化量的测量？

分析：在本实验中采用光学放大的原理，将微小变化量通过光学反射放大在标尺上，从而使人眼读出微小变化量。

（3）金属丝受到拉伸而伸长是在其弹性限度内进行的，而增减相同质量砝码时，有时会出现读数相差较大的情况，分析其原因。

分析：这是由于金属丝并不完全均匀，导致软硬不一致，从而使得拉伸的长度不相同。

3.7.6　思考总结

此实验的目的是测量金属丝的杨氏模量，而通过理论分析可发现金属丝的微小变化量难以被人眼观察到，于是便利用了光杠杆的原理，将这个微小变化量放大到能被人们观察到。这说明，在实验过程中，不光要学会如何进行理论分析，更要明白如何利用实验技巧帮助我们将理论与实践相结合。

相比较其他只用了一次反射放大的杨氏模量的测定实验，本实验则是经过反射镜和平面镜二次反射后才进入望远镜，这样的好处是加大光杠杆放大倍数，更有利于人眼观察并记录金属丝的微小变化量。当然这样对于实验要求也有所提高，在观察时，望远镜视界应该偏暗。若在调整过程中视界突然变亮，则说明望远镜视界已离开反射镜的像。在实验过程中，要善于总结实验现象，得出实验技巧，这对于提高实验水平有很大帮助。

在完成实验后，也要善于更深一步的探索。例如，在实验过程中，我们会发现，杨氏弹性模量测量仪一般没有调成标准状态的功能，因而在测量时存在一定的系统误差，那么可以思考怎样改进来消除或者减小这一系统误差对实验的影响。这些都要靠我们善于思考和敢于创新来解决，也希望学生在实验之后，多查阅文献资料，探索更多与实验相关的知识。

3.8　实验八　用准稳态法测量导热系数

3.8.1　物理问题

导热系数是指在稳定传热条件下，1m 厚的材料，两侧表面的温差为 1℃，在 1s 内，通过 $1m^2$ 面积传递的热量，单位为瓦/米·度（W/（m·K））。导热系数是针对均质材料而言的，材料的导热系数描述了物质传热的相关性质，这个物理量需要通过物理实验进行测定。常用的测量导热系数的方法有稳态方法和动态测量法，本次实验尝试采用一种新型测量方法，即准稳态法。

本次实验以测量不良导体（玻璃和橡胶）的导热系数和比热为目的，学习使用热电偶进行准稳态测量的方法，并且分析物体处于准稳态的热学性质等问题。有条件的话，还可以尝试测量其他不同不良导体（如含硅量不大的石英）的导热系数并思考分析其中的规律。

3.8.2　物理原理

1.　准稳态法测量原理

准稳态是指加热面和中心面间的温度差 Δt、加热时间 τ 没有关系，保持恒定，即系统各处的温度和时间是线性关系，温升速率相同。实际上，准稳态法来源一个特殊的传热学问题。

如图 3.31 所示，一个无限大的不良导体平板厚度为 $2R$，初始温度为 t_0，现在对平板两侧同时施加均匀的指向中心面的热流密度 q_c，那么平板各处的温度 t 将随加热时间 τ 而变化，即温度与位置和时间都有关系，可用函数 $t(x,\tau)$ 表示。

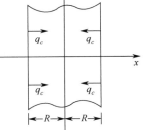

图 3.31　施加热流密 q_c 示意图

以试样中心为坐标原点，根据傅里叶热传导定律和能量守恒定律，在体积元中（这里仅需考虑 x 方向即一维情况）单位时间内增加的热量等于单位时间内净流入的热量（详细推导及方程求解过程可见数学物理方法相关章节），可得

$$\frac{\partial t(x,\tau)}{\partial \tau} = a\frac{\partial^2 t(x,\tau)}{\partial x^2}$$

式中，$\partial t / \partial \tau$ 是热量的时间增长率，$a = \lambda / \rho c$，λ 为材料的导热系数，ρ 为材料的密度，c 为材料的比热。

由边界条件和初始条件

$$\frac{\partial t(R,\tau)}{\partial x} = \frac{q_c}{\lambda}\quad \frac{\partial t(0,\tau)}{\partial x} = 0$$

$$t(x,0) = t_0$$

可以给出此方程的解为

$$t(x,\tau) = t_0 + \frac{q_c}{\lambda}\left(\frac{a}{R}\tau + \frac{1}{2R}x^2 - \frac{R}{6} + \frac{2R}{\pi^2}\sum_{n=1}^{\infty}\frac{(-1)^{n+1}}{n^2}\cos\frac{n\pi}{R}x\Delta e^{-\frac{an^2\pi^2}{R^2}\tau} \right) \tag{3.34}$$

可以看到，式（3.34）中的级数求和项由于指数衰减，故求和项会随加热时间的增如而逐渐变小，直至所占份额可以忽略不计。

定量分析表明，当 $\tau / R^2 > 0.5$ 后，上述级数求和项可以忽略。这时式（3.34）可简写成

$$t(x,\tau) = t_0 + \frac{q_c}{\lambda}\left[\frac{a\tau}{R} + \frac{x^2}{2R} - \frac{R}{6} \right] \tag{3.35}$$

这时，在试件中心处（$x=0$）有

$$t(x,\tau) = t_0 + \frac{q_c}{\lambda}\left[\frac{a\tau}{R} - \frac{R}{6} \right] \tag{3.36}$$

在试件加热面处（$x=\pm R$）有

$$t(x,\tau) = t_0 + \frac{q_c}{\lambda}\left[\frac{a\tau}{R} + \frac{R}{3} \right] \tag{3.37}$$

由式（3.36）和（3.37）可见，当加热时间满足条件 $a\tau/R^2 > 0.5$ 时，在试件中心面，加热面处温度和加热时间呈线性关系，即温升速率都为 $\dfrac{\partial t}{\partial \tau} = \dfrac{aq_c}{\lambda R}$ ，此值是一与和材料导热性能、实验条件有关的常数，此时加热面与中心面间的温度差为

$$\Delta t = t(R,\tau) - t(0,\tau) = \frac{1}{2}\frac{q_c R}{\lambda} \tag{3.38}$$

由式（3.38）可以看出，此时加热面与中心面间的温度差 Δt 、加热时间 τ 没有直接关系，保持恒定。系统各处的温度和时间呈线性关系，温升速率也相同，这就是准稳态。

当系统达到准稳态时，由式（3.38）得到

$$\lambda = \frac{q_c R}{2\Delta t} \tag{3.39}$$

根据式（3.39），只要测量进入准稳态后加热面与中心面间的温度差 Δt ，并由实验条件确定相关参量 q_c 和 R ，便可以得到待测材料的导热系数 λ 。

另外在进入准稳态后，由比热的定义和能量守恒关系，可以得到下列关系式

$$q_c = c\rho R \frac{\partial t}{\partial \tau} \tag{3.40}$$

比热为

$$c = \frac{q_c}{\rho R \dfrac{\partial t}{\partial \tau}} \tag{3.41}$$

与式（3.39）道理相同，根据式（3.41），只要在上述模型中测量出系统进入准稳态后中心面的温升速率，便可得到待测材料的比热 c 。

2. 热电偶温度传感器

热电偶温度传感器的原理及接线示意图如图 3.32 所示，热电偶温度传感器的结构简单，具有较高的测量准确度，可测温度范围为 50～1600°C，在温度测量中应用极为广泛。

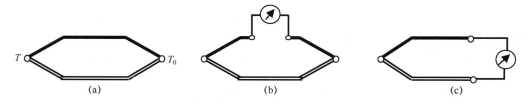

图 3.32　热电偶温度传感器的原理及接线示意图

由 A、B 两种不同的导体两端相互紧密地连接在一起，组成一个闭合回路，如图 3.32（a）所示。当两接点温度不相等（$T > T_0$）时，回路中就会产生电动势，从而形成电流，这一现象称为热电效应，回路中产生的电动势称为热电势。

上述两种不同导体的组合称为热电偶，A、B 两种导体称为热电极。热电偶温度传感器有两个接点，一个称为工作端或热端（T），测量时将该接点置于被测温度场中；另一个

称为自由端或冷端（T_0），一般要求该接点在测量过程中恒定在某一温度。

热电偶温度传感器具有以下基本定律。

热电偶温度传感器的热电势仅取决于热电偶的材料和两个接点的温度，而与温度沿热电极的分布及热电极的尺寸、形状无关。另外，要求热电极的材质均匀。

在 A、B 材料组成的热电偶回路中接入第三个导体 C，只要引入的第三个导体的两端温度相同，则对回路的总热电势没有影响。在实际测温过程中，常采用图 3.33（b）或图 3.33（c）的接法，需要在回路中接入导线和测量仪表，相当于接入第三个导体。

热电偶的输出电压与温度在小温度范围内基本呈线性关系。对于常用的热电偶，其热电势与温度的关系由热电偶特性分度表给出。测量时，若冷端温度为 0℃，由测得的电压，通过对应分度表，即可查得所测的温度。若冷端温度不为 0℃，则通过一定的修正，也可得到温度值。

3.8.3　实验方法

1. 实验仪器

（1）如图 3.33 所示，将超薄型加热器作为热源，其加热功率在整个加热面上均匀并可精确控制，加热器本身的热容可忽略不计。为了在加热器两侧得到相同的热阻，采用 4 个样品块的配置，可认为热流密度为功率密度的一半。

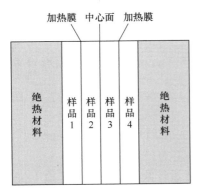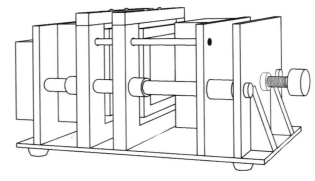

图 3.33　被测样品摆放图及样品测试架

（2）为了精确地测量出温度和温差，用两个分别放置在加热面和中心面中心部位的热电偶作为传感器来测量温差和温升速率。

根据热电偶温度传感器工作原理可知，两种不同成分的导体（称为热电偶丝或热电极）两端接合成回路，当两个接合点的温度不同时，在回路中就会产生电动势，这种现象称为热电效应，而这种电动势称为热电势。热电偶就是利用这种原理进行温度测量的，其中直接用作测量介质温度的一端叫作工作端（也称为测量端），另一端叫作冷端（也称为补偿端）；冷端与显示仪表或配套仪表连接，显示仪表会显示出热电偶所产生的热电势。热电偶实际上是一种能量转换器，它可以将热能转换为电能，用所产生的热电势测量温度。

由于仪器面板显示的是未经换算过的热电偶温度传感器两端的电压，温度差为

$$\Delta t = \frac{V_t}{S} = \frac{V_t}{0.040} \quad (\text{K})$$

可由面板示数算得温度差为 Δt。

2. 实验步骤

测定橡胶和有机玻璃的导热系数的步骤如下。

（1）选取橡胶样片（有机玻璃样片），并将其固定在仪器上，然后连接好热电偶的电路。注意事项：在固定样片时，切勿用力过猛；连接电路时注意连接接口是否正确，以防测出错误的数据。

（2）设定加压电压（一般为16～19V），确认无误后单击"开始"按钮记录数据，收集待电压差稳定后的数据。这里发现电压总会在某个小区域波动，如15.98～16.0。

（3）把加热器开关切断，取下试件和加热器，把试件和加热器用电风扇吹凉，待温度和室温平衡后再进行实验。需要注意的是，不能用同一个试件连续做实验，必须经过 4 个小时以上的放置与室温相同后才可以进行下一次实验。

3.8.4　实验数据

在到达准稳态时，已知加热面与中心面热电势差值 V_t 及每 5 分钟温升热电势 ΔV 值，再由式（3.39）和式（3.41）计算导热系数和比热容数值。式（3.39）和式（3.41）中的各参数如下：

样品厚度为 $R = 0.010\text{m}$，有机玻璃密度为 $\rho = 1196\text{kg/m}^3$，橡胶密度为 $\rho = 1374\text{kg/m}^3$，热流密度为 $q_c = \frac{AV^2}{2Fr}$。式中，V 为加热器的工作电压，$F = 0.090\text{m} \times 0.090\text{m}$ 为加热面积，A 为考虑边缘效应后的修正系数，对于有机玻璃和橡胶，$A = 0.85$，r 为加热面横梁下加热膜的电阻。

铜−康铜热电偶的热电常数为 $S = 0.040\text{mV/K}$。有机玻璃的加热电压为19.00V，加热器电阻为111.48Ω，橡胶的加热电压为19.00V，加热器电阻为111.17Ω。

将所得数据整理在表格内（见表 3.21），可利用 Excel 进行绘制，也可直接拍下仪器面板上显示的图像。

表 3.21　实验数据记录表

时间 τ/min	加热面热电势 V_h/mV	中心面热电势 V_c/mV	两面热电势之差 V_t/mV	5 分钟热电势的升高量 $\Delta V_h = V_{i+5} - V_i$/mV
1				
2				
3				
4				
5				
6				
7				

时间 τ /min	加热面热电势 V_h /mV	中心面热电势 V_c /mV	两面热电势之差 V_t /mV	5 分钟热电势的升高量 $\Delta V_h = V_{i+5} - V_i$ /mV
8				
9				
10				
平均值				

3.8.5　分析讨论

测量导热系数通常都采用稳态法，使用稳态法要求温度和热流量均要稳定，但在实际操作中要实现这样的条件比较困难，故会导致测量的重复性、稳定性、一致性较差，误差也较大。为了克服稳态法测量的这些弊端，本实验使用了一种新的测量方法——准稳态法。因此要分析、讨论对这种方法的理解及这种方法的优点或者存在的不足。另外，本实验在实际操作过程中不需要对热电偶传感器进行具体操作，对实验过程进行分析讨论时可以指出所用的仪器中热电偶传感器在什么位置。

在得到数据后进行处理时，应分析所得到的图像，是否验证实验原理中对应的公式，图像的斜率是否与对应公式的系数在误差允许范围内相符合，若相差较大，则要对数据及实际的操作进行分析。

3.8.6　思考总结

现代技术在加热装置和温度控制方面的引入，必将为新型测试装置的设计和制作提供技术支持，这样也为我们在实际操作和记录数据方面减少了困难。例如，利用热电偶温度传感器代替传统的热电偶，提高温度的测量精度；利用单片机、计算机实现数据的实时采集、分析和管理，提高测试仪器的精度。

稳态是一个理想状态，实验条件下的准稳态是相对的，通过本实验应思考准稳态的界定标准是什么或者说是通过什么条件来进行判断？

3.9　实验九　惠斯通电桥

3.9.1　物理问题

惠斯通电桥是一种常用的电磁学测量方法，具有操作简单、测量精度高、稳定性强等优点，可以更准确地测量杨氏模量、获得精度更高的称重传感器，还可以协助医学诊断和仪器检测，因此它被广泛应用于科学测量和自动控制等领域。

为了提高测量精度，本节研究了桥臂电阻和对应臂电阻之比这一因素对惠斯通电桥测量误差的影响，证明了惠斯通电桥的测量精度不仅取决于电桥结构类型和桥臂电阻阻值，还取决于电桥"负载"的性能。本节以此为基础，对惠斯通电桥实验仪器各个影响因素进行了探究。

3.9.2 物理原理

电阻是电路的基本元件之一，电阻的测量是基本的电学测量。利用伏安法测量电阻，虽然其原理简单，但有系统误差。在需要精准测量阻值时，必须用惠斯通电桥，惠斯通电桥适宜于测量中值电阻（$1\sim10^6\Omega$）。惠斯通电桥的原理图如图 3.34 所示。标准电阻 R_0、R_1、R_2 和待测电阻 R_x 连成四边形，每条边称为电桥的一个臂。在对角 A 和 C 之间接电源 E，在对角 B 和 D 之间接检流计 G。因此电桥由 4 个臂、电源和检流计三部分组成。当开关 K_E 和 K_G 接通后，各条支路中均有电流通过，检流计支路起了连通 ABC 和 ADC 两条支路的作用。

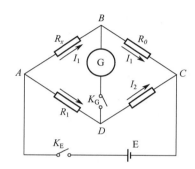

图 3.34　惠斯通电桥的原理图

适当调节 R_0、R_1 和 R_2 的大小，可以使桥上没有电流通过，即通过检流计的电流 $I_G = 0$，这时，B、D 两点的电势相等。电桥的这种状态称为平衡状态。这时 A、B 之间的电势差等于 A、D 之间的电势差，B、C 之间的电势差等于 D、C 之间的电势差。设 ABC 支路和 ADC 支路中的电流分别为 I_1 和 I_2，由欧姆定律得

$$I_1 R_x = I_2 R_1$$
$$I_1 R_0 = I_2 R_2$$

两式相除，得

$$\frac{R_x}{R_0} = \frac{R_1}{R_2} \tag{3.42}$$

式 $I_1 R_x = I_2 R_1$ 为电桥的平衡条件。由该式得

$$R_x = \frac{R_1}{R_2} R_0 \tag{3.43}$$

即待测电阻 R_x 等于 R_1 / R_2 与 R_0 的乘积。通常将 R_1 / R_2 称为比率臂，将 R_0 称为比较臂。

3.9.3　滑线式惠斯通电桥

滑线式惠斯通电桥如图 3.35 所示。A、B、C 是装有接线柱的厚铜片（其电阻可忽略），它们相当于图 3.34 中的 A、B、C 三点。A、C 之间有一根长度 $L = 100.00\text{cm}$ 的电阻丝，装有接线柱的滑键相当于图 3.34 中的 D 点。滑键可以沿电阻丝左右滑动，它上面有两个弹性铜片。按下按钮，铜片就与电阻丝接触，接触点将电阻丝分为左右两段，AD 段（设长度为

L_1）的电阻 R_1 相当于图 3.34 中的 R_1，BD 段（设长度为 L_2）的电阻 R_2 相当于图 3.32 中的 R_2。在 A、B 之间接待测电阻 R_x，B、C 之间接电阻箱 R_0，B、D 之间接检流计 G。A、C 之间接电源 E，电源 E 为可调直流电源，带短路保护功能。

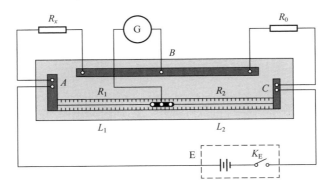

图 3.35 滑线式惠斯通电桥

当滑动滑键，使检流计通过的电流为 0，即电桥处于平衡状态时，待测电阻为

$$R_x = \frac{R_1}{R_2} R_0$$

设电阻丝的电阻率为 ρ，横截面积为 S，则

$$R_1 = \rho \frac{L_1}{S} \qquad\qquad R_2 = \rho \frac{L_2}{S}$$

因此

$$R_{x1} = \frac{L_1}{L_2} R_0 \tag{3.44}$$

其中，L_1 的长度可以从电阻丝下面所附的米尺上读出，$L_2 = L - L_1$，R_0 可以从电阻箱上读出，根据式（3.44）即可求出待测电阻 R_{x1}。

为了消除由于电阻丝不均匀所产生的误差，在上述测量后，把 R_x 和 R_0 的位置对调，重新使电桥处于平衡状态，测得电阻丝 AD 的长度为 L_1'，DC 的长度为 $L_2' = L - L_1'$，由电桥的平衡条件得

$$R_{x2} = \frac{L_2'}{L_1'} R_0' \tag{3.45}$$

取两次测量的平均值作为待测电阻的阻值。最后讨论滑键在什么位置时，测量结果的相对误差最小。

由

$$R_x = \frac{L_1}{L_2} R_0 = \frac{L_1}{L - L_1} R_0$$

得

$$\Delta R_x = \frac{L - L_1 \Delta L_1 + L_1 \Delta L_1}{(L - L_1)^2} R_0$$

所以，R_x 的相对误差为

$$E = \frac{|\Delta R_x|}{R_x} = \frac{L|\Delta L_1|}{(L-L_1)L_1}$$

由 $\dfrac{\mathrm{d}E}{\mathrm{d}L_1} = 0$ 可知，当 $L_1 = \dfrac{L}{2}$ 时，E 有极小值。因此，应当这样选择 R_0，即当滑键 D 在电阻丝中央时，使电桥达到平衡状态。

3.9.4　实验步骤

（1）按图 3.35 先摆放好仪器，再接好线路。选择待测电阻 $R_x = 510\Omega$，可知 R_x 的阻值在 510Ω 左右（若不知 R_x 的大概数值，可用万用表的欧姆挡进行粗测）。将电阻箱 R_0 的阻值调至与 R_x 相当，稳压电源 E 的电压值调节到 1V 左右；滑键 D 滑到 AC 中央。经指导教师检查后，打开稳压电源开关 K_E。

（2）用左手按下滑键 D 上的铜片（注意，只能按滑键的一端），眼睛密切注视检流计 G，如果指针迅速偏转，说明通过 G 的电流很大，应迅速松开手指，使铜片弹起，以免烧坏检流计。这是由于 R_0 的阻值和 R_x 的阻值相差太大，电桥很不平衡造成的。此时应检查 R_0 的阻值，如有错置，要立即改正。当左手按下铜片时，如果指针较慢地偏转，可用右手调节 R_0，使 G 的指针向"0"移动，直到指针最接近"0"为止。调节的方法是由从电阻箱的高阻挡到低阻挡，即从×100 挡、×10 挡到×1 挡逐个仔细调节。

（3）缓慢增大稳压电源 E 的电压值到 3V 左右，增大加在 AC 两端的电压，以提高电桥的灵敏度，这时检流计的指针又会偏离"0"，仔细调 R_0 的低阻挡，使指针重新接近"0"，这时电桥基本处于平衡状态。

（4）稍微移动滑键 D，当按下铜片时，检流计指针准确指"0"，这时电桥就处于平衡状态，读记 R_0 和 L_1。

（5）把 R_0 和 R_x 的位置对调，重复上述步骤，读记 R_0' 和 L_1'。

（6）根据式（3.44）和式（3.45），分别计算出待测电阻 R_{x1} 和 R_{x2}，并求出它们的平均值 R_x。

（7）选择其他待测电阻，重复上述步骤。

（8）用标准电阻箱作为被测电阻，验证电阻箱的准确度。

3.9.5　测量记录和数据处理

用滑线式惠斯通电桥测电阻，相关数据可记录在表 3.22 中。

表 3.22　实验数据记录表

R_x 标称值/Ω	L_1/cm	L_2/cm	R_0/Ω	L_1'/cm	L_2'/cm	R_0'/Ω	R_x 实验值/Ω		
							R_{x1}	R_{x2}	$R_x = (R_{x1}+R_{x2})/2$
510									
820									
3×10^3									

续表

R_x 标称值/Ω	L_1/cm	L_2/cm	R_0/Ω	L_1'/cm	L_2'/cm	R_0'/Ω	R_x 实验值/Ω		
							R_{x1}	R_{x2}	$R_x = (R_{x1}+R_{x2})/2$
10×10^3									
51×10^3									
100×10^3									

3.9.6　分析讨论

下面对实验中可能产生的误差进行分析。

（1）组成桥臂的电阻会有基本误差，然后引起了待测电阻 R_x 的测量误差。

（2）由检流计的灵敏度所引起的误差。

（3）由电桥比例臂自身误差和电桥某臂存在热电势而引起的系统误差，可以通过交换法消除。例如，电桥的两个比例臂阻值相差太多或阻值不准确，可以将 R_1 和 R_2 两个桥臂交换，或者把电源的两极互换，分两次测量，然后求这两次测量结果的平均值。

3.9.7　思考总结

实验结果与预期结果有一定差别，预想当待测电阻与电阻箱互换位置后，不会有较大的变化。但是实验结果表明，实验过程中两电阻互换位置后，实验数据存在较大差别，这种差别的产生有多种原因。

本节通过分析惠斯通电桥的基本原理，讨论其在使用过程中可能产生误差的情况，提出可用交换法减小和避免误差，以提高电桥准确度和灵敏度，改进了实验仪器，使实验操作变得简洁省力。

3.10　实验十　铁磁材料的磁滞回线和基本磁化曲线的测定

3.10.1　物理问题

在交变磁场中对铁磁材料反复磁化时，磁感应强度的变化会滞后于磁场强度的变化，这种现象称为磁性材料的磁滞性。此时，表示磁感应强度 B 与磁场强度 H 变化关系的封闭曲线称为磁滞回线。那么铁磁材料的磁化过程及磁化规律是什么？这个问题成为本次实验的探究核心。磁滞回线具有结构灵敏的性质，很容易受各种因素影响。磁滞回线的产生则是由于技术磁化中的不可逆过程引起的，这种不可逆过程在畴壁移动和磁畴转动的过程中都可能发生。磁滞回线所包围的面积表示铁磁物质磁化循环一周所需消耗的能量，这部分能量往往转化为热能而被消耗掉。磁滞回线反映了铁磁质的磁化性能。它说明铁磁质的磁化是比较复杂的，铁磁质的 M、B 和 H 之间的关系不仅不是线性的，而且不是单值的。即对于一个确定的 H，M、B 的值不能唯一确定，同时还与磁化历史有关。而这些性质也会引发我们思考用哪种方式去观察现象？并且思考基于这些性质铁磁材料会有哪些用途？

3.10.2　物理原理

如何理解磁滞回线的定义？可以通过图 3.36 的规律进行理解。

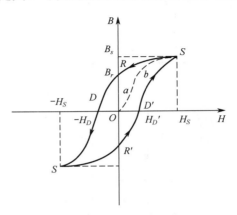

图 3.36　磁化曲线

　　原点 O：当 $B=H=0$ 时，为磁中性状态。当 H 增大至 H_S 时，B 到达饱和值，$OabS$ 称为起始磁化曲线。

　　当磁场从 H_S 逐渐减小至零，磁感应强度 B 并不沿起始磁化曲线恢复到原点，而是沿另一条新曲线 SR 下降。比较线段 OS 和 SR 可知，H 减小，B 相应也减小，但 B 的变化滞后于 H 的变化，这现象称为磁滞（磁性滞后）。磁滞的明显特征是当 $H=0$ 时，B 不为零，而保留剩磁 B_r。

　　当磁场反向从 0 逐渐变至 $-H_D$ 时，磁感应强度 B 消失，说明要消除剩磁，必须施加反向磁场，H_D 称为矫顽力，它的大小反映铁磁材料保持剩磁状态的能力。线段 RD 称为退磁曲线。

　　当磁场按 $H_S \rightarrow 0 \rightarrow -H_D \rightarrow -H_S \rightarrow 0 \rightarrow H_D' \rightarrow H_S$ 顺序变化时，相应的磁感应强度 B 则沿闭合曲线 $SRDS'R'D'S$ 变化，这条闭合曲线称为磁滞回线。而基本的磁化曲线有些特别之处。即当初始态为 $H=B=0$ 的铁磁材料，在磁场强度由弱到强的交变磁场中依次进行磁化时，可以得到面积由小到大向外扩大的一簇磁滞回线。这些磁滞回线顶点的连线即为铁磁材料的基本磁化曲线。

　　基本磁化曲线与起始磁化曲线差别很小，磁性材料在磁中性下磁化时，基本磁化曲线就是起始磁化曲线。

　　磁性材料的性质决定用途，所以随着信息技术的发展，磁性材料广泛运用于通信、电力、信息、交通等领域中。磁滞回线是磁性材料中重要的磁性参数之一，是铁磁材料的本质特征。通常用于与磁性材料有关的计算和研究中，对工业生产和科学研究具有重要的指导意义。

　　各种磁性材料的磁滞回线如图 3.37 所示，磁化曲线和磁滞回线是铁磁材料分类和选用的主要依据。

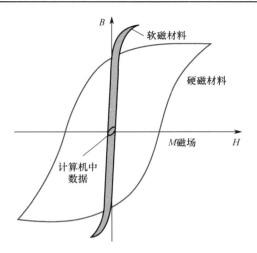

图 3.37　各种磁性材料的磁滞回线

3.10.3　实验原理

磁场和实物物质间总存在着相互作用，通常把与磁场有相互作用从而影响原磁场的物质称为磁介质。

磁介质的分类包括顺磁质，如锰、铬、铂、氧、氮等；抗磁质，如铜、铋、硫、氢、银等；铁磁质，如铁、钴、镍等。

磁场对磁场中物质的作用称为磁化。当有外磁场存在时，由于磁场与磁介质的相互作用，磁介质内的分子磁矩沿磁场（或相反方向）取向，从而产生一个附加磁场，叠加在原磁场上。

铁磁材料的磁感应强度 B 随磁场强度 H 变化的曲线称为磁化曲线，也称 $B\text{-}H$ 曲线，它们之间的关系为 $B = \mu H$。然而铁磁材料的磁导率 μ 不是常量，因此 B 与 H 是非线性关系。$B\text{-}H$ 曲线和 $\mu\text{-}H$ 曲线如图 3.38 所示，磁化曲线用来描述铁磁材料的磁化特性，即

$$H = \frac{N}{LR_1}U_H$$

$$B = \frac{C_2R_2}{nS}U_B$$

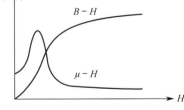

图 3.38　$B\text{-}H$ 曲线和 $\mu\text{-}H$ 曲线

式中，N=50 匝，L= 60mm，$C_2 = 20\mu F$，$R_2 = 10\text{k}\Omega$，$n = 150$ 匝，$S = 80\text{mm}^2$。

因此只要知道 U_H 和 U_B 就可以计算出 H 和 B。用示波器可以测出 U_H 和 U_B；使用同样方法，还可求得饱和磁感应强度 B_S、剩磁 B_r、矫顽力 H_D 等参数。

本实验采用的仪器包括：FB310A 型磁滞回线测量仪、导线若干、示波器。

3.10.4　公式推导

本实验原理图如图 3.39 所示。安培环路定理是指在稳恒磁场中，磁感应强度 B 沿任何闭合路径的线积分等于该闭合路径所包围的各个电流的代数和乘以磁导率，即

$$\begin{cases} H = \dfrac{N}{L}i_1 \\ i_1 = \dfrac{U_1}{R_1} \end{cases} \rightarrow H = \dfrac{N}{LR_1}U_1$$

式中，N 为励磁绕组，$N = 50$ 匝，L 为样品平均磁路，$L = 60\text{mm}$。

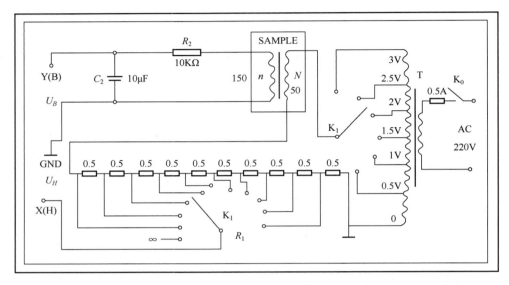

图 3.39　实验原理图

　　法拉第电磁感应定律是指电路中感应电动势的大小与穿过这一电路的磁通变化率成正比，即

$$E_{感} = \frac{\mathrm{d}\psi}{\mathrm{d}t} = n\frac{\mathrm{d}\phi}{\mathrm{d}t}$$

$$\phi = BS$$

$$E_{感} = nS\frac{\mathrm{d}B}{\mathrm{d}t}$$

$$B = \frac{1}{nS}\int E_{感}\mathrm{d}t$$

式中，n 为用来测量 B 而设置的绕组，$n = 150$ 匝，S 为样品截面积，$S = 80\text{mm}^2$，i_2 为感生电流，U_{C_2} 为电容器两端电压，设在 Δt 时间内，i_2 向电容器充电电荷量为 Q，即

$$U_{C_2} = \frac{Q}{C_2}$$

$$E_{感} = i_2R_2 + \frac{Q}{C_2}$$

部分实验原理图如图 3.40 所示。

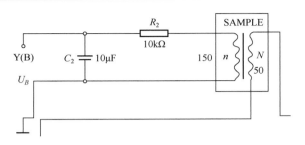

图 3.40　部分实验原理图

令 $R_2 \gg X_c$，$R_2 C_2 \gg T$，其中 T 为交流电周期，可得

$$E_{\text{感}} = i_2 R_2$$

又因为

$$i_2 = \frac{\mathrm{d}Q}{\mathrm{d}t} = C_2 \frac{\mathrm{d}U_{C_2}}{\mathrm{d}t}$$

所以

$$\begin{cases} E_{\text{感}} = i_2 R_2 \\ B = \dfrac{1}{nS} \int E_{\text{感}} \mathrm{d}t \\ i_2 = C_2 \dfrac{\mathrm{d}U_{C_2}}{\mathrm{d}t} \end{cases}$$

$$B = \frac{1}{nS} \int i_2 R_2 \mathrm{d}t = \frac{R_2}{nS} \int C_2 \frac{\mathrm{d}U_{C_2}}{\mathrm{d}t} \mathrm{d}t = \frac{C_2 R_2}{nS} U_{C_2}$$

$$\begin{cases} H = \dfrac{N}{LR_1} U_H \\ B = \dfrac{C_2 R_2}{nS} U_B \end{cases} \quad U_H = U_1, U_B = U_{C_2} \Longrightarrow \begin{cases} H = \dfrac{N}{LR_1} U_1 \\ B = \dfrac{C_2 R_2}{nS} U_{C_2} \end{cases}$$

3.10.5　实验流程

（1）电路连接。选择样品 1 或样品 2，按实验仪上所给的电路图连接线路，并令 $R_1 = 2.5\Omega$，将"U 选择"旋钮置于 0 位。U_H 和 U_B 分别接示波器的"X 输入"和"Y 输入"，插孔为公共端。

（2）样品退磁。开启实验仪电源，对样品进行退磁，即顺时针方向转动"U 选择"旋钮，令 U 从 0 增大至 3V。然后逆时针方向转动旋钮，将 U 从最大值减小为 0，其目的是消除剩磁。

（3）观察磁滞回线。开启示波器电源，令光点位于坐标网格中心，令 $U = 2.2$V，并分别调节示波器的 X 和 Y 轴的灵敏度，使显示屏上出现图形大小合适的磁滞回线。

（4）测绘基本磁化曲线。按步骤（2）对样品进行退磁，从 $U = 0$ 开始，逐挡提高励磁电压，记录这些磁滞回线第一象限顶点的坐标，其连线就是样品的基本磁化曲线 B-H，再作 μ-H 曲线。

（5）测绘样品的磁滞回线。调节 $U = 3.0\text{V}$，$R_1 = 2.5\,\Omega$，测定样品的 U_B、U_H，记录磁滞回线与坐标轴的 4 个交点和 2 个顶点坐标，另外 10 个点在四个象限中选取。通过读取示波器上所选择的点的测量数据记入表格中。

3.10.6　实验数据

1. 测绘基本磁化曲线

从 $U = 0$ 开始，逐挡提高励磁电压，记录这些磁滞回线第一象限顶点的坐标，其连线就是样品的基本磁化曲线 $B\text{-}H$，可根据 $B = \mu H$ 求出 μ，再作 $\mu\text{-}H$ 曲线。

根据所需要测量的数据自行设计表格，表 3.23 仅供参考。

表 3.23　测绘基本磁化曲线的测量数据

U/mV	U_H/mV	U_B/mV	$H/(\text{A/m})$	B/T	μ
0.5					
1					
1.2					
1.5					
1.8					
2					
2.2					
2.5					
2.8					
3					

2. 测绘磁滞回线

调节 $U = 3.0\text{V}$，$R_1 = 2.5\,\Omega$，测定样品的一组 U_B、U_H，通过读取示波器上所选择的点的测量数据记入表格中。

根据所需要测量的数据自行设计表格，表 3.24 仅供参考。

表 3.24　测绘磁滞回线测量数据

序号	U_H/mV	U_B/mV	$H/(\text{A/m})$	B/T
1				
2				
3				
4				
5				
6				
7				
8				
9				
10				

续表

序号	U_H/mV	U_B/mV	H/(A/m)	B/T
11				
12				
13				
14				
15				
16				
17				

3.10.7 分析讨论

通过测绘磁滞回线和磁化曲线可以判断材料是硬磁材料还是软磁材料，以及磁化能力等。软磁材料的特点是：磁导很大，磁滞损耗小，磁滞回线呈长条状；硬磁材料的特点是：剩磁大，磁滞特性显著，磁滞回线包围的面积大。由于铁磁材料磁化过程的不可逆性（即具有剩磁的特点），在测定磁化曲线和磁滞回线时，首先必须对铁磁材料进行退磁，保证外加磁场 $H=0$ 时，$B=0$。铁磁材料在外加磁场中被磁化时，外加磁场强度 H 与铁磁材料的磁感应强度 B 的大小是非线性关系，从铁磁材料的起始磁化曲线和磁滞回线可以看到，外加磁场强度 H 从 H_m 减小到零时的退磁曲线与磁场 H 从零开始增加到 H_m 时的起始磁化曲线不重合，说明退磁过程不能重复起始磁化过程的每个状态，所以铁磁材料的磁化过程是不可逆过程。

3.10.8 思考总结

实验中总会有一些误差，而这些误差也能够分成几类。例如，仪器老化精度降低；实际电压与所标注理论电压不符；仪器长时间使用，内阻变化等等。当然在实验过程中可以考虑一些问题，例如，如果不预先进行退磁，那么会有什么后果？示波器显示的磁滞回线是真实的 $H\text{-}B$ 曲线吗？如果不是，为什么可以用它来描绘磁滞回线？这些问题将会帮助我们加深对实验的理解。

在磁滞回线表示磁场强度周期性变化时，强磁性物质磁滞现象的闭合磁化曲线表明了强磁性物质反复磁化过程中磁化强度 M 或磁感应强度 B 与磁场强度 H 之间的关系。由于 $B = \mu_0(H+M)$，其中 μ_0 为真空磁导率，若已知某种材料的 $M\text{-}H$ 曲线，便可求出其 $B\text{-}H$ 曲线，反之亦然。磁滞回线是铁磁性物质和亚铁磁性物质的一个重要的特征，顺磁性和抗磁性物质则不具有这一特征。

3.10.9 磁滞回线分类

磁滞回线主要分为以下 6 类。

（1）正常磁滞回线。是绝大多数磁性材料所具有的回线形状，与原点是对称的，或称 S 形回线。

（2）矩形磁滞回线。是指 $\dfrac{B_r}{B_m}>0.8$ 的磁滞回线，一般可以通过热处理或胁强处理的方法来得到。

（3）退化磁滞回线。若某种材料经过磁场热处理或胁强处理后在一定方向获得了矩形磁滞回线，若当在其垂直方向进行磁化时，常常会得到近于直线的磁滞回线，此时 $\dfrac{B_r}{B_s}<0.2$。

（4）蜂腰磁滞回线。在少数磁性材料中，如某些含钴的铁氧体和镍铁钴（Perminvar）合金，在中等磁场强度下的磁滞回线呈现特殊的形状，即在 B_r 附近的 B 值显著降低形如蜂腰。

（5）不对称磁滞回线。前面 4 种回线都是对称回线（$H_c=H_c$）。而对同时含有铁磁性和反铁磁性成分的材料（如粉末状钴表面有氧化钴层），或者在恒定磁场中经过热处理的铁氧体，其磁滞回线常出现不对称，即 $H_c\neq H_c$。

（6）饱和磁滞回线。当磁化场足够大时，使磁化达到饱和状态，这样得到的正常磁滞回线即为饱和磁滞回线。通常在这一状态下定义 H_c 和 B_r 的大小。

3.10.10　磁滞回线应用

磁滞回线具有结构灵敏的性质，很容易受各种因素的影响。磁滞回线的产生是技术磁化中的不可逆过程引起的，这种不可逆过程在畴壁移动和磁畴转动的过程中都可能发生。磁滞回线所包围的面积表示铁磁物质磁化循环一周所需消耗的能量，这部分能量往往转化为热能而被消耗掉。

磁滞回线反映了铁磁材料的磁化性能，它说明铁磁材料的磁化是比较复杂的，铁磁材料的 M、B 和 H 之间的关系不仅不是线性关系，而且不是单值关系。即对于一个确定的 H，M、B 的值不能唯一确定，同时还与磁化历史有关。

不同的铁磁材料有不同形状的磁滞回线，不同形状的磁滞回线有不同的应用。例如，永磁材料要求矫顽力大，剩磁大；软磁材料要求矫顽力小；记忆元件中的铁心则要求适当小的矫顽力。为了满足生产、科研中新技术的需要，要研制新的铁磁材料使它们的磁滞回线符合应用要求，磁滞回线为选材提供了依据。由于 B-H 磁滞回线所围面积与磁滞损耗成正比，在交流电器中磁滞损耗是有害的，它的存在既浪费了电能又使铁心发热，对设备不利，所以软磁材料的磁滞回线所围面积要尽量减小，以减少损耗。

3.11　实验十一　RLC 串联电路的暂态过程

3.11.1　物理问题

RC、RL 和 RLC 电路在电源接通和断开的短暂时间内，电路从一种稳态到另一种稳态所经历的过程，称为暂态过程。暂态过程虽然很短，但它所产生的某些现象是非常重要且不可忽略的。在瞬变时，某些部分的电压或电流可能大于稳定状态时最大值的好几倍，出现过电压或过电流的现象，所以如果不预先考虑暂态过程中的过渡现象，电路元件便有损坏甚至毁坏的危险。另一方面，通过对暂态过程的研究，还可以利用过渡现象，如提高过渡的速度，可以获得高电压或者大电流等。因此我们需要认真研究 RLC 串联电路的暂态过程。

3.11.2 物理原理

1. RC 串联电路的暂态特性

电压值从一个值跳变到另一个值称为阶跃电压 RC 串联电路的暂态特性如图 3.41 所示。

在图 3.41 所示的电路中，当开关 K 合向 "1" 时，设 C 中初始电荷为 0，则电源 E 通过电阻 R 对 C 充电，充电完成后，把 K 打向 "2"，电容通过 R 放电。

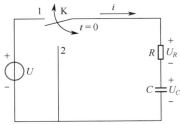

充电方程为

$$\frac{\mathrm{d}U_C}{\mathrm{d}t} + \frac{1}{R \cdot C} \cdot U_C = \frac{E}{R \cdot C}$$

放电方程为

$$\frac{\mathrm{d}U_C}{\mathrm{d}t} + \frac{1}{R \cdot C} \cdot U_C = 0$$

图 3.41　RC 串联电路的暂态特性

可求得在充电过程中，有

$$U_C = E \cdot \left(1 - \mathrm{e}^{-\frac{t}{RC}} \right) \qquad U_R = E \cdot \mathrm{e}^{-\frac{t}{RC}}$$

在放电过程中，有

$$U_C = E \cdot \mathrm{e}^{-\frac{t}{RC}} \qquad U_R = -E \cdot \mathrm{e}^{-\frac{t}{RC}}$$

不同 τ 值的 U_C 变化示意图如图 3.42 所示。由上述公式可知 U_C、U_R 和 i 均按指数规律变化。令 $\tau = RC$，τ 称为 RC 电路的时间常数。τ 值越大，则 U_C 变化越慢，即电容的充电或放电速度越慢。图 3.42 给出了不同 τ 值的 U_C 变化的情况，其中 $\tau_1 < \tau_2 < \tau_3$。

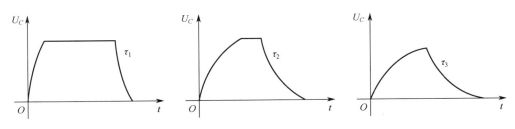

图 3.42　不同 τ 值的 U_C 变化示意图

2. RL 串联电路的暂态过程

RL 和 RLC 串联电路的暂态过程分别如图 3.43 和图 3.44 所示，在如图 3.43 所示的 RL 串联电路中，当 K 打向 "1" 时，电感中的电流不能突变，当 K 打向 "2" 时，电流也不能突变为 0，这两个过程中的电流均有相应的变化。类似 RC 串联电路，电路的电流、电压方程如下。

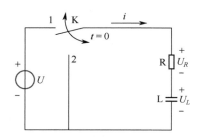 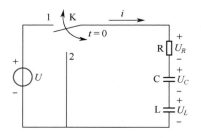

图 3.43　RL 串联电路的暂态过程　　　　图 3.44　RLC 串联电路的暂态过程

电流增大过程为

$$
\begin{cases}
U_L = E \cdot e^{-\frac{R}{L}t} \\
U_R = E \cdot (1 - e^{-\frac{R}{L}t})
\end{cases}
$$

电流减小过程为

$$
\begin{cases}
U_L = -E \cdot e^{-\frac{R}{L}t} \\
U_R = E \cdot e^{-\frac{R}{L}t}
\end{cases}
$$

其中，电路的时间常数为

$$
\tau = \frac{L}{R}
$$

3．RLC 串联电路的暂态过程

在图 3.45 所示的电路中，先将 K 打向"1"，待稳定后再将 K 打向"2"，称为 RLC 串联电路的放电过程，这时的电路方程为

$$
L \cdot C \frac{\mathrm{d}^2 U_C}{\mathrm{d}t^2} + R \cdot C \frac{\mathrm{d}U_C}{\mathrm{d}t} + U_C = 0
$$

初始条件为 $t=0$，$U_C = E$，$\dfrac{\mathrm{d}U_C}{\mathrm{d}t} = 0$，这样方程解一般按 R 值的大小可分为以下三种情况。

当 $R < 2\sqrt{\dfrac{L}{C}}$ 时，电路为欠阻尼，即

$$
U_C = \frac{1}{\sqrt{\left(1 - \frac{C}{4R} \cdot R^2\right)}} \cdot E \cdot e^{-\frac{t}{\tau}} \cdot \cos(\omega t + \varphi)
$$

其中 $\tau = \dfrac{2L}{R}$，$\omega = \dfrac{1}{\sqrt{L \cdot C}}\sqrt{1 - \dfrac{C}{4L} \cdot R^2}$。

当 $R>2\sqrt{\dfrac{L}{C}}$ 时，电路为过阻尼，即

$$U_C = \frac{1}{\sqrt{\dfrac{C}{4L}\cdot R^2 - 1}} \cdot E \cdot \mathrm{e}^{-\frac{t}{\tau}} \cdot \sin(\omega t + \varphi)$$

其中 $\tau = \dfrac{2L}{R}$，$\omega = \dfrac{1}{\sqrt{L\cdot C}}\cdot\sqrt{\dfrac{C}{4L}\cdot R^2 - 1}$。

当 $R = 2\sqrt{\dfrac{L}{C}}$ 时，电路为临界阻尼，即

$$U_C = \left(1 + \frac{t}{\tau}\right)\cdot E \cdot \mathrm{e}^{-\frac{t}{\tau}}$$

充放电时 U_C 曲线示意图分别如图 3.45 和图 3.46 所示。图 3.46 为这三种情况下的 U_C 变化曲线，其中 1 为欠阻尼，2 为过阻尼，3 为临界阻尼。

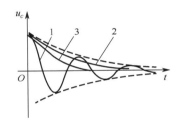
图 3.45　放电时的 U_C 曲线示意图

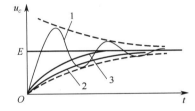
图 3.46　充电时的 U_C 曲线示意图

如果当 $R \ll 2\sqrt{\dfrac{L}{C}}$ 时，则曲线 1 的振幅衰减很慢，能量的损耗较小，能量能够在 L 与 C 之间不断交换，可近似为 LC 电路的自由振荡，这时 $\omega \approx \dfrac{1}{\sqrt{LC}} = \omega_0$，$\omega_0$ 是当 $R = 0$ 时 LC 回路的固有频率。

对于充电过程，与放电过程相类似，只是初始条件和最后平衡的位置不同。

3.11.3　实验内容

1．RC 串联电路的暂态特性

（1）选择合适的 R 和 C 值，根据时间常数 τ，选择合适的方波频率，一般要求方波的周期 $T > 10\tau$，这样能较完整地反映暂态过程，并且选用合适的示波器扫描速度，以完整地显示暂态过程。

（2）改变 R 值或 C 值，观测 U_R 或 U_C 的变化规律，记录不同 R、C 值的波形情况，并分别测量时间常数 τ。

（3）改变方波频率，观察波形的变化情况，分析相同的 τ 值在不同频率时的波形变化情况。

2. RL 电路的暂态过程

选取合适的 L 值与 R 值，注意 R 的取值不能过小，因为 L 存在内阻。如果波形有失真、自激现象，则应重新调整 L 值与 R 值后再进行实验，其方法与 RC 串联电路的暂态特性实验类似。

3. RLC 串联电路的暂态特性

（1）先选择合适的 L 值与 C 值，根据选定参数，调节 R 值大小。观察三种阻尼振荡的波形。如果欠阻尼时振荡的周期数较少，则应重新调整 L 值与 C 值。

（2）用示波器测量欠阻尼时的振荡周期 T 和时间常数 τ。τ 反映了振荡幅度的衰减速度，从最大幅度衰减到 0.368 倍的最大幅度处的时间即为 τ 值。

3.11.4 思考题

（1）在 RC 暂态过程中，固定方波的频率，而改变电阻的阻值，为什么会有不同的波形？而改变方波的频率，会得到类似的波形吗？

（2）在 RLC 暂态过程中，若方波的频率很高或很低，能观察到阻尼振荡的波形吗？如何通过阻尼振荡的波形来测量 RLC 电路的时间常数？

3.12 实验十二 PN 结特性研究

3.12.1 物理问题

采用不同的掺杂工艺，通过扩散作用，将 P 型半导体与 N 型半导体制作在同一块半导体基片上，在它们的交界面形成的空间电荷区称为 PN 结。PN 结具有正向导通和反向截止的特性，它的内部存在电子和空穴这两种载流子，由于温度变化对载流子的运动速度及本征激发的程度都有较大影响，因此在对 PN 结的研究过程中不能忽视对温度的研究。在实际应用中，利用 PN 结的基本特性来制造多种功能的晶体二极管，本次实验可以帮助我们学习并掌握 PN 结的基本特性。

本次实验先通过探究 PN 结正向伏安特性和正向温度特性对实验数据进行处理，求出玻尔兹曼常数和禁带宽度，然后改变电压方向研究 PN 结反向特性。通过这次实验要了解并掌握 PN 结正向和方向特性，学会使用 Origin 或者 Excel 等软件处理实验数据以及处理完数据后应当如何去分析。学生还可以在课外查阅文献资料，学习更多关于 PN 结特性的相关知识以及其他研究 PN 结的实验方法。

3.12.2 物理原理

PN 结的结构示意图如图 3.47 所示。

1. PN 结正向伏安特性

在理想情况下，PN 结的正向电流为 I_F，与正向压降 V_F 存在近似关系，即

$$I_F \approx I_S \exp\left(\frac{qV_F}{kT}\right) \tag{3.46}$$

其中，q 为电子电荷；k 为玻尔兹曼常数；T 为绝对温度；I_S 为反向饱和电流，它是一个与 PN 结材料的禁带宽度、温度有关的系数。

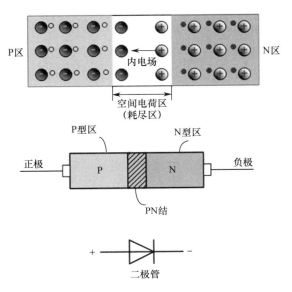

图 3.47　PN 结的结构示意图

利用 Origin 软件进行指数函数的曲线回归，即

$$I_F = A\exp(BV_F)$$
$$A = I_S$$
$$B = \frac{q}{kT}$$

2. PN 结正向压降随温度变化

PN 结温度传感器的基本方程为

$$V_F = V_{g(0)} - \left(\frac{k}{q}\ln\frac{C}{I_F}\right)T - \frac{kT}{q}\ln T^r = V_1 + V_{n1}p \tag{3.47}$$

其中，$V_1 = V_{g(0)} - \left(\dfrac{k}{q}\ln\dfrac{C}{I_F}\right)T$，该项为线性项。

PN 结温度传感器灵敏度及 PN 结材料的禁带宽度为

$$V_F = V_{g(0)} - \left(\frac{k}{q}\ln\frac{C}{I_F}\right)T \tag{3.48}$$

利用 Origin 软件对 $V_F - T$ 数据进行直线拟合，即 $V_F = AT + B$。斜率 A 即灵敏度 S，$B \times q$ 为材料禁带宽度 Eg(0)。

3．PN 结反向特性

当向 PN 结加反向电压时，电源的正极接 N 区，负极接 P 区，外加的反向电压有一部分降落在 PN 结区，PN 结处于反向偏置，空穴和电子都向远离界面的方向运动，使空间电荷区变宽，电流不能流过，方向与 PN 结内电场方向相同，使内电场增强。内电场对多子扩散运动的阻碍增强，扩散电流大大减小。此时 PN 结区的少子在内电场作用下形成的漂移电流大于扩散电流，可忽略扩散电流，PN 结呈现高阻性。当反向电压增大到一定程度时，反向电流将突然增大。反向电流突然增大时的电压称击穿电压。如果外电路不能限制电流，则电流会大到将 PN 结烧毁。

3.12.3　实验方法

1．实验装置及工具

PN 结正向特性综合实验仪、DH-SJ5 温度传感器实验装置、恒温电炉、Origin 软件。

2．实验内容

（1）PN 结正向伏安特性

首先将试验仪上的电流量程置于 X1 挡，再调整电流调节旋钮，观察对应的电压值。如果电流表显示值到达 1000，则改用大一挡量程，记录电压、电流值。绘制伏安特性曲线，行指数函数的曲线回归，求出玻尔兹曼常数 k。

（2）PN 结正向温度特性

选择合适的正向电流 $I=60\mu A$ 并保持不变。将温度传感器实验装置上的"加热电流"开关置"开"位置，根据目标温度，选择合适的加热电流，在实验时间允许的情况下，加热电流可以取得小一些，如 0.3～0.6A。这时加热炉内温度开始升高，开始记录对应的 V 和 T。对 V-T 数据进行直线拟合，即得到 $V = AT + B$ 。

（3）PN 结反向特性

PN 结正向特性综合实验仪虽用于测量正向压降，但可将该实验装置线路反接，使 PN 结反向偏置，再按照探究 PN 结正向特性的步骤进行，记录电流和电压值，观察其变化趋势，得出反向偏置特性。

3.12.4　实验数据

1．PN 结正向伏安特性

记录正向电流和正向电压，表 3.25 仅供参考。利用 Origin 软件绘制 PN 结正向伏安特性曲线。

表 3.25　PN 结正向伏安特性数据的测量　　　　　　　　温度 $T=$＿℃

序号	正向电流/μA	正向电压/V	序号	正向电流/μA	正向电压/V
1			2		

续表

序号	正向电流/μA	正向电压/V	序号	正向电流/μA	正向电压/V
3			14		
4			15		
5			16		
6			17		
7			18		
8			19		
9			20		
10			21		
11			22		
12			23		
13			24		

2. PN 结正向温度特性

记录不同温度下的电压值，表 3.26 仅供参考。利用 Origin 软件绘制 PN 结正向温度特性曲线。

表 3.26　PN 结正向温度特性数据的测量

序号	温度/℃	正向电压/V	序号	温度/℃	正向电压/V
1	35		7	65	
2	40		8	70	
3	45		9	75	
4	50		10	80	
5	55		11	85	
6	60		12	90	

3. PN 结反向伏安特性

装置反接后，记录反向电压和反向电流，表 3.27 仅供参考。利用 Origin 软件绘制 PN 结反向特性曲线。

表 3.27　PN 结反向伏安特性数据的测量　　　　　　　　　　温度 $T =$ ＿ ℃

序号	反向电流/μA	反向电压/V	序号	反向电流/μA	反向电压/V
1			4		
2			5		
3			6		

序号	反向电流/μA	反向电压/V	序号	反向电流/μA	反向电压/V
7			16		
8			17		
9			18		
10			19		
11			20		
12			21		
13			22		
14			23		
15			24		

3.12.5　分析讨论

（1）本实验具体操作并不难，只是在实验过程中要耐心等待温度的变化，请思考实验中的误差可能是由什么因素造成的？

分析：初始测量温度的确定。如果选择较低的测量温度（如室温），则降温需要较长时间；升温速率可以会带来误差，如果升温速率过快，则会导致 PN 处的温度和测温位置温度差较大；利用 PN 结传感器测温存在误差，PN 结传感器的线性度较好，但温度和管压降的特性不是一条直线。

（2）本实验采用 Origin 软件进行数据分析，是否还能采用其他方法来分析数据？

分析：可以使用其他处理数据的软件，如 Excel 软件，以此提升处理数据的质量。

（3）利用本实验得出的 PN 结的正向温度特性，能否设计一个温度传感器来测出其传感特征曲线并进行对比标定？

分析：通过实验测得数据，可以设计一台温度传感器，将电信号与温度相关。

（4）在工作电流及环境温度相同的条件下，硅管和锗管的正向压降是否相同？为什么？

分析：不同。PN 结导电是由空穴-电子对引起的，其正向压降受材料性质的影响，故两者正向压降不同。

3.12.6　思考总结

对 PN 结特性的探究，主要是分析施加正向电压和反向电压两种情况下，PN 结所表现出来的不同特性。由于 PN 结的形成与载流子的扩散运动有较大的关系，因此在探究 PN 结特性的实验中，温度这一因素比较重要。本次实验的内容较为简单，在实际操作中，首先需要考虑应当注意哪些细节来提高实验的精度。其次，后期对实验数据的处理尤为重要，传统对于数据的处理方法都是最小二乘法，计算量大且误差较大，随着现代技术的发展，让我们对于数据的处理有了更多的选择，例如，熟悉的 Origin 和 Excel 软件，它们在数据的处理和呈现上对我们有很大的帮助，那么是否还能再找到其他方法来处理数据，从而更好与实验相结合。最后，数据处理完后，对数据仔细分析也比较重要，根据理论分析可以得出我们需要测得的物理量，所以最后的实验数据也要与建立的模型相吻合，利用合适的软件分析图形，来查看是否存在较大的误差，最后分析结果会受到哪些因素的干扰。

3.13　实验十三　模拟示波器

3.13.1　物理问题

电子示波器是一种常用的电子测量仪器，主要用于观察和测量各种电信号。示波器是利用电场对电子运动的影响来反映电压的瞬变过程。由于电子惯性小、荷质比大，因此示波器具有较宽的频率响应，用以观察变化极快的电压瞬变过程。示波器能直接观测电压随时间变化的波形，还能测量频率、相位等。示波器还能利用换能器将应变、加速度、压力等其他非电量转换成电压进行测量。示波器的种类较多，其中实验室最常见的是模拟示波器和数字示波器。模拟示波器的工作方式是直接测量信号电压，并且通过从左到右穿过示波器屏幕的电子束在垂直方向描绘电压。数字示波器的工作方式是通过模拟转换器（ADC）把被测电压转换为数字信息。数字示波器捕获的是波形的一系列样值，并对样值进行存储，存储限度是判断累计的样值是否能描绘出波形为止，随后，数字示波器重构波形。

本实验的主要研究对象是模拟示波器。与数字示波器相比，模拟示波器具有操作简单、垂直分辨率高、数据更新快等特点。因此，本实验能帮助我们快速掌握模拟示波器的使用方法，以及帮助我们学习如何探测未知信号的基本信息，这对今后的实验研究有着较大的帮助。

3.13.2　物理原理

1. 示波器的结构及简单工作原理

示波器的电路结构图如图 3.48 所示。示波器一般由 5 部分组成，即示波管、信号放大器和衰减器、扫描发生器、触发同步电路、电源。下面分别加以简单说明。

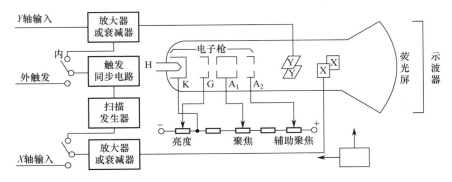

图 3.48　示波器的电路结构图

（1）示波管

示波管主要包括电子枪、偏转系统和荧光屏三部分，这三部分全都被密封在玻璃外壳内，里面抽成高真空。

荧光屏：是示波器的显示部分，当加速聚焦后的电子打到荧光屏上时，其上所涂的荧光物质就会发光，从而显示出电子束的位置。当电子停止作用后，荧光剂的发光需经一定时间才会停止，称为余晖效应。

电子枪：由灯丝 H、阴极 K、控制栅极 G、第一阳极 A_1、第二阳极 A_2 共 5 部分组成。灯丝通电后加热阴极，阴极是一个表面涂有氧化物的金属筒，被加热后发射电子。控制栅极是一个顶端有小孔的圆筒，套在阴极外面，其电位比阴极低，对阴极发射出来的电子起控制作用，只有初速度较大的电子才能穿过栅极顶端的小孔，然后在阳极加速下奔向荧光屏。示波器面板上的"亮度"调整就是通过调节电位以控制射向荧光屏的电子流密度，从而改变了屏上的光斑亮度的。阳极电位比阴极电位高很多，电子被两极之间的电场加速形成射线。当控制栅极、第一阳极、第二阳极之间的电位调节合适时，电子枪内的电场对电子射线有聚焦作用，所以第一阳极也称聚焦阳极。第二阳极电位更高，又称加速阳极。面板上的"聚焦"调节，实际上就是用于调节第一阳极电位，使荧光屏上的光斑变成明亮、清晰的小圆点。有的示波器还有"辅助聚焦"，用于调节第二阳极电位。

偏转系统：由两对相互垂直的偏转板组成，一对垂直偏转板 Y 和一对水平偏转板 X。在偏转板上加以适当电压，当电子束通过时，其运动方向发生偏转，从而使电子束在荧光屏上的光斑位置也发生改变。容易证明，光点在荧光屏上偏移的距离与偏转板上所加的电压成正比，因而可将电压的测量转化为屏上光点偏移距离的测量，这就是示波器测量电压的原理。

（2）信号放大器和衰减器

示波管本身相当于一个多量程电压表，这一作用是靠信号放大器和衰减器实现的。由于示波管本身的 X 轴及 Y 轴偏转板的灵敏度不高（约为 $0.1 \sim 1 \text{mm/V}$），因此当加在偏转板的信号过小时，要预先将小的信号电压放大后再加到偏转板上。为此设置 X 轴及 Y 轴电压放大器。衰减器的作用是使过大的输入信号电压变小以适应放大器的要求，否则放大器不能正常工作，使输入信号发生畸变，甚至使仪器受损。对一般示波器来说，X 轴和 Y 轴都设置有衰减器，以满足各种测量的需要。

（3）扫描发生器

扫描发生器也称时基电路，用来产生一个随时间做线性变化的扫描电压，这种扫描电压随时间变化的关系如同锯齿，故称锯齿波电压，如图 3.49（a）所示。这个电压经 X 轴放大器放大后加到示波管的水平偏转板上，使电子束产生水平扫描。这样，屏上的水平坐标变成时间坐标，从 Y 轴输入的被测信号波形就可以在时间轴上展开了。扫描发生器是示波器显示被测电压波形必需的重要组成部分。

2. 示波器显示波形的原理

如果只在竖直偏转板上加一个交变的正弦电压，则电子束的亮点将随电压的变化在竖直方向来回运动，如果电压频率较高，则看到的是一条竖直亮线，如图 3.49（b）所示。要能显示波形，必须同时在水平偏转板上加一个扫描电压，使电子束的亮点沿水平方向拉开。这种扫描电压的特点是电压随时间呈线性关系，并增加到最大值，最后突然回到最小值，此后再重复变化。这种扫描电压即前面所说的锯齿波电压。当只有锯齿波电压加在水平偏转板上时，如果频率足够高，则荧光屏上只显示一条水平亮线。

如果在 Y 轴上加正弦电压，同时在 X 轴上加锯齿波电压，那么电子受竖直、水平两个方向的力的作用，电子的运动就是两个相互垂直的运动的合成。当锯齿波电压比正弦电压变化周期稍大时，在荧光屏上将能显示出完整周期所加正弦电压波形图，如图 3.50 所示。

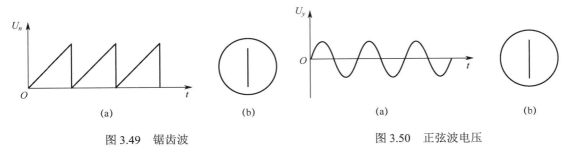

图 3.49　锯齿波　　　　　　　　　　　图 3.50　正弦波电压

3．触发同步的概念

如果正弦波和锯齿波电压的周期稍微不同，则荧光屏上出现的是一个移动的不稳定图形。设锯齿波电压的周期 T_x 比正弦波电压周期 T_y 稍小，如 $T_x/T_y=7/8$。在第一扫描周期内，荧光屏上显示正弦信号 $0\sim4$ 点之间的曲线段；在第二周期内，显示 $4\sim8$ 点之间的曲线段，起点在 4 处；在第三周期内，显示 $8\sim11$ 点之间的曲线段，起点在 8 处。这样，荧光屏上显示的波形每次都不重叠，好像波形在向右移动。同理，如果 T_x 比 T_y 稍大，则好像波形在向左移动。以上描述的情况在示波器使用过程中经常会出现，其原因是扫描电压的周期与被测信号的周期不相等或不成整数倍，以致每次扫描开始时波形曲线上的起点均不一样。为了使荧光屏上的图形稳定，必须使 $T_x/T_y=n(n=1,2,3,\cdots)$，$n$ 是屏上显示完整波形的个数。

为了获得一定数量的波形，示波器上设有"扫描时间""扫描微调"旋钮，用来调节锯齿波电压的周期 T_x（或频率 f_x），使之与被测信号的周期 T_y（或频率 f_y）成合适的关系，从而在荧光屏上得到所需数目的完整的被测波形。输入 Y 轴的被测信号与示波器内部的锯齿波电压是互相独立的。由于环境或其他因素的影响，它们的周期可能会发生微小的改变。这时，虽然可通过调节扫描旋钮将周期调到整数倍的关系，但过一段时间又变了，波形又移动起来。在观察高频信号时这种问题尤为突出。为此示波器内装有扫描同步装置，可令锯齿波电压的扫描起点自动随被测信号改变，该过程称为同步。在某些示波器中，需要让扫描电压与外部某个信号同步，因此设有"触发选择"按键，还可选择外触发工作状态，相应设有"外触发"信号输入端。

4．示波器的应用

（1）观察电信号波形

将待观察信号从 Y_1 或 Y_2 端接入加到 Y 偏转板和 X 偏转板，并加上扫描电压信号，先调节"辉度"旋钮、"聚集"旋钮、"位移"旋钮，再调节"电压偏转因数"旋钮和"扫描时间"旋钮，然后再调节"同步触发电平"旋钮，即可看到待观察信号波形。

（2）测量电压

利用示波器可以方便地测出电压值，实际上利用示波器所做的任何测量都归结为电压的测量。其原理基于被测量的电压使电子束产生与之成正比的偏转。电压计算公式为

$$U(t) = yk_y \tag{3.49}$$

式中，y 为电子束沿 y 轴方向的偏转量，用格数（DIV）表示；k_y 为示波器 y 轴的电压偏转因数（V/DIV）即伏/格。

（3）测算频率

① 周期换算法。周期换算法所依据的原理是频率与周期呈倒数关系，即

$$f = \frac{1}{T} \tag{3.50}$$

信号的周期可以用扫描速度值乘以被测信号波形的一个周期在荧光屏上的水平偏转距离而求得 $T = t \cdot x$（$T=$扫描速度×一个周期水平距离），故信号的频率便可以算出。

② 李萨如图形法。李萨如图形如表 3.28 所示，设将未知频率 f_y 的电压 U_y 和已知频率 f_x 的电压 U_x（均为正弦电压）分别送到示波器的 Y 轴和 X 轴，则由于两个电压的频率、振幅和相位的不同，在荧光屏上将显示各种不同波形，一般得不到稳定的图形，但当两电压的频率成简单整数比时，将出现稳定的封闭曲线，称为李萨如图形。根据这个图形可以确定两电压的频率比，从而确定待测频率的大小。

表 3.28 李萨如图形

频率比	相位差角				
	0	$\frac{1}{4}\pi$	$\frac{1}{2}\pi$	$\frac{3}{4}\pi$	π
1 : 1					
1 : 2					
1 : 3					
2 : 3					

表 3.28 列出各种不同频率比在不同相位差时的李萨如图形，不难得出

$$\frac{加在Y轴电压的频率f_y}{加在X轴电压的频率f_x} = \frac{水平直线与图形相交的点数N_x}{垂直直线与图形相交的点数N_y}$$

所以未知频率为

$$f_y = \frac{N_x}{N_y} f_x \qquad\qquad (3.51)$$

3.13.3　实验方法

1．实验仪器

模拟示波器、信号发生器、连接线等。

2．实验内容及步骤

（1）扫描基线调节：将示波器的工作方式开关置于"单踪 CH1"（触发 CH1 或 CH2），触发方式开关置于"自动"。开启电源开关后，调节"辉度""聚焦""辅助聚焦"等旋钮，使荧光屏上显示一条细而且亮度适中的扫描基线。然后调节"X轴位移""Y轴位移"旋钮，使扫描线位于屏幕中央，并且能上下左右移动自如。

（2）测试"校正信号"波形的幅度、频率。将示波器的"校正信号"通过探头引入选定的 Y 通道（CH1 或 CH2），将 Y 轴输入耦合方式开关置于"AC（交流）"或"DC（直流）"，触发源选择开关置于"内"挡，内触发源选择开关置于"CH1"挡或"CH2"挡。调节 X 轴"扫描速率"旋钮（t/div）和 Y 轴"输入灵敏度"旋钮（V/div），使荧光屏上显示出一个或数个周期稳定的方波波形。

（3）校准"校正信号"幅度。将"Y轴灵敏度微调"旋钮置于"校准"位置，"Y轴灵敏度"旋钮置于适当位置，读取校正信号幅度，记入表 3.29 中。

（4）校准"校正信号"频率。将"扫速微调"旋钮置于"校准"位置，将"扫速"旋钮旋置于适当位置，读取校正信号周期，记入表 3.29 中。

表 3.29　校准信号测量数据

测量内容	标准值	实测值
幅度 U/V	4.00	
频率 f/Hz	1000	

（5）用示波器测量信号电压和周期。调节信号发生器相关旋钮，使输出频率分别为 1kHz、2kHz，有效值均为 1 V 的正弦波信号。改变示波器"t/div"及"V / div"等旋钮，测量信号源输出电压峰峰值及信号周期，记入表 3.30 中。

表 3.30　测量信号参数

输出频率	周期/ms	频率/Hz	峰峰值/V	有效值/V
1kHz				
2kHz				

（6）用李萨如图形法测量信号频率。将扫描灵敏度旋钮置正交模式，按下触发交替旋钮，显示模式置双踪模式，被测正弦信号输入 CH2，标准频率信号输入 CH1，慢慢改变标准信号频率，取 $f_x/f_y = 1$、$\dfrac{2}{3}$、$\dfrac{1}{2}$、$\dfrac{1}{3}$ 共 4 个不同频率比，计算该未知信号的频率值，得出 4 组数据，计算出该信号的频率，并将该 4 种李萨如图形拍下或画在表 3.31 中。

表 3.31　李萨如图形

序号	f_x/f_y	标准信号频率/Hz	待测信号频率/Hz	李萨如图形
1	1			
2	$\dfrac{2}{3}$			
3	$\dfrac{1}{2}$			
4	$\dfrac{1}{3}$			

3.13.4　实验数据

校准信号测量数据、测量信号参数和李萨如图形分别记录在表 3.29、表 3.30 和表 3.31 中。

3.13.5　分析讨论

（1）在该实验中，可能存在的误差有哪些？

分析：从两个信号输入端口输入的信号相互影响，无法达到完全协调；示波器的图像上显示的荧光线较粗，读数时有误差；示波器、信号发生器仪器存在误差；实验室电压不稳定也会造成误差。

（2）为了使李萨如图形稳定，能否使用示波器上的同步旋钮？为什么？

分析：不能；同步旋钮是使每次扫描都扫描同一个起始相位，使一个示波器内只有一个稳定的图形，但从李萨如图形的形成原理来看，调同步旋钮不能使它稳定下来，应该采用调频的方式使李萨如图形稳定。

（3）实验时调不出待观测的正弦波形可能的原因有什么？

分析：触发源没有调好；水平扫描电压大小不合适；电路发生故障或接触不良。

（4）示波器的带宽和采样率分别指什么？

分析：示波器带宽是指输入一个幅度相同、频率变化的信号，当示波器读数比真值衰减 3dB 时，此时的频率即为示波器的带宽。也就是说，输入信号在示波器带宽处测试值为真值−3dB，带宽不是示波器能显示的最高频率。一般情况下，示波器带宽应为所测信号最高频率的 3～5 倍。采样率也叫采样频率，是指每秒从连续信号中提取并组成离散信号的采样个数，用赫兹（Hz）来表示。采样频率的倒数是采样周期或者称为采样时间，即采样之间的时间间隔。通俗地讲，采样频率是指计算机每秒钟采集信号样本的数量。

（5）什么是信号的占空比？

分析：占空比是指在一个脉冲循环内，通电时间相对于总时间所占的比例。例如，脉冲宽度为 1 μs，信号周期为 4 μs 的脉冲序列占空比为 0.25。

3.13.6　思考总结

本次实验主要介绍示波器的工作原理及其功能。在实验过程中，通过对示波器校准与未知信号的研究，进一步加强学生对于理论知识的理解，同时加深了对示波器的了解。在实验过程中，要按照要求完成实验，加强对模拟示波器操作方法的掌握。

本实验通过对位置信号的观测与分析，帮助学生加深对示波器工作员工作内容的认识。通过对李萨如图形的观测，明白如何利用该方法来探测未知信号的频率。了解示波器在信号观察方面的重要作用，学会如何使用模拟示波器和信号发生器，为今后实验的学习奠定基础。

完成本次实验后，也可以查阅相关资料，学习和了解其他种类示波器的使用方法，进一步加深对示波器学生的了解。

3.14　实验十四　数字示波器

3.14.1　物理问题

示波器是一种用途十分广泛的电子测量仪器，它能把人眼看不见的电信号变换成看得见的图像，便于人们研究各种电现象的变化过程。利用示波器能观察各种不同信号幅度随时间变化的波形曲线，还可以用它测试各种不同的电量，如电压、电流、频率、相位差、调幅度等。然而示波器的结构及其原理是什么？怎么利用示波器观测各种电信号的波形？怎样利用示波器测正弦交流信号的电压幅值及频率等？

3.14.2　物理原理

1. 双踪示波器的原理

双踪示波器结构示意图如图 3.51 所示，其控制电路主要包括：电子开关、垂直放大电路、水平放大电路、扫描发生器、同步电路、电源等。

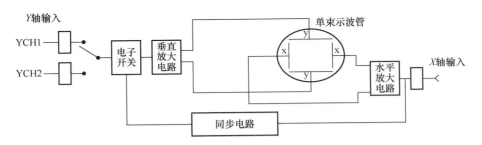

图 3.51　双踪示波器结构示意图

电子开关使两个待测电压信号 YCH1 和 YCH2 周期性地轮流作用在 Y 偏转板上，这样在荧光屏上忽而显示 YCH1 信号波形，忽而显示 YCH2 信号波形。由于荧光屏的荧光物质的余辉及人眼视觉滞留效应，因此在荧光屏上看到的是两个波形。

如果正弦波与锯齿波电压的周期稍有不同，则荧光屏上出现的是一个移动的不稳定图形，这是因为扫描信号的周期与被测信号的周期不一致或不成整数倍，以致每次扫描开始时波形曲线上的起点均不一样。为了获得一定数量的完整周期波形，示波器上设有"time/div"调节旋钮，用来调节锯齿波电压的周期，使之与被测信号的周期成合适关系，从而显示出完整周期的正弦波形。

当扫描信号的周期与被测信号的周期一致或是整数倍时，荧光屏上一般会显示出完整周期的正弦波形，但由于环境或其他因素的影响，波形会移动，为此示波器内装有扫描同步电路，扫描同步电路从垂直放大电路中取出部分待测信号，输入到扫描发生器中，迫使锯齿波与待测信号同步，称为"内同步"。如果同步电路信号从仪器外部输入，则称为"外同步"。

2．示波器的显波原理

示波器显示正弦波形的原理图如图 3.52 所示。如果在示波器的 YCH1 或 YCH2 端口加上正弦波，在示波器的 X 偏转板加上示波器内部的锯齿波，当锯齿波电压的变化周期与正弦电压的变化周期相等时，在荧光屏上将显示出完整周期的正弦波形。如果在示波器的 YCH1、YCH2 端口同时加上正弦波，在示波器的 X 偏转板加上示波器内部的锯齿波，则在荧光屏上将得到两个正弦波。

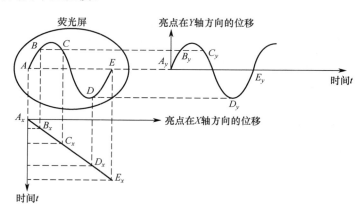

图 3.52　示波器显示正弦波形的原理图

3．数字示波器的基本原理

数字示波器的基本原理框图如图 3.53 所示。

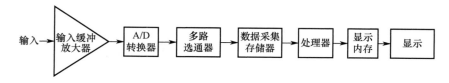

图 3.53　数字示波器的基本原理框图

数字示波器按照采样原理，利用 A/D 变换，先将连续的模拟信号转换成离散的数字序列，然后进行恢复重建波形，从而达到测量波形的目的。

　　输入缓冲放大器（AMP）将输入的信号进行缓冲变换，起到将被测体与示波器隔离的作用，示波器工作状态的变换不会影响输入信号，同时将输入信号的幅值切换至适当的电平范围（示波器可以处理的范围），也就是说不同幅值的信号在通过输入缓冲放大器后都会转换成相同电压范围内的信号。

　　A/D 转换器的作用是将连续的模拟信号转换为离散的数字序列，然后按照数字序列的先后顺序重建波形。所以 A/D 转换器起到采样的作用，它在采样时钟的作用下，将采样脉冲到来时刻的信号幅值的大小转化为数字表示的数值，这个点称为采样点。A/D 转换器是波形采集的关键部件。

　　多路选通器（DeMUX）将数据按照顺序排列，即将 A/D 转换的数据按照其在模拟波形上的先后顺序存入存储器，也就是给数据安排地址，其地址的顺序就是采样点在波形上的顺序，采样点相邻数据之间的时间间隔就是采样间隔。

　　数据采集存储器（Acquisition Memory）是将采样点存储下来的存储单元，它将采样数据按照分配好的地址存储下来，当采集存储器内的数据足够复原波形时，再送入后级处理，用于复原波形并显示。

　　处理器（UP）和显示内存（Display Memory）：处理器用于控制和处理所有的控制信息，并把采样点复原为波形点，存入显示内存区，用于显示。显示单元将显示内存中的波形点显示出来，显示内存中的数据与 LCD 显示面板上的点是一一对应的关系。

4. 李萨如图形的基本原理

　　如果在数字示波器的 CH1 通道加上一个正弦波，在数字示波器的 CH2 通道加上另一个正弦波，当两个正弦波信号的频率比值为简单整数比时，在荧光屏上将得到李萨如图形，如图 3.54 所示。这些李萨如图形是两个相互垂直的简谐振动合成的结果，它们满足

$$\frac{f_y}{f_x} = \frac{n_x}{n_y}$$

其中，f_x 表示 CH1 通道上正弦波信号的频率，f_y 表示 CH2 通道上正弦波信号的频率，n_x 表示李萨如图形与假想水平线的切点数目，n_y 表示李萨如图形与假想垂直线的切点数目。

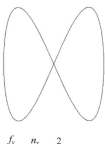

$$\frac{f_y}{f_x} = \frac{n_x}{n_y} = \frac{2}{1}$$

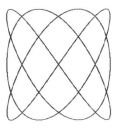

$$\frac{f_y}{f_x} = \frac{n_x}{n_y} = \frac{4}{3}$$

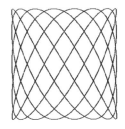

$$\frac{f_y}{f_x} = \frac{n_x}{n_y} = \frac{8}{5}$$

图 3.54　李萨如图形

3.14.3　实验内容与步骤

（1）观察各种波形，并测量三个正弦波形的电压、周期和频率。

调节信号发生器，分别观察三角波、方波、正弦波形，熟悉信号发生器和示波器的使用。选择三个频率段正弦波形，分别测量对应波形电压（峰–峰值）、周期和频率。将数据填入表格，并计算绝对误差（见表 3.32）。注：标准值即为信号发生器显示的值。

表 3.32　相对误差

信号类别及相对误差	V_{P-P} / V		f /Hz		T /s	
	测量值	标准值	测量值	标准值	测量值	标准值
信号 1						
相对误差						
信号 2						
相对误差						
信号 3						
相对误差						

（2）利用李萨如图形测频率。

将两个信号发生器分别从数字示波器的 CH1 输入端和 CH2 输入端，将 CH1 和 CH2 输入端信号置于 XY 模式，可保持 CH1 输入端信号发生器的频率不变（如 $f_x = 100\text{Hz}$），调节 CH2 输入端信号发生器的频率，使荧光屏中出现大小适中的图形，即出现李萨如图形，并计算出 f_y，读出信号发生器上 CH2 输入端信号的频率 f_y'，比较 f_y 和 f_y'。相关数据记录在表 3.33 中，可采用拍照方式记录李萨如图形。

表 3.33　利用李萨如图形测频率

$f_y : f_x$	f_x（CH1）/Hz	李萨如图形	n_x	n_y	f_y/Hz（计算值）	f_y'/Hz（标准值）
1 : 1	100					
2 : 1	100					
3 : 1	100					

3.14.4　思考题

1．若在数字示波器上看到的波形幅度太小，应调节哪个旋钮，使波形的大小适中？
2．怎样用数字示波器定量地测量交流信号的电压有效值和频率？
3．在观察两个信号合成李萨如图形时，应如何操作示波器？

3.14.5　实验资源

1. RIGOL DS1000E 型数字存储示波器

RIGOL DS1000E 型数字存储示波器如图 3.55 所示。

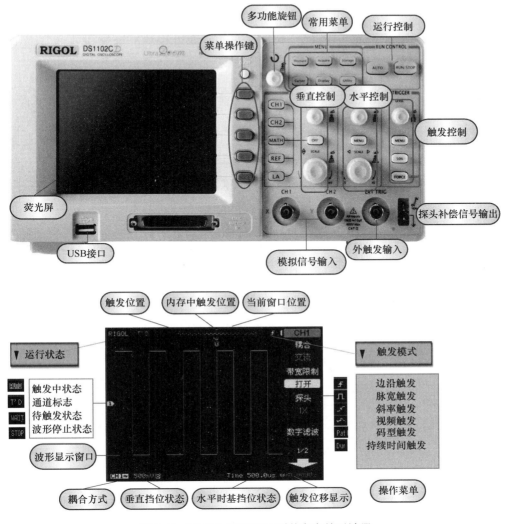

图 3.55　RIGOL DS1000E 型数字存储示波器

2. 数字存储示波器的主要技术指标

带宽如图 3.53 所示，数字存储示波器（DSO）将信号以数字编码的形式存储在存储器中，当信号进入 DSO 的偏转电路前，数字存储示波器将按一定的时间间隔对信号电压进行采样，对输入信号进行采样的速度称为采样速率。然后，用一个 A/D 转换器（ADC）对这些瞬时采样值进行变换，生成代表每个采样电压的二进制数值，这个过程称为数字化。获得的二进制数值存储在存储器中，存储的数据用来在数字存储示波器的屏幕上重建信号波形。所以，在荧光屏上显示的波形总是由采集到的数据重建的波形，而不是输入连接端上所加信号的立即的、连续的波形显示。

数字存储示波器和模拟示波器相比，具有更多的优点和功能，如体积小、重量轻、便于携带、具有液晶显示器，可以显示大量的预触发信息，波形可以长期储存，可以在计算机或打印机上制作硬拷贝，可捕获单次信号和非周期信号，波形信息可用数学运算方法进行处理和显示，与计算机相连后进行遥控操作，通过对光标和参数自动测量，可实现对多项波形参数（频率、上升时间、脉冲宽度等）的测量，并且通道之间没有时间误差。但是，该示波器存在不足：失真比较大，测量复杂信号能力差，可能出现假象和混淆波形。

数字存储示波器的主要性能指标有带宽、通道数、采样率、存储深度、波形捕获率和触发功能。

（1）带宽：是指示波器垂直放大器的频率响应。测量 AC 波形的仪表通常有某种最大频率，超过该频率，测量精度就会下降，这一频率就是仪表的带宽，它由仪器的幅频特性决定。示波器带宽指的是正弦输入信号衰减到其实际幅度的 70.7%时的频率值，如图 3.56 所示。一般的数字存储示波器采样速率从每秒 2020MS/s 到 200MS/s，或者更高一些，可以捕捉几十纳秒的脉冲、毛刺等非周期形信号。

带宽在时域影响波形的情况如图 3.57 所示，信号进入数字存储示波器，首先通过放大器，该放大器是一个低通滤波器。当放大器的带宽很宽（与基波比较）时，输出方波不出现失真。当放大器的带宽变窄时，波形中的某些谐波不能通过，输出的方波发生畸变，产生误差。当放大器的带宽很窄时，输出的几乎完全不像方波，由于缺少主要的谐波分量，波形呈圆弧状。因此，带宽不足将导致波形幅度衰减和波形失真。

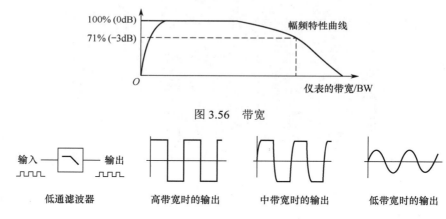

图 3.56　带宽

图 3.57　带宽在时域影响波形的情况

（2）采样速率：是指在单位时间内，对模拟输入信号的采样次数，也称为数字化速率，通俗地说，采样实际上是在用点来描绘进入示波器的模拟信号，采样是等间隔地进行，常以 MS/s 表示。采样示意图如图 3.58 所示。

如果采样速率不够，容易出现混叠现象。根据奈奎斯特定理，采样速率至少高于信号高频成分的 2 倍才不会发生混叠。例如，一个 500MHz 的信号，至少需要 1GS/s 的采样速率。每台数字存储示波器的最大采样速率是一个定值。但是，在任意一个扫描时间（扫速）t/div 内，采样速率 f_s 为

$$f_s = N/(t/\mathrm{div})$$

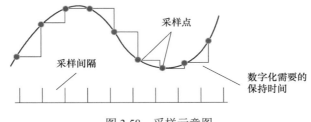

图 3.58　采样示意图

N 为每格采样点数，当采样点数 N 为一个定值时，f_s 与 t/div 成反比，扫速越大，采样速率越低。综上所述，在使用数字存储示波器时，为了避免混叠，扫速挡最好置于扫速较快的位置。如果想要捕捉到瞬息即逝的毛刺，扫速挡则最好置于主扫速较慢的位置。由于数字存储示波器是通过对波形采样来显示的，采样点数越少失真越大，波形失真将导致该示波器采样显示的波形与实际信号存在较大的差异。波形失真如图 3.59 所示，

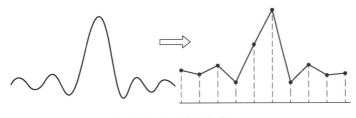

图 3.59　波形失真

波形混淆（见图 3.60）是指当采样速率低于实际信号频率的 2 倍（奈奎斯特频率），对采样数据进行重新构建时，出现的波形的频率小于实际信号频率的一种现象。

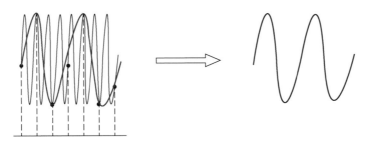

图 3.60　波形混淆

波形漏失（见图 3.61）是指由于采样速率低而造成的没有反映全部实际信号的一种现象。

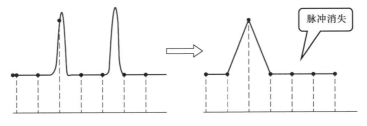

图 3.61　波形漏失

（3）存储深度（见图 3.62）是指在波形存储器中存储波形样本的数量，是数字存储示波器所能存储的采样点多少的量度。

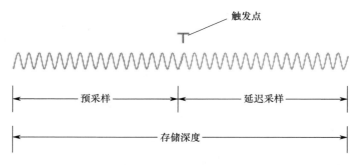

图 3.62　存储深度

波形存储时间为

波形存储时间=存储深度/采样率

数字存储示波器的存储深度将决定能采集信号的时间和能用到的最大采样速率。

（4）波形刷新率（波形捕获速率）：波形刷新率如图 3.63 所示，是指 1 秒内示波器捕获波形的次数，表示为波形数每秒（wfms/s）。刷新率的高低直接影响波形捕获偶然事件发生的概率。对于示波器来说，波形刷新率高，就能够组织更大数据量的波形质量信息，尤其是在动态复杂信号和隐藏在正常信号下的异常波形的捕获方面，有着特别的作用。数字存储示波器在使用串行处理机制时，每秒钟可以捕获 10～5000 个波形。

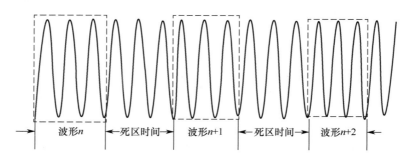

图 3.63　波形刷新率

当数字存储示波器接入电路后并不能看到波形时，需要根据已知信号的特征对数字存储示波器调整和触发条件进行设定，才能捕获得到稳定显示的波形。数字存储示波器针对不同的波形具有丰富的触发方式，包括边沿、脉宽、视频、斜率、交替、码型、持续时间等触发方式。

（5）信号波的一些基本概念。谐波与方波如图 3.64 所示，正弦波是波形的基本组成，任何非正弦波都可被视为由基波和无数不同频率的谐波分量组成。例如，方波是由基波及 3, 5, 7, 9, …次谐波分量叠加而成的。

非正弦波由最小值过渡到最大值的时间越短，所含的谐波分量也就越多，波形所含谐波的频率也越高。脉冲波占空比越小，波形所含谐波就越多，谐波频率分量也越高。

在使用数字存储示波器过程中，测量不同波形会得到不同的波形参数，波形的基本参数如图 3.65 所示。

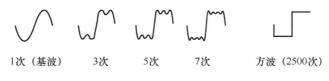

1次（基波） 3次 5次 7次 方波（2500次）

图 3.64 谐波与方波

上升时间的测量示意图如图 3.66 所示。理想的方波和脉冲波的电压有突然变化的波形，陡变有一定时间，这取决于系统带宽及其他电路参数。波形从一种电压变至另一种电压的时间称为上升时间。上升时间通常在从最小值过渡到最大值的 10%～90%处。

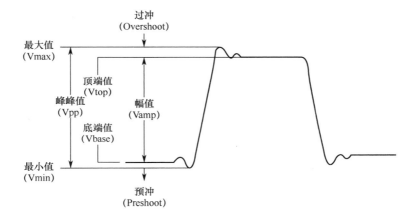

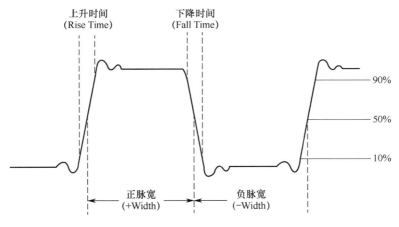

图 3.65 波形的基本参数

在模拟示波器中，上升时间是一个极其重要的性能指标。而在数字存储示波器中，上升时间甚至都不作为指标明确给出。由于数字存储示波器测量方法的不同，以致自动测量出的上升时间不仅与采样点的位置相关，还与扫描速度有关。

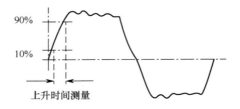

图 3.66　上升时间的测量示意图

3.15　实验十五　电子束的偏转与聚焦

3.15.1　物理问题

电子束的聚焦与偏转一般可以通过电场和磁场对电子的作用来实现，前者称为电聚焦和电偏转，后者称为磁聚焦和磁偏转。通过磁聚焦可测出电子的荷质比，即验证电子带电荷量，并证明电子的质量 m_e。还可以用电子偏转与聚焦方法测量地磁场和空间的长度，同样可以使用手机传感器进行测量并将实验结果进行对比。

通过该实验，可以回顾之前做的一些实验，如示波器的使用等，还可通过本次实验了解电子显像管的示波原理，利用电子束的偏转测量地磁场和空间长度的原理及方法，观察电子管中的电子偏转与旋转运动等。

了解这些知识可以很好地帮助我们巩固与加深关于电子束在磁场与电场中的偏转和聚焦的物理理论知识，学会利用理论知识来解决实验中需要解决的物理问题，培养良好的实验习惯，学习新的实验方法等。

3.15.2　物理原理

1．电子束的加速和电偏转

电子是带负电的粒子，电子在电场中受到库仑力的作用，力的方向和电场方向相反。本实验研究电子在电场中的加速、聚焦和偏转，是所有射线管（如示波管、显像管和电子显微镜等）都会涉及的问题。

在阴极射线管中，阴极被灯丝加热发射电子。电子受到阳极产生的正电场作用而加速运动，同时又受栅极产生的负电场作用只有一部分初始动能较大的电子能通过栅极小孔而飞向阳极。栅极电压一般比阴极电压低 20～100V，初始动能较小的电子受到栅极和阴极间减速电场的作用而被阻挡；改变栅极电位能控制通过栅极小孔的电子数量，从而控制荧光屏上的辉度。当栅极上的电位负到一定的程度时，可使电子射线截止，辉度为零。

阴极射线原理及电子的运动轨迹如图 3.67 所示，人们最初提出的产生电子束的方法是让电子束穿过一个小孔，只要孔径足够小，原则上就可形成很细的电子束，然而这种方案是行不通的。因为热电子从阴极发射出来具有各个不同方向的速度，只有很少一部分刚好能穿过小孔，结果使荧光屏的亮斑暗得难以观察。所以要利用适当形状的电场来改变初速度不在电子管轴线方向的那些电子的运动方向，把电子会聚成较强的电子束，从而在荧光屏上形成明亮的光点。

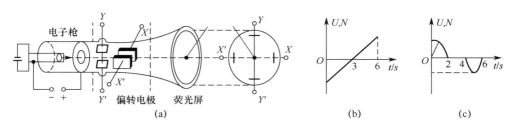

图 3.67　阴极射线原理及电子的运动轨迹

在图 3.67 中画出了某一方向散离轴线的电子的运动轨迹。电子在电场中受到与电力线相切的电场力 F 的作用，现在将 F 分为轴向分量 F_z 和径向分量 F_r，F_z 使电子沿轴向加速运动，而 F_r 在电子透镜前半部，使电子运动轨迹向 Z 轴弯曲，在电子透镜后半部则背离 Z 轴。由于 F_z 的作用，电子一直处于加速状态，所以在电子透镜后半部，电子停留时间较短，径向力的总效果将使电子运动轨迹向 Z 轴方向弯曲，电子透镜对电子束起着聚焦作用。电子束通过电子透镜后能否聚焦在荧光屏上，与第一阳极电压 V_1 和第二阳极电压 V_2 的单值无关，取决于它们的比值 $\dfrac{V_1}{V_2}$；改变第一阳极与第二阳极的电势差，相当于改变电子透镜的焦距，选择合适的 V_1 与 V_2 的比值，就可以使电子束的汇聚点恰好落在示波器的荧光屏上。

第一阳极和第二阳极是由同轴的金属圆筒组成的。由于各电极上的电位不同，在它们之间形成了弯曲的等位面、电力线，这样就使电子束的路径发生弯曲，类似光线通过透镜产生会聚或发散，这称为电子透镜。改变电极间的电位分布，可以改变等位面的弯曲程度，从而使电子束聚焦。第一阳极主要用来改变比值 $\dfrac{V_1}{V_2}$，便于聚焦，故称聚焦极。当然改变 V_2 也能改变比值 $\dfrac{V_1}{V_2}$，故第二阳极能起辅助聚焦作用。电子经过加速和聚焦形成电子束后，将进入偏转系统。我们取一个直角坐标系来研究电子的运动，令 Z 轴沿示波管的管轴方向，从荧光屏看 X 轴为水平方向，Y 轴为垂直方向。

电子在两偏转板之间穿过时，如果两板间电位差为零，电子笔直地穿过偏转板之间打在荧光屏中央形成一个小亮斑。现在假定从电子枪阴极发射出来的电子的初始动能忽略不计，管中阳极 A 相对于阴极 K 具有几百甚至几千伏的正电位 2V，它产生的电场使得阴极 K 发散出来的电子沿轴向加速。电子从阳极 A 射出的动能为

$$\frac{1}{2}mv_z^2 = eV_2 \qquad (3.52)$$

通常在电子束运动的垂直方向加上一个横向电场，电子在该电场作用下将要发生横向偏转。图 3.68 显示了电子束在垂直电场作用下的偏转情况。

下面来看一下，电偏转系统中偏转电场的形成与简化。在两排平行板间加电压 V_d 就可以形成电场。偏转板长度为 l，两电极相距为 d，当

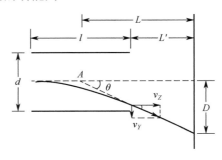

图 3.68　电子束在垂直电场作用下的偏转情况

平行板间的距离 d 比长度 l 小得多时，可以认为它形成的空间电场是均匀的，且在平行板的界外电场为零。

电子在均匀电场内以速度 v_Z 从平行于板的方向进入电场，在电场力的作用下，它将获得一个纵向的速度 v_Y，但不改变轴向速度分量 v_Z。在 Y 方向（垂直 v_Z 方向）产生偏转位移。

电子离开偏转电场后不受电场力作用，将做匀速直线运动，等效从 A 点（极板中点位置）直接射出，直线的倾角就是电子偏转后的速度方向。荧光屏上的亮斑在垂直方向偏转距离 D（忽略荧光屏的微小弯曲）为

$$D = \left(\frac{l}{2} + L'\right)\tan\theta = \left(\frac{l}{2} + L'\right)\frac{v_Y}{v_Z} = \left(\frac{l}{2} + L'\right)\frac{V_d}{V_2}\frac{l}{2d} \tag{3.53}$$

令

$$\frac{l}{2} + L' = L$$

有

$$D = \frac{V_d}{V_2}\frac{lL}{2d} \tag{3.54}$$

2．电子束的磁偏转

为使电子束偏转，通常在电子枪和荧光屏之间放置一对线圈，当线圈通以励磁电流 I 时，在横向水平方向上将产生与电子束方向垂直的一个均匀磁场，如图 3.69 所示。当电子以速度 v 垂直射入磁场时，必受洛伦兹力作用而在磁场区域内做圆周运动，洛伦兹力就是向心力。

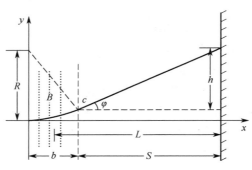

图 3.69　磁偏转原理图

由此可知，磁偏转距离 h 与励磁电流 I 成正比，励磁电流越大，磁偏距离也越大。比较之后发现，在使用磁偏转时，提高电子束的加速电压来增加荧光屏上图像亮度比使用电偏转有利，而且磁偏转便于得到电子束的大角度偏转，更适合于大屏幕，因此显像管往往采用磁偏转。但是载流线圈不利于高频使用，而且由于其体积与质量较大，都不及电偏转系统，所以示波管往往采用电偏转。

3. 电子螺旋运动及电子荷质比的测量

将示波器放在螺线管磁场中，将示波管的聚焦阳极、第二阳极、水平偏转和垂直偏转板都连在一起，使电子进入聚焦阳极后在等电位空间运动。由于栅极和聚焦阳极之间距离很近，阳极电压又非常高，而电子从阴极发射出来时初始速度可以忽略不计，故认为电子的轴向速度 v_z 是一样的，经阳极加速后的电子速度由阳极电压 V_2 来决定，此时电子束运动方向与螺线管磁场方向平行。

再给其中一对偏转板加上交变电压，电子束将获得垂直于轴向的分速度（用 v_r 表示），电子束在磁场中将要受到洛伦兹力的作用（v_z 方向受力为零）。电子的螺旋运动曲线如图 3.70 所示。

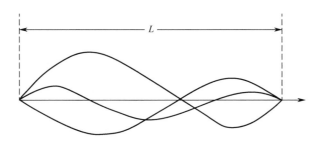

图 3.70　电子的螺旋运动曲线

使电子束在垂直于磁场（也垂直于螺线管轴线）的平面内做圆周运动，设其圆周运动的轨道半径为 R，则有

$$R = \frac{mv_r}{eB}$$

式中，m 为电子质量，电子旋转一周所用时间为

$$T = \frac{2\pi R}{v_r} = \frac{2\pi m}{eB} \tag{3.55}$$

由此可见，只要 B 保持不变，周期 T 就相同。由于电子在 B 的方向上以相同的轴向速度 v_z 做匀速直线运动，因此电子的运动轨迹是因 v_r 而异的螺旋线，螺距都为

$$L = v_z T = \frac{2\pi m}{eB} v_z = \frac{2\pi}{B}\sqrt{\frac{2mV_2}{e}} \tag{3.56}$$

也就是说，从第一交叉点出发的电子束，虽然各个电子径向速度 v_r 不相同，但因 v_z 相同，各电子将沿不同螺旋线前进，经过距离 L 后，将重新汇聚一点，这就是磁聚焦现象。

同时可得电子的荷质比为

$$\frac{e}{m} = \frac{8\pi^2 V_2}{h^2 B^2} \tag{3.57}$$

对于有限长螺线管，B 近似取其轴线上的中心值，即

$$B = \frac{\mu_0 N I}{\sqrt{L^2 + D^2}} \tag{3.58}$$

式中，μ_0 为真空磁导率，N、L 分别为螺线管的匝数和长度，D 为螺线管的直径，I 为螺线管的励磁电流，将式（3.55）代入式（3.57）得

$$\frac{e}{m} = \frac{8\pi^2 V_2 (L^2 + D^2)}{h^2 \mu_0^2 N^2 I^2} = \frac{8\pi^2 (L^2 + D^2)}{\mu_0^2 N^2 h^2} \cdot \frac{V_2}{I^2} = k \cdot \frac{V_2}{I^2} \tag{3.59}$$

其中，本实验所用仪器的 $k = 5.434 \times 10^8 \text{(SI)}$

4．利用电子束的磁聚焦现象来测量地磁场

电子束的纵向磁聚焦主要用于测量电子的荷质比，由于地球本身就是一个大磁体，那么是否可利用电子束的磁聚焦现象来测量地磁场？

因为地球具有磁性，所以在地球及近地空间存在着磁场，地磁场的强度与方向随地点而异，通常可用以下三个物理量来描述。

（1）磁偏角 α，即地球表面任意一点的地磁磁感应强度矢量 $\boldsymbol{B}$ 所在的垂直平面（地磁子午面）与地球子午面之间的夹角。

（2）地磁场磁感应强度的水平分量 $B_\parallel$，即地磁场磁感应强度矢量 $\boldsymbol{B}$ 在水平面上的投影。

（3）磁倾角 β，即地磁场磁感应强度矢量 $\boldsymbol{B}$ 与水平面之间的夹角。测出这三个物理量就可确定某个地点的地磁场的大小和方向。

当改变磁场 B 时，使电子束聚焦后，若保持加速电压不变，改变磁场方向，且保持 B 值的大小不变，电子束在荧光屏上的聚焦状态应不变，但事实上，电子束在荧光屏上的聚焦状态会随着磁场的方向改变而发生明显变化，这显然是地磁场的影响所致，因为某个地点的近地磁场可以认为是一个均匀磁场，它的大小和方向是稳定不变的，它会叠加在螺线管内的磁场上，要使电子束在荧光屏上的聚焦状态不随磁场方向的改变而改变，就需要改变励磁电流的大小（即改变 B 值的大小）以补偿地磁场的影响。将螺线管水平放置，设螺线管内的磁感应强度为 B_1，地球磁场 B_d 的磁感应强度沿螺线管轴线的分量为 $B_\parallel$，改变励磁电流的方向，使 B_1 与 $B_\parallel$ 方向一致或相反，此时对应的励磁电流分别为 I_+、I_-，聚焦时的磁感应强度 B 大小为

$$B = \frac{\mu_0 N (I_- - I_+)}{2\sqrt{A^2 + D^2}} \tag{3.60}$$

若螺线管的轴向与地磁场的水平方向平行，则在水平面上对应的励磁电流最大（或最小），其中的 B 即为地磁场的磁感应强度的水平分量 $B_\parallel$ 的大小；保持此时螺线管的方位不变，再在垂直面上调节螺线管的倾角，使励磁电流最大（或最小），此时螺线管的轴向于地磁场的方向平行，式中的 B 就是地磁场的磁感应强度 B_d 大小，由 $B_\parallel$ 和 B_d 的大小即可求出地磁场的磁倾角，即

$$\beta = \arccos\left(\frac{B_\parallel}{B_d}\right) \tag{3.61}$$

3.15.3　实验方法

1. 实验仪器

DZS-D 型电子束实验仪、直流稳压电源、数字万用表。

2. 实验内容及实验步骤

（1）电子束的电偏转和磁偏转

① 开启电子束实验仪电源开关：将"电子束—荷质比"选择开关打向"电子束"位置，将面板上一切可调旋钮都旋至中部，开启电子束实验仪电源开关，此时在荧光屏上能看到一个亮斑。适当调节辉度，并调节聚焦，使屏上光点聚成一个圆点。注意，光点不能太亮，以免烧坏荧光屏。

② 光点调零："X 轴调节"旋钮用来改变偏转板上的电压；"X 轴调零"旋钮用来指定坐标原点。调节"X 轴调节""X 轴调零"旋钮，使光点位于 X 轴的中心圆点，且左右偏转的最大距离都接近满格。

③ Y 轴调节：用数字万能表电压挡接"Y 偏电压表"的+、−两端，缓慢调节"Y 轴调节"旋钮使数字万能表读数为 0 或接近于 0，然后调节"Y 轴调零"旋钮使光点位于 Y 轴的中心原点。

④ 测量 D 随 V_d 的变化：调节阳极电压旋钮，取定阳极电压 V_2=700V（或更高），调节"Y 轴调节"旋钮，用数字万能表分别测出 $D = \pm5, \pm10, \pm15, \pm20$mm 时的 V_d（垂直电压）值。再取 $V_2 = 900$V，再测 D 为上述值时的 V_d 值。

⑤ 测量偏转量 D 随磁偏转电流 I 的变化：使亮光点回到 Y 轴的中心原点，取 $V_2 = 700$V，用数字万用表的 mA 挡测量磁偏转电流。调节"磁偏调节"旋钮，分别记录 $D = 5,10,15,20$mm 时的磁偏转电流值，然后改变磁偏转电流方向，再测 $D = -5,-10,-15,-20$mm 时的磁偏转电流值。再取 V_2=900V，重复前面的测量。

（2）电子荷质比的测量

① 将直流稳压电源的输出端接到励磁电流的接线柱上，并将电流值调到 0，将"电子束-荷质比"开关置于"荷质比"位置，此时荧光屏上出现一条直线，将阳极电压调到 700V。

② 开始测量 e/m，逐渐加大励磁电流，使荧光屏上的直线一边旋转一边缩短，直到变成一个小亮点，读取电流值，然后将电流调回零。再将电流换向开关扳到另一边，重新从零开始增加电流使荧光屏上的直线反方向旋转、缩短，直到再得到一个小亮点，读取电流值。取其平均值，以消除地磁等因素的影响。

③ 改变阳极电压分别为 800V、900V，重复上述步骤②，取理论值 $e/m = 1.757 \times 1011$C/kg。

（3）测量地球磁场水平分量

测量地球磁场水平分量可直接在电子束实验仪上进行。电子束实验仪主要用于研究带电粒子在磁场中的运动规律，它可完成有关电子束在电场和磁场中的偏转和聚焦等一系列实验，是普通高校物理实验课程常用的仪器设备。测量地球磁场水平分量的具体操作方法如下。

① 将电子束实验仪中的螺线管调至水平，在水平面上旋转螺线管，找到最大（或最小）聚焦励磁电流时螺线管的方位，使螺线管的轴向与地磁场的水平分量 $B_{\parallel}$ 方向平行，记录此时聚焦的励磁电流 $I_{\parallel+}$。

② 改变励磁电流的方向，再次调节励磁电流使电子束聚焦，记录聚焦时的励磁电流 $I_{\parallel-}$。

③ 保持螺线管在水平面上的方位，在垂直面上旋转螺线管，找到最大（或最小）聚焦励磁电流对应的方位，使螺线管的轴向与地磁场 B_d 的方向平行，记录此时聚焦的励磁电流 I_{d+}；

④ 改变励磁电流的方向，再次调节励磁电流使电子束聚焦，记录聚焦时的励磁电流 I_{d-}。

⑤ 极据式（3.60）和式（3.61）求出地磁场的磁感应强度水平分量 $B_{\parallel}$、地磁场的磁感应强度 B_d 大小和磁倾角 β。由于地磁场的磁感应强度较弱，故取约为 5×10^{-5} T。

注意：实验环境周围不应出现铁磁性金属物体，以避免对聚焦磁场的影响；加速电压不能太高，以便将正反聚焦励磁电流差异准确测出；聚焦励磁电流的调节应从"零"或最小开始调节，尤其是换向时应将励磁电流调至最小。

3.15.4 实验数据

1. 电子束的电偏转和磁偏转

（1）电偏转

记录电压 V_2 分别为 700V 和 900V 的条件下，不同 D 对应的 V_d 值，表 3.34 仅供参考。

表 3.34　实验数据 1

D/mm	V_d/V（当 V_2=700V 时）	V_d/V（当 V_2=900V 时）
5		
−5		
10		
−10		
15		
−15		
20		
−20		

（2）磁偏转

记录电压 U_2 分别为 700V 和 900V 的条件下，不同 D 对应的 I 值，表 3.35 仅供参考。

表 3.35　实验数据 2

D/mm	I/mA （当 V_2=900V 时）	I/mA （当 V_2=700V 时）
5		
−5		
10		
−10		
15		
−15		
20		
−20		

2．电子荷质比的测量

记录不同电压值下的 I_+、I_-、I、$\dfrac{e}{m}$，表 3.36 仅供参考。

表 3.36　实验数据 3

电流	电压			
	700V	800V	900V	1000V
I^+				
I^-				
I				
$\dfrac{e}{m}$				
平均 $\dfrac{e}{m}$				

3．测量地球磁场水平分量

记录 V_2=700 条件下的 I_-、I_+，表 3.37 仅供参考。

表 3.37　实验数据 4

电流	电压				
	电压为 700V				
I_-					
I_+					
$I_- - I_+$					
平均 $(I_- - I_+)$					
B					

4. 用手机传感器测量地磁场的水平分量（选做）

将手机水平放置，在水平面上旋转手机，找到磁场 X 轴或者 Y 轴的最大值，记为 B_{max}。继续旋转手机，找到对应磁场值的最小值并记为 B_{min}。磁场的水平分量 $B_{\parallel} = \dfrac{B_{max} - B_{min}}{2}$，多次测量取平均值。表 3.38 仅供参考。

表 3.38　用手机传感器测量地磁场水平分量

$B_{max}/\mu T$					
$B_{min}/\mu T$					
$B_{\parallel} = \dfrac{B_{max} - B_{min}}{2}$					

3.15.5　分析讨论

（1）电子束磁偏转和电偏转在机理上有何不同？

分析：参考实验原理，并理解、分析。

（2）在荷质比实验中，造成误差的主要因素有哪些？

分析：螺距的测量起点随不同的加速电压变化而变化；仪器的精度；人为因素：对聚焦状态的判断；示波管中不可能绝对的真空，会影响 μ 的取值；地磁场对测量结果有影响。

（3）在测量地球磁场水平分量实验中，有何改进的措施和建议？

分析：由于周围物体本身的磁场对实验有较大影响，故可采取周围不放置物体的措施进行改进，或者改进实验内容以提高精度。

（4）利用实验结论，能否设计一个磁力计？

分析：结合实验所得，自我思考并设计。

3.15.6　思考总结

本次实验的内容较多，包括电子束电偏转和磁偏转、测量电子的荷质比及测量地球磁场水平分量三个部分。

在理论分析中，应当理解相关结论推导的过程。例如，电子束磁偏转和电偏转在机理上有何不同，明确理论的推导对实验理解和操作有很大的帮助。当然，实验的设计不可能总是完美无缺的，对于地球磁场的实验步骤有什么可以改进的地方来提高实验的精度？这是值得思考的地方。

3.16　实验十六　光电效应

3.16.1　物理问题

光电效应是指在高于某特定频率的光照射下，某些金属物质内部的电子会被光子激发出来而形成电流，即光发生电的现象。光电效应的发现，在物理学发展史上具有重大而深远的意义，它拓展了人们对光本质的认识，并且为量子理论提供了直观的实验论证。

1887 年，德国物理学家赫兹用两套电极做电磁波的发射与接收实验，发现当紫外光照射在接收电极时，接收电极更容易放电。1899—1902 年，赫兹的助手勒纳系统地研究了光电效应，发现光电效应的实验结果无法用经典电磁理论来解释。1905 年，爱因斯坦在总结勒纳实验的基础上，结合普朗克的量子假说，提出了光量子假说，创立了爱因斯坦光电效应方程，成功地解释了光电效应的实验结果，并获得了 1921 年诺贝尔物理学奖。利用光电效应实验结合爱因斯坦光电效应方程，可以测出普朗克常数及不同光频率下的截止电压，并且精确度较高，能帮助我们直观地认识到光的量子性，同时对我们认识光的波粒二象性也有着较大的帮助，所以学习本次实验对认识光的本质及量子理论有着较大的帮助。

3.16.2　物理原理

1. 光电效应与用爱因斯坦方程测量普朗克常数

当用合适频率的光照射在某些金属表面上时，会有电子从金属表面逸出，这种现象叫作光电效应，从金属表面逸出的电子叫光电子。为了解释光电效应现象，爱因斯坦提出了"光量子"的概念，认为对于频率为 ν 的光波，每个光子的能量为

$$E = h\nu \tag{3.62}$$

其中，h 为普朗克常数，且 $h = 6.626 \times 10^{-34} \text{J·s}$。

按照爱因斯坦的理论，光电效应的实质是当光子和电子相碰撞时，光子把全部能量传递给电子，电子获得的能量，一部分用来克服金属表面对它的约束，其他的能量则成为该光电子逸出金属表面后的动能。爱因斯坦提出了著名的光电方程

$$h\nu = \frac{1}{2}mV_0^2 + W \tag{3.63}$$

其中，ν 为入射光的频率，m 为电子的质量，V_0 为光电子逸出金属表面的初速度，W 为被光线照射的金属材料的逸出功，$\frac{1}{2}mV_0^2$ 为从金属逸出的光电子的最大初动能。

由式（3.63）可见，入射到金属表面的光频率越高，逸出的电子动能必然也越大，所以即使阴极不加电压也会有光电子落入阳极而形成光电流。甚至当阳极电位比阴极电位低时，也会有光电子落到阳极，直至阳极电位低于某一数值时，所有光电子都不能到达阳极，光电流才为零。这个相对于阴极为负值的阳极电位 U_0 被称为光电效应的截止电压。

由此可知，有

$$eU_0 - \frac{1}{2}mV_0^2 = 0 \tag{3.64}$$

将式（3.63）代入式（3.64）则有

$$h\nu = eU_0 + W \tag{3.65}$$

由式（3.65）可知，若光电子能量 $h\nu < W$，则不能产生光电子。产生光电效应的最低频率是 $\nu_0 = \dfrac{W}{h}$，通常称 ν_0 为光电效应的截止频率。不同材料有不同的逸出功因而 ν_0 也不同。

由于光的强弱决定于光量子的数量，因此光电流与入射光的强度成正比。又因为一个电子只能吸收一个光子的能量，所以光电子获得的能量与光强无关，只与光子的频率成正比，将式（3.65）改写为

$$U_0 = \frac{h\nu}{e} - \frac{W}{e} = \frac{h}{e}(\nu - \nu_0) \tag{3.66}$$

式（3.66）表明，截止电压 U_0 是入射光频率 ν 的线性函数，当入射光的频率 $\nu = \nu_0$ 时 ，截止电压 $U_0 = 0$，没有光电子逸出。$k = h/e$ 是一个正常数，即

$$h = ek \tag{3.67}$$

图 3.71　实验原理图

由此可见，只要用实验方法做出不同频率下的曲线 $U_0 \sim \nu$，并求出此曲线的斜率，就可以通过式（3.67）求出普朗克常数 h，其中 $e = 1.60 \times 10^{-19} \text{C}$，是单个电子的电荷量。

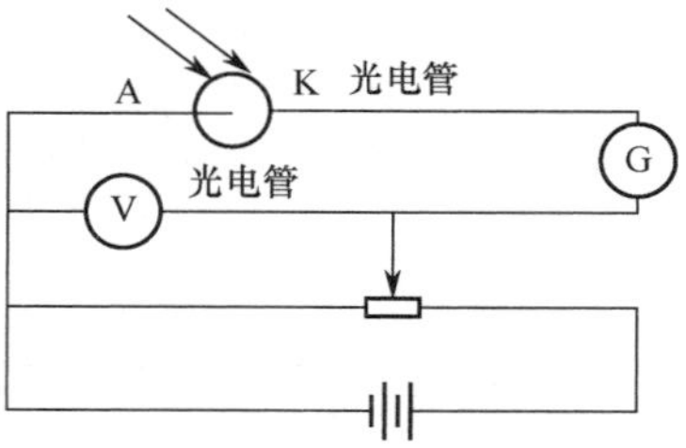

2．光电效应的伏安特性曲线

图 3.71 是利用光电管进行光电效应实验的原理图。

频率为 ν、强度为 P 的光线照射到光电管阴极上，即有光电子从阴极逸出。如在阴极 K 和阳极 A 之间加正向电压 U_{AK}，它使 K、A 之间建立起的电场对从光电管阴极逸出的光电子起加速作用，随着电压 U_{AK} 的增加，到达阳极的光电子将逐渐增多。当正向电压 U_{AK} 增加到 U_{max} 时，光电流达到最大，不再增加，此时即称为饱和状态，对应的光电流即称为饱和光电流。

由于光电子从阴极表面逸出时具有一定初速度，因此当两极间电位差为零时，仍有光电流 I 存在，若在两极间施加一个反向电压，则光电流随之减少，当反向电压达到截止电压时，光电流为零。

爱因斯坦方程是在同种金属做阴极、阳极，且阳极很小的理想状态下导出的。实际上，做阴极的金属逸出功比做阳极的金属逸出功小，所以实验中存在如下问题。

当光电管阴极没有受到光线照射时，也会产生电子流，称为暗电流。它是由电子的热运动和光电管管壳漏电等原因造成的。室内各种漫反射光射入光电管造成的光电流称为本底电流。暗电流和本底电流随着阴极 K 与阳极 A 之间电压大小变化而变化。

在制作光电管阴极时，阳极上也会被溅射有阴极材料，所以光入射到阳极上或由阴极反射到阳极上，阳极上也有光电子发射就形成阳极电流。由于阳极电流的存在，使得实际 I-U 曲线较理论曲线下移。

由于暗电流是由阴极的热电子发射及光电管管壳漏电等原因产生的，与阴极正向光电流相比，其值很小，并且基本上随电位 U 差呈线性变化，因此可忽略其对截止电位差的影响。阳极电流则对实验影响较大，可用零电流法处理。

3.16.3　实验方法

1．实验仪器

仪器结构图如图 3.72 所示。实验仪器包括 ZKY-GD-4 光电效应实验仪、微电流放大器、

光电管工作电源、光电管、滤色片、汞灯。

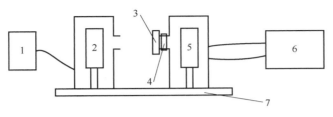

图 3.72　仪器结构图

1—汞灯电源；2—汞灯；3—滤波片；4—光阑；5—光电管；6—光电效应测试仪；7—基座

2．调整仪器

（1）连接仪器，接好电源，打开电源开关，充分预热（不少于 20 分钟）。

（2）在测量电路连接完毕后，且在没有给测量信号时，旋转"调零"旋钮进行调零。每更换一次量程，必须重新调零。

（3）取下暗盒光窗口遮光罩，换上 365nm 滤光片，取下汞灯出光窗口的遮光罩，装好遮光筒，调节好暗盒与汞灯的距离。

3．测量普朗克常数 h

（1）将电压选择按键开关置于 $-2\sim+2V$ 挡，将"电流量程"选择开关置于 A 挡。将测试仪电流输入电缆断开，调零后重新接上。

（2）将直径为 4mm 的光阑和 365.0nm 的滤色片装在光电管电暗箱输入口上。

（3）从高到低调节电压，用零电流法测量该波长对应的 U_0，并记录数据。

（4）依次换上 405nm、436nm、546nm、577nm 的滤色片，重复步骤（1）、（2）、（3）。

4．测量光电管的伏案特性曲线

（1）在暗盒光窗口装上 365nm 滤光片和 4mm 光阑，缓慢调节电压旋钮，令电压输出值缓慢由 $-2V$ 伏增加到 30V，每隔 1V 记一个电流值。但注意在电流值为零处记下截止电压值。

（2）在暗盒光窗口上换上 577nm 滤光片，仍用 4mm 的光阑，重复步骤（1）。

（3）选择合适的坐标，分别作出两种光阑下的光电管伏安特性曲线 U-I。

5．研究饱和电流与光通量、光强的关系

（1）当控制电压 $U = 30.0V$，波长分别为 365nm、436nm，$L = 400$nm 时，记录光阑孔分别为 2mm、4mm、8mm 时的电流。

（2）当电压 $U = 30.0V$，波长为 365nm，光阑孔为 4nm 时，记录距离 L 分别为 300nm、350nm、400mm 时的电流。

3.16.4 实验数据

1. 测量普朗克常数

将 4mm 的光阑和 365nm 的滤光片组装在光电管暗箱光输入口上，打开汞灯遮光盖。从低到高调节电压，观察电流值的变化，寻找电流为零时对应的 U_0 值，以其绝对值作为该波长对应的 U_0 值，测量数据可记录在表 3.39 中。

表 3.39 测量普朗克常数

波长/nm	频率 ν /×10^{14} Hz	截止电压 $|U_0|$/V	截止电压 U_0 /V
365			
405			
436			
546			
577			

2. 测量光电管的伏安特性曲线

（1）用 436nm 的滤色片和 2mm 的光阑，测量光电管的伏安特性曲线数据，测量数据记录在表 3.40 中。

表 3.40 测量光电管的伏安特性曲线数据 1

U_{AK}/V	$I/(×10^{-11}A)$	U_{AK}/V	$I/(×10^{-11}A)$	U_{AK}/V	$I/(×10^{-11}A)$	U_{AK}/V	$I/(×10^{-11}A)$

（2）用 436nm 的滤色片和 4mm 的光阑，测量光电管的伏安特性曲线数据，测量数据记录在表 3.41 中。

（3）用 436nm 的滤色片和 8mm 的光阑，测量光电管的伏安特性曲线数据，测量数据记录在表 3.42 中。

表 3.41　测量光电管的伏安特性曲线数据 2

U_{AK}/V	$I/(\times10^{-11}\text{A})$	U_{AK}/V	$I/(\times10^{-11}\text{A})$	U_{AK}/V	$I/(\times10^{-11}\text{A})$	U_{AK}/V	$I/(\times10^{-11}\text{A})$

表 3.42　测量光电管的伏安特性曲线数据 3

U_{AK}/V	$I/(\times10^{-11}\text{A})$	U_{AK}/V	$I/(\times10^{-11}\text{A})$	U_{AK}/V	$I/(\times10^{-11}\text{A})$	U_{AK}/V	$I/(\times10^{-11}\text{A})$

（4）用 546nm 的滤色片和 4mm 的光阑，测量光电管的伏安特性曲线数据，测量数据记录在表 3.43 中。

表 3.43　测量光电管的伏安特性曲线数据 4

U_{AK}/V	$I/(\times10^{-11}\text{A})$	U_{AK}/V	$I/(\times10^{-11}\text{A})$	U_{AK}/V	$I/(\times10^{-11}\text{A})$	U_{AK}/V	$I/(\times10^{-11}\text{A})$

（5）用 577nm 的滤色片和 4mm 的光阑，测量光电管的伏安特性曲线数据，测量数据记录在表 3.44 中。

表 3.44　测量光电管的伏安特性曲线数据 5

U_{AK}/V	$I/(\times10^{-11}A)$	U_{AK}/V	$I/(\times10^{-11}A)$	U_{AK}/V	$I/(\times10^{-11}A)$	U_{AK}/V	$I/(\times10^{-11}A)$

3．研究饱和电流与光通量、光强的关系

（1）当电压 $U = 30.0$V，波长为 365nm、436nm，$L = 400$nm 时，记录光阑孔分别为 2mm、4mm、8mm 时的电流，测量数据记录在表 3.45 中。

表 3.45　饱和电流与光通量光强的关系

光阑孔直径/mm	光阑面积/mm²	365nm$I/(\times10^{-10}A)$	波长=436nm$I/(\times10^{-10}A)$
2			
4			
8			

（2）当电压 $U = 30.0$V，波长为 365nm，光阑孔为 4nm 时，记录距离 L 分别为 300nm、350nm、400mm 时的电流，测量数据记录在表 3.46 中。

表 3.46　电流值

入射距离 L/mm	$I/(\times10^{-10}A)$
400	
350	
300	

3.16.5　分析讨论

（1）使实验结果产生误差的因素有哪些？

分析：造成实验结果存在误差的因素有很多，如接触电位差、暗电流和本底电流、反向电流及实验室的环境等因素都能对实验结果产生较大的影响。

（2）如何减小暗电流、本底电流对实验结果的影响？

分析：首先应该知道暗电流与本底电流产生的原因是什么，解决的方法包括线路接好后再调零微电流，遮光、控制实验室光线等方法。

（3）实验中如何验证爱因斯坦方程？

分析：在光电效应实验中发现，无论怎么增加光强，只要频率没有达到一定值就不会有电流。也就是说，光的能量在传输时，其基本能量的大小并不取决于光强而取决于频率。光强只能决定感应电流的大小，但是如果频率没有达到，那么导体就不会产生电流。

（4）如何利用拐点法来求截止电压？

分析：利用作图法，当某点曲线发生偏转时，该点即为所求点。

（5）在实验过程中，当光电流未达到饱和时，光强、光波长和光电流三者有什么关系？

分析：在光电流未达到饱和时，在光强相同的情况下，光的波长越短，光电流越大；在波长相同的情况下，光强越强，光电流越大。

3.16.6　思考总结

通过光电效应实验了解了光的量子性，找出不同光频率下的截止电压，帮助我们验证了爱因斯坦光电效应方程，并求出了普朗克常数。因为需要采集大量的数据来绘制伏安特性曲线，所以就要求在做实验时要有足够的耐心。另外，因为本实验是光学实验，所以仪器的稳定性和环境容易对实验造成较大的影响。实验过程中不需要对设备进行具体操作，但是要知道实验设备的大体结构分布以及如何调节实验设备。

在得到实验数据后对这些数据进行处理时，应分析所得到的图像，是否与理论推导相符合。采用拐点法来求得截止电压，如何选择合适拐点是减小误差的重要条件。在实验过程中，我们也发现暗电流、本底电流、反向电流和接触电位差对实验结果也有一定的影响，思考应该如何解决。如果最后的实验结果误差不大，那么需要对数据以及操作进行相关分析。

3.17　实验十七　等厚干涉

3.17.1　物理问题

等厚干涉是由平行光入射到厚度变化均匀、折射率均匀的薄膜上下表面而形成的干涉条纹。薄膜厚度相同的地方形成同条干涉条纹，故称等厚干涉（牛顿环和楔形平板干涉都属于等厚干涉）。牛顿环是一种用分振幅方法实现的等厚干涉现象，最早为牛顿所发现，所以叫牛顿环。在科学研究和工业技术上有着广泛的应用，如测量光波的波长，以及精确地测量长度、厚度和角度，检验试件表面的光洁度，研究机械零件内应力的分布及在半导体技术中测量硅片上氧化层的厚度等。而本实验使用到的测量仪器为读数显微镜。读数显微镜是光学精密机械仪器中的一种读数装置，适用于相关计量单位，工厂的计量室或精密刻度车间对分划尺或度盘的刻线进行对准检查和测定工作。

本实验将从以下三个问题进行探究：如何正确使用读数显微镜观察等厚干涉？如何利用等厚干涉原理计算微小物体的厚度或者直径？如何利用等厚干涉原理计算牛顿环的曲率半径？学生可以带着这些问题进行探究。

3.17.2　物理原理

1．等厚干涉原理

光的等厚干涉是利用透明薄膜的上下两表面对入射光依次反射，反射光相遇时发生的物理现象，干涉条件取决于光程差，光程差又取决于产生反射光的薄膜厚度，同一干涉条纹所对应的薄膜厚度相等，所以叫作等厚干涉。

当光源照射到一块由透明介质做的薄膜上时，光在薄膜的上表面被分割成反射和折射两束光（分振幅），折射光在薄膜的下表面反射后，又经上表面折射，最后回到原来的媒质中，在这里与反射光交叠，发生相干。只要光源发出的光束足够宽，相干光束的交叠区可以从薄膜表面一直延伸到无穷远。薄膜厚度相同处产生同一级干涉条纹，厚度不同处产生不同级干涉条纹。等厚干涉原理图如图 3.73 所示。

2．牛顿环原理

牛顿环示意图如图 3.74（a）所示，当一个曲率半径很大的平凸透镜的凸面放在一片平玻璃上时，两者之间就形成类似劈尖的劈形空气薄层，当平行光垂直地射向平凸透镜时，由于透镜下表面所反射的光和平玻璃片上表面所反射的光互相干涉，结果形成干涉条纹。如果光束是单色光，将观察到明暗相间的同心环形条纹；如光束是白色光，将观察到彩色条纹。这种同心的环形干涉条纹称为牛顿环。

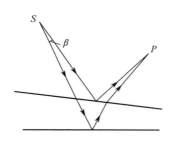 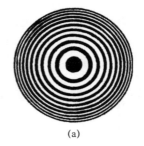 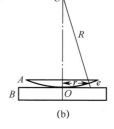

图 3.73　等厚干涉原理图　　　　　　图 3.74　牛顿环

本实验用牛顿环来测定透镜的曲率半径，如图 3.74（b）所示。设在干涉条纹半径 r 处空气厚度为 e，那么，在空气层下表面 B 处所反射的光线比在 A 处反射的光线多经过一段距离 $2e$。此外，两者反射情况不同，B 处是从光疏媒质（空气）射向光密媒质（玻璃）时在界面上的反射，A 处则从光密媒质射向光疏媒质时被反射，因为 B 处会产生半波损失，所以光程差还要增加半个波长，即

$$\delta = 2e + \lambda/2 \tag{3.68}$$

根据干涉条件，当光程差为波长整数倍时互相加强，当光程差为半波长奇数倍时互相抵消，因此从图 3.74（b）中可知

$$2e + \lambda/2 = k\lambda \qquad ——明环$$

$$2e + \lambda/2 = (2k+1)\lambda/2 \qquad ——暗环$$

由图 3.74（b）可知

$$r^2 = R^2 - (R - e) = 2Re - e^2 \tag{3.69}$$

因 R 远大于 e，且远小于 $2Re$，e^2 可忽略不计，于是有

$$e = \frac{r^2}{2R} \tag{3.70}$$

可求得明环和暗环的半径为

$$r^2 = \sqrt{(2k-1)R\lambda / 2}$$
$$r^2 = \sqrt{kR\lambda} \tag{3.71}$$

如果已知入射光的波长 λ，测出第 k 级暗环的半径 r，由式（3.71）即可求出透镜的曲率半径 R。

但在实际测量中，牛顿环中心不是一个理想的暗点，而是一个不太清晰的暗斑，无法确定出 k 值，又由于镜面上有可能存在微小灰尘，这些都给测量带来较大的系统误差。我们可以通过取两个半径的平方差值来消除上述两种原因造成的误差。假设附加厚度为 a，则光程差为

$$\delta = 2(e + a) + \frac{\lambda}{2} = \frac{(2k+1)\lambda}{2} \tag{3.72}$$

将式（3.72）代入式（3.71）得

$$r^2 = kR\lambda - 2Ra \tag{3.73}$$

取 m、n 级暗环，则对应的暗环半径为 r_m 和 r_n，由式（3.73）可得

$$r^2 = mR\lambda - 2Ra$$
$$r^2 = nR\lambda - 2Ra \tag{3.74}$$

由此可解得透镜曲率半径 R 为

$$R = \frac{r_m^2 - r_n^2}{\lambda(m - n)} \tag{3.75}$$

改用直径 d_m 与 d_n 可表示为

$$R = \frac{d_m^2 - d_n^2}{4\lambda(m - n)} \tag{3.76}$$

3. 利用劈尖干涉测量薄片厚度

劈尖干涉也是一种等厚干涉，其同一条纹是由劈尖相同厚度处的反射光相干产生的，其形状决定于劈尖等厚点的轨迹，所以是直条纹。与牛顿环类似，劈尖产生暗纹条件为

$$2e + \frac{\lambda}{2} = \frac{(2k+1)\lambda}{2} \tag{3.77}$$

与 k 级暗纹对应的劈尖厚度为

$$e = \frac{k\lambda}{2} \tag{3.78}$$

劈尖示干涉意图如图 3.75 所示，设薄片厚度 d，从劈尖尖端到薄片的距离为 L，相邻暗纹间距 ΔL，则有

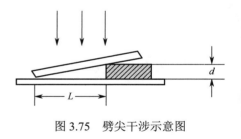

$$d = \frac{L}{\dfrac{\Delta L}{\lambda / 2}} \qquad （3.79）$$

图 3.75　劈尖干涉示意图

3.17.3　实验方法

1. 实验装置

牛顿环装置、劈尖、读数显微镜、钠光灯和电源等。

2. 实验操作

利用牛顿环测定透镜的曲率半径

（1）打开钠光灯电源，利用自然光或灯光调节牛顿环装置，均匀且很轻地调节装置上的三个螺丝，使牛顿环中心条纹出现在透镜正中间，无畸变，并且为最小光斑。

（2）前后左右移动读数显微镜，轻轻转动镜筒上的 45° 反光玻璃，使钠光灯正对 45° 玻璃。直至眼睛看到显微镜视场较亮，且呈黄色。

（3）把牛顿环装置放在读数显微镜的物镜下，将显微镜筒放至最低，然后慢慢升高镜筒，看到条纹后，来回轻轻微调，直到在显微镜整个视场都能看到非常清晰的干涉条纹，观察并解释干涉条纹的分布特征。

（4）测量牛顿环的直径。转动目镜看清目镜筒中的叉丝，移动牛顿环装置，使十字叉丝的交点与牛顿环中心重合，移动测微鼓轮，使叉丝交点都能准确地与各圆环相切，这样才能正确无误地测出各圆环直径。

在测量过程中，为了避免转动部件的螺纹间隙产生的空程误差，要求转动测微鼓轮使叉丝超过右边第 33 环，然后倒回到第 30 环开始读数（注意：在测量过程中不可倒回，以免产生误差）。在转动鼓轮过程中，每个暗环读一次数，记下各次对应的标尺数据 X，第 20 环以下，由于条纹太宽，不易对准，不必读数。这样，在牛顿环两侧可读出 20 个位置（环中心两侧各 10 个位置）的数据，由此可计算出从第 21 环到第 30 环的 10 个直径，即 $d_1 = |X_1 - X_2|$，X_1, X_2 分别为同一暗环直径左右两端的读数。这样一共 10 个直径数据，根据 $m - n = 5$，可配成 5 对直径平方之差，即 $d_m^2 - d_n^2$。

将叠在一起的两块平板玻璃的一端插入一个薄片或细丝，则两块玻璃板间即形成一个空气劈尖，当用单色光垂直照射时，与牛顿环一样，在劈尖薄膜上下两表面反射的两束光也将发生干涉，呈现出一组与两玻璃板交接线平行且间隔相等、明暗相间的干涉条纹，这也是一种等厚干涉。利用劈尖干涉测定微小厚度或细丝直径的步骤如下。

① 将被测薄片或细丝夹于两玻璃板之间，用读数显微镜观察劈尖干涉的图像。

② 测量 10 个暗纹间距，进而得出两暗纹的间距 ΔL。

③ 测量劈尖两块玻璃板交线到待测薄片或细丝的间距 L，至少测量 5 次。

3.17.4　实验数据

1．数据记录

本次实验需要测量的数据包括：不同暗纹条数读数显微镜的示数、牛顿环条纹读数、牛顿环读数显微镜读数。读者可根据所需要测量的数据自行设计数据记录表格，以下表格仅供参考。

（1）测量劈尖细丝厚度，将测量数据记录在表 3.47 中。

表 3.47　劈尖细丝厚度

暗纹条数	1	2	3	4	5	6	7	8	9	10
L_i /mm										
ΔL_i /mm						$\overline{\Delta L}$				

（2）测量牛顿环的数据，并将其记录在表 3.48 中。

表 3.48　牛顿环的测量

m	n	X_1/cm	X_2/cm	$d_i = \mid X_1 - X_2 \mid$/cm	d_i^2/cm^2	$(d_m^2 - d_n^2)$/cm^2	R/cm
30	25						
29	24						
28	23						
27	22						
26	21						
平均值							

2．数据分析

（1）劈尖数据分析

利用逐差法（减小误差）计算测量数据的不确定度，再根据公式 $d = \dfrac{L}{\dfrac{\Delta L}{\lambda}} \cdot \dfrac{}{2}$ 计算可得细丝的直径和不确定度。

（2）牛顿环数据分析

利用逐差法处理牛顿环数据，并计算不确定度，再根据公式 $R = \dfrac{d_m^2 - d_n^2}{4\lambda(m-n)}$ 计算牛顿环的半径和不确定度。

3.17.5　分析讨论

（1）牛顿环干涉条纹一定会是圆环形状吗？其形成的干涉条纹定域在何处？

分析：可以从干涉条纹是如何形成的，以及干涉条纹形成的公式等方面入手进行分析。

（2）从牛顿环仪透射出到环底的光能形成干涉条纹吗？如果能形成干涉环，则与反射光形成的条纹有何不同？

分析：透射光和反射光的干涉环是互补的。干涉环可以根据光程差公式来确定，但原因是反射光存在半波损失，而透射光不存在半波损失，这样其光程差就相差一个 $\lambda/2$（也就是相位差为 π）。反射干涉条纹是亮纹的地方对应的投射干涉条纹是暗纹，原因在于光从光疏介质射到光密介质，会在界面上发生反射，此时是有半波损失的，透射则没有。

（3）实验中为什么要测牛顿环直径，而不测其半径？

分析：半径 R 只与测定各环的环数差有关，故无须确定各环级数。显微镜是用来读环数的，在计算中可将零误差消去。注意，十字叉在移动过程中必须平行移动。

（4）实验中为什么要测量多组数据且采用逐差法处理数据？

分析：可从仪器的精密程度及误差方面分析，逐差法能够减小误差。

3.17.6　思考总结

本次实验是依据实验原理进行的验证性实验，也是一个科学严谨的光学原理的论证实验。由于涉及到光的干涉，因此微小的失误可能会带来巨大的误差，如实验过程不严谨，可能会导致观测不到现象，或现象不明显，这将直接导致实验的失败。

因此，将就实验的过程、结果、方法、装置及误差分析进行详细而周到的总结。

1．实验方法

（1）本次实验使用近似法将极小量忽略.

（2）本次实验使用多次测量取平均值的方法计算劈尖，可以平衡读数时产生的误差，使测量数据更加精准。

2．实验装置及过程

（1）当牛顿环的中心处于凸透镜和平面镜的最近距离且为半波长的整数倍时，牛顿环的中心是暗的。当牛顿环的中心处于凸透镜和平面镜的最近距离且为四分之一波长的奇数倍时，牛顿环的中心是亮的。

（2）若在一开始时牛顿环中心是亮斑不是暗斑，则将会对本次实验造成影响。为了保证凸透镜上表面与平玻璃平行，凸透镜必须要与平玻璃接触并用支架固定。假如牛顿环的中心不是亮斑，则凸透镜没有与平玻璃接触，凸透镜上表面不一定与平玻璃平行。

（3）若在实验中测量各个直径时，十字刻线交点未通过圆环中心，对本次实验无影响. 因为虽然十字刻线交点未通过圆环中心，但是只要记录每个圆环的最左边和最右边的位置，并将两者相减，得到的就一定是圆环的直径。

3. 误差分析

（1）在用读数显微镜读数时，容易因读不准而产生误差；

（2）在用读数显微镜过程中，只能单方向前进，不能中途倒回再前进，避免出现空程的情况。

4. 相关实验展望

本次实验结束后，还进行了相关实验的探讨，例如，如何使用牛顿环进行未知的光的波长测量。这里给出了一个较好的实验方法，有兴趣的学生可以试一试，即用已知波长的光照射牛顿环，测量第 21～30 环的位置数据，求出牛顿环透镜的曲率半径，再用未知波长的光照射牛顿环，测量第 21～30 环的位置数据，便可求出未知光波的波长。

3.18　实验十八　迈克尔逊干涉仪

3.18.1　实验问题

迈克尔逊曾用迈克尔逊干涉仪做了三个闻名于世的实验：迈克尔逊-莫雷实验、推断光谱精细结构、用光波长标定标准米尺。迈克尔逊在精密仪器及用这些器进行光谱学和计量学方面的研究工作上做出了重大贡献，他荣获 1907 年诺贝尔物理奖。迈克尔逊干涉仪设计精巧、用途广泛，是许多现代干涉仪的原型，它不仅可用于精密测量长度，还可用于测量介质的折射率、测定光谱的精细结构等。

以太是经典物理学中的重要假说，迈克尔逊为了测量以太的漂移速度设计出迈克尔逊干涉仪，而迈克尔逊-莫雷实验的结果意味着经典物理时空观的终结和全新的现代物理时空观的建立，今天人们重新认识该实验，对深入理解爱因斯坦的相对论有重要意义。迈克尔逊干涉仪在光学实验中是一个比较重要的仪器，学生需要了解迈克尔逊干涉仪的结构，学习如何调节和使用干涉仪，熟练掌握如何使用干涉仪来测得单色光的波长。

3.18.2　物理原理

1. 迈克尔逊干涉仪结构及原理

迈克尔逊干涉仪原理图如图 3.76 所示。迈克尔逊干涉仪是 1883 年美国物理学家迈克尔逊和莫雷合作，为研究以太漂移实验而设计制造出来的精密光学仪器。利用该干涉仪可以高度准确地测定微小长度、光的波长、透明体的折射率等。后人利用该干涉仪的原理，研究出了多种专用干涉仪，这些干涉仪在近代物理和近代计量技术中被广泛应用。

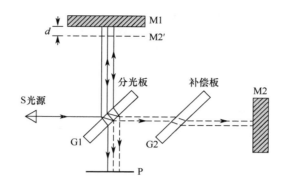

图 3.76　迈克尔逊干涉仪原理图

迈克尔逊干涉仪是利用分振幅法产生双光束以实现干涉的。通过调整该干涉仪，可以产生等厚干涉条纹，也可以产生等倾干涉条纹，主要用于长度和折射率的测量。若观察到的干涉条纹移动一条，则平面镜 M1 的动臂移动量为 $\frac{\lambda}{2}$，等效于 M1 与 M2 的像之间的空气膜厚度改变 $\frac{\lambda}{2}$。

S 为光源，P 为观察屏，G1、G2 为材料厚度相同的平行板，G1 为分光板，其后表面为镀银的半透半反膜，以便将入射光分成振幅近乎相等的反射光和透射光。G2 为补偿板，它补偿了反射光和透射光的附加光程差。M1、M2 是相互垂直的平面反射镜，M2′ 是 M2 的虚像。这两束光波分别在 M1、M2 上反射后逆着各自入射方向返回，最后都到达 P 处，形成干涉条纹。

移动 M1，改变干涉间距，可观察到干涉条纹随之改变。当两平面反射镜之间距离增大时，中心就"吐出"一个个圆环；当距离减少时，中心就"吞进"一个个圆环。

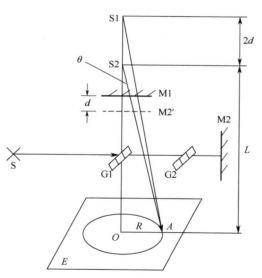

图 3.77　由点光源产生的非定域干涉

2. 由点光源产生的非定域干涉

由点光源产生的非定域干涉计算示意图如图 3.77 所示，一个点光源 S 产生的光束经 M1 和 M2′ 反射后产生的干涉现象，相当于沿轴向分布的两个虚光源 S1′、S2′ 所产生的相干光发出的球面波在相遇空间处处相干，所以观察屏放入光场叠加区的任何位置处，都可观察到形状不同的干涉条纹，称这种条纹为非定域干涉条纹。

干涉条纹的光程差为

$$\delta = S1A - S2A = \sqrt{(L+2d)^2 + R^2} - \sqrt{L^2 + R^2} \tag{3.80}$$

由于 $L \gg d$，将式（3.80）级数展开，并略去高阶无穷小项，可得

$$\delta = \frac{2dL}{\sqrt{L^2 + R^2}} = 2d\cos\theta = \begin{cases} k\lambda & ,k=1,2,3\cdots\text{明条纹} \\ (2k+1)\lambda/2, & k=0,1,2,\cdots\text{暗条纹} \end{cases} \quad (3.81)$$

式中 k 称为干涉级次。因为相同入射角的入射光具有相同的光程差，所以干涉图样是由一组同心明暗相间的圆环组成的，由点光源产生的等倾干涉条纹如图 3.78 所示。

若中心处（$\theta = 0$）为明条纹，则

$$\delta_1 = 2d_1 = k_1\lambda \quad (3.82)$$

若改变光程差，使中心仍为明条纹，则

$$\delta_2 = 2d_2 = k_2\lambda \quad (3.83)$$

那么可得

$$\Delta d = d_2 - d_1 = \frac{1}{2}(\delta_2 - \delta_1) = \frac{1}{2}(k_2 - k_1)\lambda = \frac{1}{2}\Delta k\lambda \quad (3.84)$$

由此可见，只要测出迈克尔逊干涉仪中 M1 移动的距离 Δd，并数出相应的"吞吐"环数 Δk，就可求出 λ，即

$$\lambda = \frac{2\Delta d}{\Delta k} \quad (3.85)$$

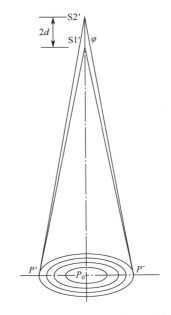

图 3.78　由点光源产生的等倾干涉条纹

3.18.3　实验方法

1. 调整迈克尔逊干涉仪

（1）移动迈克尔逊干涉仪，使激光投射到分光镜 P1 和反光镜 M1、M2 的中部，使激光束初步与 M2 垂直，并且可以观察到一束光按原路返回。调节粗动手轮，使活动镜大致移至导轨 30mm 刻度处，调节倾度微调螺丝，使其拉簧松紧适中。

（2）在光屏上可以观察到由 MI、M2 反射回来的两排亮点，调节反射镜 M1、M2 背面的三个螺丝，使两排反射光中最亮的两个点重合，此时 M1、M2 大致垂直。

（3）在激光管和分光板中间加上一个扩束镜，调节倾度微调螺丝，能在光屏上看到一组弧形干涉条纹。仔细调节后，弧形干涉条纹会变成圆形。

（4）转动微调手轮，使 M2 前后移动，可以观察到干涉条纹冒出或缩进。当 M2 移动时，仔细观察条纹的粗细疏密与移动距离的关系。

在实验过程中需要注意以下内容。

（1）在转动微动手轮时，粗动手轮随之转动；但在转动粗动手轮时，微动手轮并不随之转动，因此在读数前必须调整零点。

（2）为了使测量结果正确，必须避免引入空程，在调整好零点后，应将手轮按原方向转几圈，直到干涉条纹开始均匀移动后，才可测量。

（3）绝对不许用手触摸各光学元件，也不许用任何东西擦拭各个光学元件。

（4）激光不能直射眼睛。观测实验现象，觉得眼睛累了，可以休息一会，再进行观测。

在调节仪器过程中，可能会出现无条纹，条纹密度大，圆心不在屏中央等现象。以上这些问题，可以通过以下操作解决。

（1）两排亮点没有完全重合，调节反光镜背面的螺丝使其重合。

（2）调节粗调手轮，减小光程差，令条纹缩进，剩下十个左右干涉环。

（3）调节固定反射镜背后螺丝，直到圆心移进屏幕中间。

2．测量氦氖激光的波长

在测量波长前，先按以下步骤校准手轮刻度的零位：先以逆时针方向转动手轮，使读数准线对准零刻度，再以逆时针方向转动粗动手轮，使其对准某个刻度。也可以都以顺时针方向转动，但是测量时的转动方向应该与校准时的方向保持一致。在仪器调整完毕后，旋转微调手轮，在中心条纹开始缩进（或冒出）几次时，记下此时读数，再继续沿刚才方向转动手轮，待条纹缩进（或冒出）20 次时，停止转动，记录此时移动反射镜位置，连续测量10 次。

3.18.4 实验数据

测量氦氖激光波长（吐圈），将测量数据记录在表 3.49 中。

表 3.49 测量氦氖激光波长（吐圈）   吐圈数 $\Delta n = 20$

序号	1	2	3	4	5	6
间距 Δd /mm						

测量氦氖激光波长（吞圈），将测量数据记录在表 3.50 中

表 3.50 测量氦氖激光波长（吞圈）   吐圈数 $\Delta n = 20$

序号	1	2	3	4	5	6
间距 Δd /mm						

3.18.5 分析讨论

（1）实验结果还存在一定误差，请分析造成实验误差的因素有哪些？

分析：存在一些人为误差，如记录吞吐圈数有误，桌面有抖动，仪器存在空程差。

（2）虽然两个光点重合，但没有干涉现象，请分析原因。

分析：两束光并没有达到等光程的要求，可能是激光传播并不在同一水平面上，可以通过调节光阑的位置来改善。

（3）未加聚焦透镜前两光点重合，加了聚焦透镜后重合点消失，这是为什么？

分析：可能是因为光线并未通过透镜的中心而发生了折射，造成光路偏折。

（4）当使用非单色光（如白光）作为光源时，为什么要加补偿片？

分析：对于非单色光，不同色光的折射率不同、波长也不同，所以通过调节 M1、M2 的位置不能达到等光程的目的。

3.18.6　思考总结

迈克尔逊干涉仪的实验主要目的是学习和了解迈克尔逊干涉仪的原理和结构，帮助学生熟练掌握干涉仪的使用方法。在实验过程中，调节仪器十分重要，光学实验对于熟练掌握仪器的使用方法要求较高。如果仪器没有调好，最后的实验结果也不会太好，甚至无法出现实验现象。而调好仪器就要求了解仪器的结构和光路图，明白产生干涉的条件，这样才能明确如何对仪器进行准确调控，得到理想的实验结果。实验操作比较烦琐，需要仔细计算仪器的吞吐圈数，这对于后续结果的精确程度有着较大的关系。得到的光圈应当大小适中，且光亮明显，这样呈现出来的实验效果也最明显。这个实验只是第一步，后面还有许多实验要使用到干涉仪，应当学会从整体观察光路，从结果逆推仪器摆放是否有误，熟练掌握用迈克尔逊干涉仪测量单色光波长，当然也希望学生能够课后多阅读文献，了解更多关于迈克尔逊干涉仪的使用用途和有关知识。

3.19　实验十九　分光计调节及三棱镜玻璃折射率的测定

3.19.1　物理问题

分光计是使光按波长分散，并且能用于光学测量的仪器，一般由准直管、棱镜台和望远镜三种主要部件构成，可用于测量波长、棱镜角、棱镜材料的折射率和色散率等。三棱镜折射率色散测量是指通过对棱镜在不同波长下的折射率测定的，运用最小二乘法进行非线性拟合，得到相应的色散公式。测量方法为：在可见光区内，以汞灯所产生的已知各主要光谱线波长，利用分光计采用最小偏向角法测量棱镜对已知不同波长光的折射率，然后对色散关系进行非线性拟合。

折射率是一个光学常数，是反映透明介质材料光学性质的一个重要参数。在生产和科学研究中，往往需要测定一些固体和液体的折射率。测定透明材料折射率的方法很多，其中最小偏向角法和全反射法（折射极限法）是比较常用的两种方法。最小偏向角法具有测量精度高、所测折射率的大小不受限制等优点。但是，要将被测材料制成棱镜，而且对制棱镜的技术条件要求高。全反射法属于比较测量，该方法的缺点为测量准确度较低，被测折射率的大小受限制，并且要将固体材料制成试件；优点为操作方便迅速，对环境条件要求低。

3.19.2　物理原理

1.　分光计的结构

分光计的结构示意图如图 3.79 所示。分光计是一种能观察和精确测量光线的光学仪器，光学中的许多基本量（如波长、折射率等）都可以通过测量光线的偏转角计算得到。分光计主要由以下五大部分组成。

（1）底座：是整个分光仪的支架。

（2）平行光管：用于获得平行光。

（3）望远镜：用于观察平行光，并对光进行测量。

（4）载物台：用于放置光学零件。

（5）读数装置：用于测量望远镜相对于载物平台的方位角。

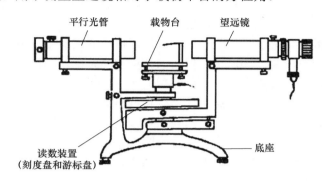

图 3.79　分光计的结构示意图

2．分光计的调节

（1）调节分光计的要求：使望远镜聚焦于无穷远；平行光管发出平行光；望远镜和平行光管的光轴与仪器的中心轴垂直。

（2）目测粗调：用目测方法进行粗调，使望远镜平行光管和载物平台大致垂直于中心轴。

（3）望远镜的调整：包括目镜调焦和望远镜调焦。

望远镜目镜调焦的目的是：使分划板处于望远镜目镜的焦平面上。调节目镜焦距的方法是：旋转目镜调焦手轮，调节目镜与分划板之间的距离。

调好目镜焦距的特征是：通过目镜能清晰观察到分划板上的双十字线。

3．三棱镜折射率色散测量

如图 3.80 所示，一束单色光以角入射到 AB 面上，经棱镜两次折射后，从 AC 面射出来，出射角为 i_2'。入射光和出射光之间的夹角 δ 称为偏向角。当棱镜顶角 A 一定时，偏向角 δ 的大小随入射角的变化而变化，而当 $i_1 = i_2'$ 时，δ 为最小。这时的偏向角称为最小偏向角，记为 $\delta_{\min}$。

由图 3.80 可以看出

$$i_1' = \frac{A}{2}$$

$$\frac{\delta_{\min}}{2} = i_1 - i_1' = i_1 - \frac{A}{2}$$

$$i_1 = \frac{(\delta_{\min} + A)}{2} \tag{3.86}$$

设棱镜材料折射率为 n，则

$$\sin i_1 = n \sin i_1' = n \sin \frac{A}{2} \tag{3.87}$$

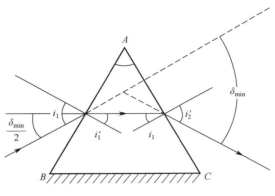

图 3.80　光线经过三棱镜的光路

故

$$n = \frac{\sin i_1}{A} = \sin \frac{(\delta_{\min} + A)}{2} \tag{3.88}$$

由此可知，若要求棱镜材料的折射率 n，则须测出其顶角 A 和最小偏向角。

3.19.3　实验方法

1. 三棱镜折射率色散的测量

（1）调节分光计：目测粗调（望远镜、准直管等高共轴），用自准法调整望远镜，调整准直管。

（2）使三棱镜光学侧面垂直于望远镜光轴：调节载物台上的上下台面大致平行，将棱镜放到载物台上，使棱镜三边与台下三螺钉的连线所成的三边互相垂直；接通目镜光源，遮住从平行光管来的光。转动载物台，在望远镜中观察从侧面 AC 和 AB 反射回来的十字像，只调节台下三螺钉，使其反射像都落到上十字线处，调节时，不要动螺钉；调节每个螺钉时要轻微，要同时观察它对各侧面反射像的影响。调整好后的棱镜，其位置不能再动。

（3）测三棱镜顶角 A：固定望远镜和刻度盘。转动游标盘，使镜面 AC 正对望远镜。记下游标 1 的读数和游标 2 的读数。再转动游标盘，使 AB 面正对望远镜，记下游标 1 的读数和游标 2 的读数，同一个游标两次读数之差，既是载物台转过的角度，又是角 A 的补角。

（4）测量三棱镜最小偏向角的原理图如图 3.81 示。测量三棱镜最小偏向角的步骤如下。

① 平行光管狭缝对准前方汞灯的光源。

② 旋松望远镜制动螺丝和游标盘制动螺丝，把载物台及望远镜旋转至图 3.81 中的位置（1）处，再左右轻轻转动望远镜，找出棱镜出射的各种颜色的汞灯光谱线（各种波长的狭缝像）。

③ 轻轻转动载物台，在望远镜中将看到谱线跟着动。改变入射角，应使谱线往入射角减小的方向移动（向顶角 A 方向移动）。望远镜要跟踪光谱线转动，直到棱镜继续转动，而谱线开始要反方向移动（即偏向角反而变大）为止。这个反方向移动的转折位置就是光线以最小偏向角射出的方向。固定载物台，再使望远镜微动，使其分划板上的中心竖线对准

其中那条绿谱线（或其他要测量的谱线）。

④ 测量记下此时两游标处的读数。取下三棱镜，转动望远镜并对准平行光管，即图 3.81 中（2）的位置，以确定入射光的方向，再记下两游标处的读数。此时得到绿谱线的最小偏向角将该值和测得的三棱镜顶角 A 的平均值代入式（3.88）计算 n。

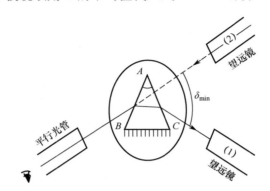

图 3.81　测量三棱镜最小偏向角的原理图

2．用分光计测量液体折射率

（1）调节分光计：目测粗调（望远镜与准直管等高且共轴）；用自准法调整望远镜；调整准直管。

（2）测量液体折射率的原理图如图 3.82 所示，其具体步骤如下。

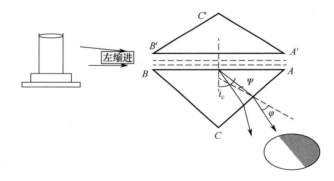

图 3.82　测量液体折射率

① 用滴管在棱镜表面滴入一到两滴水，使其均匀分布，贴在毛玻璃上。

② 转动望远镜，使明暗区域的分界线与望远镜的双十字叉丝的竖直线重合，记录两游标的读数 V_1 和 V_2

③ 再转动望远镜，利用自准法，测出 AC 面的法线方向（即使望远镜的光轴垂直于 AC 面），记录相应的两游标读数 V_1' 和 V_2'。则极限角为

$$\Psi = 1/2 \left[\left| V_1' - V_1 \right| + \left| V_2' - V_2 \right| \right] \qquad (3.89)$$

④ 重复测量 5 次，记录实验数据，求出 Ψ 的平均值。

⑤ 根据数据处理方案求出液体折射率。

3.19.4　实验数据

1．数据记录

本实验需要测量的数据包括：三棱镜顶角和钠光灯的最小偏向角。

学生可根据需要自行设计记录测量数据的表格，表 3.51、表 3.52 和表 3.53 仅供参考。

表 3.51　三棱镜顶角的测量数据

望远镜位置	测量序号	1	2	3	4	5	平均值
T_1	游标（ϕ_1）						
	游标（ϕ_2）						
T_2	游标（ϕ_1'）						
	游标（ϕ_2'）						

表 3.52　钠光灯的最小偏向角测量数据

望远镜位置	测量序号	1	2	3	4	5	平均值
T_1	游标（θ_1）						
	游标（θ_2）						
T_2	游标（θ_1'）						
	游标（θ_2'）						

表 3.53　液体折射率的测量数据表

测量次数		1	2	3	4	5	$\bar{x}$
明暗线	I						
	II						
十字像	I						
	II						

2．数据分析

分别计算三棱镜顶角 A、钠光灯的最小偏向角的不确定度，先计算平均值，再计算标准偏差，以及 A 类分量和 B 类分量，根据此方法即可计算不确定度。

3.19.5　分析讨论

（1）望远镜的光轴与分光计转轴垂直的判断依据是什么？

分析：当借助平面镜调节望远镜，使其光轴与分光计主轴垂直时，如果观察到平面镜反射回来的绿十字像后，还需要将载物台旋转 90° 后再调节一次，直到都能看到绿十字像为止。这是由于一条直线不能确定一个平面，只有两条直线才能确定一个平面。只有两个位置都调节好了，才能确定载物平台是否为水平。

（2）当借助于平面镜调节望远镜，使其光轴与分光计主轴垂直时，为什么要使载物平台旋转 180°？

分析：因为有时我们能在平面镜一反射面看到十字叉丝像和叉丝重合，但在平面镜的另一反射面见不到十字叉丝像和叉丝重合，此时的望远镜光轴与仪器转轴是不垂直的，所以我们要使载物台旋转 180°。

3.19.6　思考总结

1. 对实验结果的评价（误差及其来源分析）

（1）实验系统存在的误差

实验系统本身存在的误差主要是指仪器方面的。例如，在上述的改进方法中，将平面镜贴着三棱镜进行观察。在这里就需要三棱镜在做工上面要保证镜面平整，以及三棱镜与载物台之间成 90° 直角。并且平面镜也需要满足一样的要求才能代替三棱镜的镜面。三棱镜与平面镜之间不能有任何空隙及角度。

（2）调节方法带来的误差

在调节过程中，首先需要目测望远镜的平行程度，望远镜的平行程度也会带来误差。需要通过望远镜观察反射像的对称情况，同样通过目测导致误差存在。

（3）读数带来的误差

由于分光计是采用游标卡尺进行读数的，因此在游标分度与主尺上分度对准时的选择肯定会带来一定的误差。

（4）计算产生的误差

在计算过程中，由于需要进行各种估算和近似，因此计算也会带来一部分误差。

本实验结果与理论值基本符合，其误差来源主要是系统误差。

2. 根据装置特点对实验方法进行评价、总结——载物台优先调节法

分光计调节的难点在于望远镜的倾角调整、载物台的调整及其粗调环节。在进行本实验之前，首先进行了相关资料的查阅，找到了很多解决方法，如前后倾法、一看二调法、水准仪法等。在实验过程中，发现有一种方法的可行性更强，也更加方便，即根据载物台和望远镜偏离正常位置时的像位置特征，优先调节载物台，然后调节望远镜倾角的方法。该方法避免了细调环节中十字像容易被调出视野的问题，同时该方法也适用于粗调环节，能解决粗调时目测粗估调好但在望远镜中仍看不到绿十字像的问题。以望远镜倾角及载物台的细调为例，当载物台旋转 180°，来自双面镜的反射十字像能两次到达望远镜分划板时，望远镜倾角及载物台台面的调节通过望远镜观察完成，该过程称为细调。

3. 对实验方法的创新性改进——利用智能手机辅助实验

随着网络技术和通信技术的不断发展，智能手机已经是集通信、网络、娱乐、生活、学习、工作多种服务于一体的综合性个人手持终端设备。在线视频、网上查找和下载相关知识与学习资料，提高了学习的积极性和有效性。可利用智能手机拍照功能来做课堂笔记，极大地提高了笔记的准确性和完整性。在理论学习的指导下，结合分光计实验的特点，可以开发面向移动学习的分光计实验教学资源，让学生在课堂上利用智能手机进行学习，辅助实验教学。在本实验粗调过程中，具体操作如下。

粗调首先要目测望远镜及平行光管的倾斜程度，然后调节望远镜和平行光管下方的螺钉，改变其俯仰角度，使其处于同一条水平直线。其次对载物平台进行调节。这一步采用手机来进行调节，学生在使用过程中关注手机屏幕中的气泡位置和 XY 轴数据来判断载物台是否水平。其原理为手机中水平仪通过获取手机中陀螺仪数据，并对数据加以处理后再将数据可视化，学生在对载物台调平时，可直接观察手机屏幕反馈的数据和屏幕中的气泡。使手机处于载物台的中央位置，只需观察手机处于水平则气泡在中央，且 XY 数据为零，则可判断载物平台水平。若气泡不在中央，则调节载物台下面的三颗螺丝，使气泡在中央且 XY 轴数据均为零。

4. 实验拓展

可开展的分光计实验还有很多，例如，基于夫琅和费衍射理论的波动光学实验和基于费马原理的几何光学实验。这两个实验都是综合性实验，将不同的物理原理、概念和方法与分光计的基本功能和结构单元巧妙地融合。通过综合使用阿贝准直望远镜、载物台、准直仪、各种光源及待测光学仪器可实现对光线偏转角、待测光学样品折射率和光波波长等多个物理参量的测量和物理现象的观察。灵活设计这些实验项目，并分层开展实验研究内容，不仅有助于深刻理解分光计的结构并熟悉分光计的基础调控技巧，掌握分光计角位移测量功能在物理实验中的运用。分光计的相关实验原理还可以加深学生对光学的基本概念和相关知识的理解；帮助学生熟知光学实验的操作特点，锻炼学生的动手能力，从而提高学生获取新知识和协同创新的能力。

3.19.7 实验资源

实验仪器结构部件图和结构示意图分别如图 3.83 和图 3.84 所示。

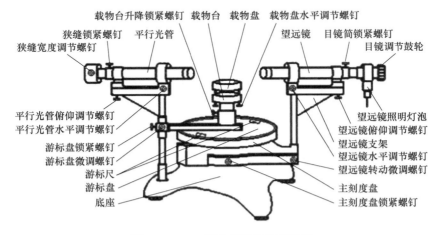

图 3.83 JJY1 型分光计结构部件图

1. 望远镜

望远镜是为了观察和确定平行光束的方向而设置的，它由物镜、叉丝（即分划板刻线）和目镜（一般采用自准目镜高斯和阿贝两种）组成，各部分之间的距离是可以调节的。为了观察平行光，需使望远镜聚焦于无穷远处，也就是使叉丝平面与物镜的焦平面重合，使观察者从目镜中清晰而无视差地看见叉丝和平行光的像。

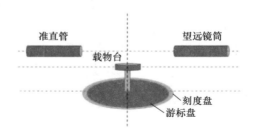

图 3.84　JJY1 型分光计基本结构

2．平行光管

平行光管是将待测的光变成平行光，并且是装校调整光学仪器的重要工具，它由一个缝宽大小可调的透光狭缝和汇聚目镜（一个凸透镜）构成，目镜为复消色差透镜，因为光源常为复色光（如高压汞灯），故需消去色差影响。它的光轴垂直于仪器的转轴，能发出平行光。透光狭缝和汇聚目镜两者分别安装在可伸缩套管的两端。当狭缝被调至透镜的焦平面处时，由狭缝入射的光经透镜出射时便成平行光束。平行光管被安装在分光计底座的立柱上，并设有调节倾角和偏角的调整螺钉和固定螺钉，可以用来调整或固定平行光管的方位。

3．载物台

载物台是用来放置待测器件的，为放置光路元件而设置的，它由三个调平螺钉和一块圆板构成，其上附有夹物弹簧。夹物弹簧的支杆借助于一个小螺钉而垂直地固定在小圆板边缘，松开小螺钉时，可改变支杆露出台面的高度。其中，下方的三个螺钉形成一个正三角，用来调节分光元件的方位。

实验室所采用的是 JJY1 型分光计，经查阅资料，其他各种型号的分光计，其设计原理也大致基本相同，下面主要介绍 JJY1 型分光计，基本结构如图 3.82 所示，其工作原理为：实验光源照射到平行光管的狭缝上，其光线经平行光管后成为平行光，平行光照射到载物台上的样品后，经样品反射、折射或衍射发生偏转，转动望远镜跟踪接并收偏转。

望远镜主轴绕中心转轴转过角度即为平行光的偏转角度。这一偏转角度的测量和读取通过匹配的刻度盘和游标盘完成，光偏转和样品旋转则借助准直镜、阿贝自准直望远镜和载物台实现。因此，要求准直器、阿贝自准直望远镜和载物台的旋转表面应与读数盘和游标盘所在平面严格平行，各旋转表面的转轴应与仪器的中心转轴重合。仪器的读数外刻度盘与阿贝自准直望远镜固定连接在一起，可随阿贝自准直望远镜同步转动，读数内游标盘可与中心转轴锁定，这样当阿贝自准直望远镜绕仪器中心转轴转动时，内游标盘不动，读数外刻度盘随阿贝自准直望远镜相对于内游标盘转动，望远镜转动前后的角位移之差即为测得的偏转角。JJY1 型分光计主刻度盘上有 720 小格，对应360°，即每小格 0.5°（即 30′）。游标盘上圆弧形游标的读数原理类似于游标卡尺，游标尺有 30 小格。读数时，先读内游标刻度盘 0 刻度移动过的外刻度盘读数（当内游标刻度盘 0 刻度线左侧的外刻度盘刻度线为半度线时，多读 30′），小于 30′的部分由内游标盘上与主刻度盘的某条刻线对齐的刻度线读出，每格对应 1′，两者之和为游标角坐标值。游标盘在相隔 180° 的对称方向上有两个圆弧形游标，测量时两个圆弧形游标要同时读数，分别算出两游标前后角坐标值的差，再取平均值作为测量值，可以消除由 JJY1 型分光计中心轴读数圆盘的圆心不重合所引起的偏心差。

第 4 章 提高实验

4.1 实验二十 用 LabVIEW 研究波尔振动

4.1.1 物理问题

机械振动是指物体或质点在其平衡位置附近做有规律的往复运动，振动的强弱用振动量来衡量。自由振动是去掉激励或约束后，机械系统所出现的振动。自由振动只靠其弹性恢复力来维持，当有阻尼时振动便逐渐衰减。自由振动的频率只决定于系统本身的物理性质，称为系统的固有频率。受迫振动是机械系统受外界持续激励所产生的振动，在机械制造和建筑工程等科技领域中，由受迫振动导致的共振现象会引起工程技术人员极大注意。受迫振动虽然有破坏作用，但也有许多实用价值。众多电声器件是利用共振原理而设计制作的。此外，在微观科学研究中，共振也是一种重要研究手段，如利用核磁共振和顺磁共振研究物质结构等。

观察研究波尔摆的自由振动、受迫振动、阻尼振动、共振等现象，加深对振动、阻尼系数等知识的理解。同时，在实验过程中，学生需要自行推导扭摆的二阶齐次运动微分方程。本实验所使用的仪器是波尔振动仪、数据采集器及计算机。本实验的探究意义在于将理论公式和实际操作的充分结合。

4.1.2 物理原理

本实验利用波尔共振实验仪（扭摆）定量研究多种与振动有关的物理量和振动规律。

1. 扭摆的阻尼振动和自由振动

在有阻力矩的情况下，将扭摆在某一摆角位置释放，使其开始摆动。此时扭摆受到两个力矩的作用：一是扭摆的弹性恢复力矩 M_E，它与扭摆的扭转角 θ 成正比，即 $M_E = -c\theta$（c 为扭转恢复力系数）；二是阻力矩 M_R，在摆角不太大的情况下，可近似认为它与摆动的角速度成正比，即 $M_R = -r\dfrac{\mathrm{d}\theta}{\mathrm{d}t}$，其中 r 为阻力矩系数。若扭摆的转动惯量为 I，则根据转动定律可列出扭摆的运动方程，即

$$I\frac{\mathrm{d}^2\theta}{\mathrm{d}t^2} = M_E + M_R = -c\theta - r\frac{\mathrm{d}\theta}{\mathrm{d}t} \tag{4.1}$$

即

$$\frac{\mathrm{d}^2\theta}{\mathrm{d}t^2} + \frac{r}{I}\frac{\mathrm{d}\theta}{\mathrm{d}t} + \frac{c}{I}\theta = 0 \tag{4.2}$$

令 $\dfrac{r}{I} = 2\beta$ （ β 称为阻尼系数）， $\dfrac{c}{I} = {\omega_0}^2$ （ ω_0 称为固有圆频率），则可将式（4.2）转化为

$$\frac{\mathrm{d}^2\theta}{\mathrm{d}t^2} + 2\beta\frac{\mathrm{d}\theta}{\mathrm{d}t} + {\omega_0}^2\theta = 0 \tag{4.3}$$

其解为

$$\theta = A_0\mathrm{e}^{(-\beta t)}\cos(\omega t) = A_0\mathrm{e}^{(-\beta t)}\cos\left(\frac{2\pi t}{T}\right) \tag{4.4}$$

其中， A_0 为扭摆的初始振幅， T 为扭摆做阻尼振动的周期，且 $\omega = \dfrac{2\pi}{T} = \sqrt{{\omega_0}^2 - \beta^2}$ 。

由式（4.4）可知，扭摆的振幅随时间按指数规律衰减。若测得初始振幅 A_0 及第 n 个周期时的振幅 A_n ，并测得摆动 n 个周期所用的时间 $t = nT$ ，则有

$$\frac{A_0}{A_n} = \frac{A_0}{A_0\mathrm{e}^{(-\beta n t)}} = \mathrm{e}^{(\beta n t)} \tag{4.5}$$

所以

$$\beta = \frac{1}{nT}\ln\frac{A_0}{A_n} \tag{4.6}$$

若扭摆在摆动过程中不受阻力矩的作用，即 $M_R = 0$ ，则式（4.3）左边的第二项不存在，$\beta = 0$ 。由式（4.5）可知，不论摆动的次数是多少，均有 $A_n = A_0$ ，振幅始终保持不变，扭摆处于自由振动状态。

2．扭摆的受迫振动

当扭摆在有阻尼的情况下还受到简谐外力矩的作用，就会做受迫振动。设外加简谐力矩的频率是 ω ，外力矩角幅度为 θ_0 ，则 $M_0 = c\theta_0$ 为外力矩幅度，因此外力矩可表示为 $M_{\mathrm{ext}} = M_0\cos(\omega t)$ 。扭摆的运动方程变为

$$\frac{\mathrm{d}^2\theta}{\mathrm{d}^2t} + \frac{r}{I}\frac{\mathrm{d}\theta}{\mathrm{d}t} + \frac{c}{l}\theta = \frac{M_{\mathrm{ext}}}{I} = h\cos(\omega t) \tag{4.7}$$

其中 $h = \dfrac{M_0}{I}$ 。在稳态情况下，式（4.7）的解是

$$\theta = A\cos(\omega t + \varphi) \tag{4.8}$$

其中 A 为角振幅，可以表示为

$$A = \frac{h}{[({\omega_0}^2 - \omega^2)^2 + 4\beta^2\omega^2]^{\frac{1}{2}}} \tag{4.9}$$

而角位移 θ 与简谐外力矩之间的位相差则可表示为

$$\varphi = \tan^{-1}\left(\frac{2\beta\omega}{\omega^2 - {\omega_0}^2}\right) \tag{4.10}$$

由式（4.8）可知，不论扭摆一开始的振动状态如何，在简谐外力矩作用下，扭摆的振动都会逐渐趋于简谐振动，振幅为 A ，频率与外力矩的频率相同，但两者之间存在相位差 φ 。

（1）幅频特性

由式（4.9）可见，由于 $h=\dfrac{M_0}{I}=\dfrac{c\theta_0}{I}=\omega_0^2\theta_0$，当 $\omega\to0$ 时，振幅 $A\to\dfrac{h}{\omega_0^2}$，接近外力

矩角幅度 θ_0。随着 ω 逐渐增大，振幅 A 随之增大，当 $\omega=\sqrt{\omega_0^2-2\beta^2}$ 时，振幅 A 为最大值，此时称为共振，对应的频率称为共振频率 ω_{res}。当 $\omega>\omega_{res}$ 或 $\omega<\omega_{res}$ 时，振幅都将减小，当 ω 很大时，振幅趋于零。共振频率与阻尼的大小有关，当 $\beta=0$ 时，$\omega_{res}=\omega_0$，即扭摆的共振频率等于固有振动频率，但根据式（4.9），此时的振幅将趋于无穷大而损坏设备。故要建立稳定的受迫振动，必须存在阻尼。图 4.1 为不同阻尼状态下的幅频特性曲线。

（2）相频特性

由式（4.10）可见，当 $0\leqslant\omega\leqslant\omega_0$ 时，有 $0\geqslant\varphi\geqslant\left(-\dfrac{\pi}{2}\right)$，即受迫振动的相位落后于外加简谐力矩的相位；在共振情况下，相位落后接近 $\dfrac{\pi}{2}$。当 $\omega=\omega_0$ 时（有阻尼时不是共振状态），相位正好落后 $\dfrac{\pi}{2}$。当 $\omega>\omega_0$ 时，有 $\tan\varphi>0$，此时应有 $\varphi<\left(-\dfrac{\pi}{2}\right)$，即相位落后得更多。当 $\omega\gg\omega_0$ 时，$\varphi\to(-\pi)$，接近反相。在已知 ω_0 和 β 的情况下，可由式（4.10）可计算出各 ω 值所对应的 φ 值。图 4.2 为不同阻尼状态下的相频特性曲线。

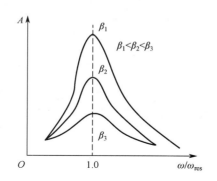

图 4.1 不同阻尼状态下的幅频特性曲线

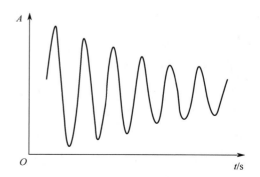

图 4.2 不同阻尼状态下的相频特性曲线

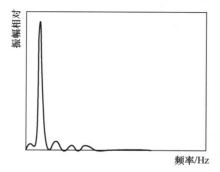

图 4.3 波尔振动的频谱

3. 振动的频谱

任何周期性的运动均可分解为简谐振动的线性叠加。用数据采集器和转动传感器采集一组如图 4.2 所示的扭摆摆动角度随时间变化的数据后，对其进行傅里叶变换，便可以得到一组相对振幅随频率变化的数据。以频率为横坐标，相对振幅为纵坐标可作出一条如图 4.3 所示的曲线，即为波尔振动的频谱。在自由振动状态下，峰值对应的频率就是波尔振动仪的固有振动频率。

4．拍频

当扭摆做受迫振动时，由于驱动力频率与扭摆固有振动频率不相等，因此在扭摆上施加简谐驱动力后，扭摆从初始运动状态逐渐过渡到受迫振动的稳定状态过程中，其运动为阻尼振动和受迫振动两种振动过程的叠加。由于两种振动过程的频率接近，将会出现"拍"的现象。若阻尼振动的频率为 ω_1，驱动力的频率为 ω_2，则扭摆的摆动角度随时间变化的关系曲线的振幅将会起伏变化，其包络线的频率约为 $|\omega_1 - \omega_2|$，即为拍频。扭摆在受迫振动状态下，频谱图会出现双峰，其中一个峰值对应的频率为波尔振动的固有振动频率，而另一个峰值对应的频率为驱动力矩的频率。在共振频率附近，双峰会融合成单峰。

5．相图和机械能

扭摆的摆动过程存在势能和动能的转换，其势能和动能分别为

$$势能：E_p = \frac{1}{2}K\theta^2$$
$$动能：E_k = \frac{1}{2}I\dot{\theta}^2$$

（4.11）

其中，I 为扭摆的转动惯量，K 为扭摆的恢复力矩，θ 为扭摆偏离平衡位置的角度，$\dot{\theta}$ 为角速度。对特定的一台波尔振动仪来说，I 和 K 均为恒定值，故势能与 θ 的平方成正比，动能与 $\dot{\theta}$ 的平方成正比。以 θ 为横坐标、$\dot{\theta}$ 为纵坐标画出两者的关系曲线，该曲线称为系统的相图。通过相图可直观地观测扭摆在振动过程中势能与动能的变化关系。图 4.4 所示为阻尼振动的相图，机械能不断损耗，相图面积逐渐缩小至中心点。图 4.5 所示为理想的自由振动的相图，势能和动能相互转换，但总的机械能始终保持不变，故相图为一个面积保持不变的椭圆。

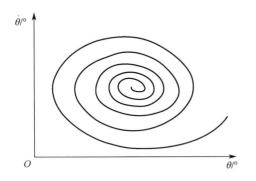　　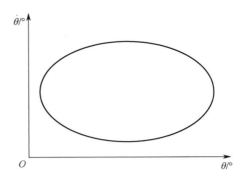

图 4.4　阻尼振动的相图　　　　　　　　　　图 4.5　理想的自由振动的相图

4.1.3　实验装置

本实验的装置包括：波尔振动仪，直流稳压稳流电源，数字万用表，秒表，转动传感器和数据采集器，安装了用 LabVIEW 编写的测控程序的计算机。其中设备转动传感器和数据采集器与计算机一起构成波尔振动仪（摆轮摆动角度和角速度的自动测量系统），用于替代原设备的光电门，其角度测量精度可以达到 0.1°。

1．波尔振动仪

波尔摆前视图如图 4.6 所示。圆形摆轮（7）安装在支撑架（3）上，蜗卷弹簧（5）的一端与摆轮的轴相连，另一端通过弹簧夹持螺钉（8）固定在摇杆（22）上。在弹簧弹性力的作用下，摆轮可绕轴自由往复摆动。在支撑架下方有一对带有铁芯的阻尼线圈（2），摆轮嵌在铁芯的空隙中。当阻尼线圈中通过直流电流后，摆轮将受到一个电磁阻尼力的作用，改变电流的大小即可改变阻尼。为使摆轮做受迫振动，在驱动电机（16）的轴上装有偏心轮，通过连杆（20）和摇杆（22）带动摆轮。在电机转轴上装有带刻线的有机玻璃转盘（12），从其上的刻度可以读出摆轮与驱动力之间的相位差 φ。

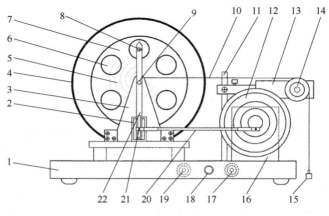

图 4.6　波尔摆前视图

1—底座；2—阻尼线圈；3—支撑架；4—摆轮保护圈；5—蜗卷弹簧；6—摆轮指拨孔；7—圆形摆轮；8—弹簧夹持螺钉；9—摆轮转轴；10—棉线；11—传感器支撑柱；12—有机玻璃转盘；13—转动传感器；14—传感器转盘；15—砝码；16—驱动电机（在转盘后面）；17—驱动电机电流输入（后部）；18—驱动电机转速调节旋钮（后部）；19—阻尼线圈电流输入（后部）；20—连杆；21—摇杆松紧调节螺丝；22—摇杆

棉线（10）同时环绕在摆轮的转轴和转动传感器转盘（14）上，在重约 10g 的砝码（15）的带动下，摆轮和转动传感器转盘同时转动，可将摆轮的转动角度按一定比例转换成传感器转盘的转动角度，进而用数据采集器对该角度进行记录。转动传感器的角度分辨率可以达到 0.1°。

4.1.4　实验数据

1．测量扭摆在自由状态下的固有振动频率，并测量自由状态下的阻尼系数 β

（1）阻尼线圈不加电流。用手将扭摆的摆轮转动到某个不太大的初始角度使其偏离平衡位置，记录初始偏转角度。

（2）释放摆轮，让其自由摆动，观察摆动现象，用秒表记录摆轮来回摆动若干次后的时间和振幅，计算阻尼系数 β 和摆轮的固有振动频率 ω_0。

（3）选取两种初始角度（小于 50° 和大于 50°）释放摆轮，采取上述方法测量不同初始角度下的阻尼系数，讨论阻尼系数与初始释放角度之间的关系。

测量扭摆在自由状态下的固有振动频率，并测量自由状态下的阻尼系数 β，将数据记录在表 4.1 中。

表 4.1　测量固有频率和阻尼系数

零点角度=_____。

初始偏转角 A_0 /°	振动时间 t/s	周期数 n	结束时振幅 A_n /°

问题：当扭摆静止时，指针可能不指在 0 的位置，为什么？实验过程中应如何处理？

2．观察阻尼振动现象，测量阻尼系数 β 与阻尼电压的变化关系

（1）利用直流稳压电源给扭摆的阻尼线圈加上 7V 的电压（电流限制为最大不超过 0.5A）。

（2）转动摆轮使其偏离平衡位置并释放，观察摆动现象，测量并计算阻尼系数。

（3）在 0～10V 间，每隔 1V 测量不同电压下的阻尼系数，同时记录阻尼电流。描绘阻尼系数随阻尼电压变化的关系曲线。

观察阻尼振动现象，测量阻尼系数 β 与阻尼电压，并确定两者的变化关系，测量数据记录在表 4.2 中。

表 4.2　测量阻尼系数和阻尼电压的关系

零点角度=_____。

电压 U/V	电流 I/V	初始偏转角 A_0 /°	振动时间 t/s	周期数 n	结束时振幅 A_n /°

3．观测共振现象

（1）阻尼线圈的驱动电压取 7V。将调速旋钮逆时针调到底，使电机开始转动，带动摆轮做受迫振动。耐心观察并等待，直至摆轮的振幅不再发生变化，记录振幅。

（2）顺时针转动调速旋钮，每隔半圈观察并记录摆轮受迫振动的振幅，找出振幅最大值对应的频率，即为 7V 阻尼下的共振频率。

（3）根据式（4.10）计算不同频率下的相位差，并以 $\dfrac{\omega}{\omega_0}$ 为横坐标，振幅和相位差为纵坐标，分别画出受迫振动的幅频特性曲线和相频特性曲线。通过曲线找出共振频率，并与测得的固有振动频率对比。

4.1.5　分析与思考

本实验要研究的问题是：用扭摆分别研究在自由振动、阻尼振动、受迫振动时共振产生的条件和特征，三者的本质都是振动。本实验的目的是探究扭摆的振幅、相位相对于时间和角度的变化规律及影响因素。

对于振动的相位，可以通过力学中的哈密顿方法分析相空间。

由 Hamilton 正则方程可知，正则变量可以确定体系的运动状态。一个自由度为 s 的力学体系在任意时刻的运动状态可由 s 个广义坐标和 s 个广义动量来确定，因此提出了相空间的概念。

相空间：将 s 个广义坐标和 s 个广义动量作为直角坐标构造一个 $2s$ 维空间，又叫相宇。

在相空间中，任意一点对应 s，对正则变量的确定值，因此对应体系的一个可能的运动状态，因此相空间是对于力学体系状态的几何表示法。

μ 空间：描写单个原子运动状态的相空间。

Γ 空间：描写 N 个粒子体系的运动状态的相空间。

μ 空间中的一个代表点表示粒子的一个运动状态。

Γ 空间中一个代表点相当于空间中的 N 个代表点。

相轨道：指随着粒子或体系运动状态的变化，代表点在相空间中移动而形成的轨迹。它由正则方程确定。其中 eg 表示一维谐振子的相轨道。

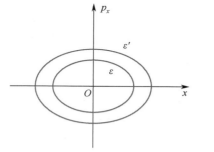

一维谐振子在运动过程中能量恒定为 ε，有

$$T+V=\frac{p_x^2}{2m}+\frac{Kx^2}{2}=\varepsilon$$

即

$$\frac{p_x^2}{2m\varepsilon}+\frac{x^2}{2\varepsilon/K}=1$$

因此其在相空间中的相轨道为一个椭圆如图 4.7 所示。

图 4.7　一维谐振子在相空间中的相轨道

在不含时间的 H 系统中，从不同初态出发的相轨道不相交。由同一初始点出发，H 方程可唯一确定其运动的相轨道；若有相交点，则在相交点处的运动状态存在两个可能的相轨道，这与上一句的内容矛盾。

能量曲面是指保守系在其相空间中，能量相同的所有相代表点所构成的几何图形。能量曲面方程为

$$H\left(q_1,q_2,...,q_s;p_1,p_2,...,p_s\right)=E$$

保守系的相轨道一定位于能量曲面上。

相体积是指能量曲面所围成的相空间区域的体积，其量纲为作用量 S 量纲的 s 次方。

对于实验误差，总可以把实验仪器内的摩擦等因素归结于阻尼振动，但不能确定其阻尼的形式。很显然，这个实验是不完备的，因为在所谓的自由振动情况下，并不能实现真正的自由，也无法通过传感器准确地观察相图。

4.2　实验二十一　声波衰减系数测量

4.2.1　物理问题

声波在介质中传播时会被吸收而减弱，气体吸收最强而衰减最大，液体其次，固体吸收最小而衰减最小，因此对于给定强度的声波，在气体中传播的距离会明显比在液体和固体中传播的距离短、速度慢。声波在传播过程中将越来越微弱，这就是声波的衰减。声波的强度随着距离的增加而减小，但是如何减小、是否为线性减小都是值得思考的问题。找出声波衰减的原因，并测量声波衰减系数具有重要的物理意义。声波衰减系数可以广泛应用于距离的测定等领域，具有很广泛的应用前景。

4.2.2　物理原理

1. 声强与声压的关系

声强是指在声场中垂直于声波传播方向上，单位时间内通过单位面积的声能，用 I 表示，单位为 $\mathrm{W \cdot m^{-2}}$。声波在介质中传播时，声强衰减为

$$I_d = I_0 \mathrm{e}^{-ad}$$

式中，I_0 为入射初始声强，I_d 为深入介质距离 d 处的声强，a 为衰减系数。

在声学测量中，声强通常不易直接测量，故常用声压来衡量声波的强弱。声音在大气中传播时，在声波到达的各点上，气压时而比无声时高，时而比无声时低，某一瞬间介质中的压强相对无声时的压强的改变量称为声压，用 P 表示，单位为 Pa。在自由声场中，声波传播方向上某点声强 I 与声压 P、媒介特性阻抗 Z 的关系为

$$I = \frac{p^2}{2Z}$$

2. 声压与电压关系

超声换能器的核心部件是压电陶瓷片，其具有压电效应。在简单情况下，当压电材料受到与极化方向一致的应力 F 时，在极化方向上产生一定的电场强度 E，它们之间的关系为

$$E = gF$$

其中，比例系数 g 称为压电常数。

而电压 U 与场强 E 成正比，声压 P 与应力 F 成正比，则

$$P = kU$$

其中，k 为比例系数。

3．衰减系数的确定

将 $P = kU$ 和 $I = \dfrac{p^2}{2Z}$ 代入 $I_d = I_0 e^{-ad}$ 得

$$U_d{}^2 = U_0{}^2 e^{-ad}$$

对其两端求对数有

$$2\ln U_d = 2\ln U_0 - ad$$

式中，a 为衰减系数。

可看出电压对数的两倍 $2\ln U_d$ 与距离 d 成线性关系，其斜率的绝对值为衰减系数 a。

4.2.3　实验方法

1．实验装置

实验装置如图 4.8 所示，其中声速测定仪为 SV-5 型，示波器为 GDS-2202E 型。

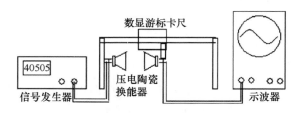

图 4.8　实验装置

2．操作流程

（1）调节信号源，使示波器至最佳状态，示波器显示信号波形大小合适，位置居中。信号发生器的频率大约为 40.5kHz。

（2）将接收换能器从相距发射器 10mm 左右开始向后移动，当达到电压峰值时，记下各自相应的峰峰电压值和接收换能器相聚发射器的距离。

（3）记录数据，制成曲线并进行数据分析。

4.2.4　实验数据

1．数据记录

本实验需要测量距离 d 和峰峰值 U，将测量数据记录在表 4.3 中。

2．数据处理

先对峰峰值做 $2\ln U_d$ 的变换，再做出变换后的峰峰值–距离图。在 Excel 中绘制图像，画出拟合曲线，得出衰减系数。

表 4.3　距离 d 和峰峰值 U 的值

距离/mm	峰峰值/mV	距离/mm	峰峰值/mV	距离/mm	峰峰值/mV

4.2.5　分析讨论

本实验仅测量了空气中的声波衰减系数,那么如何测量在固体中和液体中的声波衰减系数呢?这些问题都值得思考。

在测量过程中,可能出现随着距离增大,电压反而增加的情况。可能原因是在移动过程中,信号源的发射频率发生变化,应当使发射频率与换能器的共振频率相等。

4.2.6　思考总结

根据所作的散点图,发现图形中后部分拟合效果最好,所以在实验时,选择的起始位置既不能太靠前也不能太靠后。

4.3　实验二十二　电表改装

4.3.1　物理问题

电流表是指用来测量直流、交流电路中电流的仪表。电流表是根据通电导体在磁场中受磁场力的作用而制成的。电流表内部有一个永磁体,在磁极间产生磁场,在磁场中有一个线圈,线圈两端各有一个游丝弹簧,弹簧两端各连接电流表的一个接线柱,在弹簧与线圈间由一个转轴连接,在转轴相对于电流表的前端有一个指针。由于磁场力的大小随电流的增大而增大,所以就可以通过指针的偏转程度来观察电流的大小,称为磁电式电流表,一般可直接用于测量微安或毫安数量级的电流。

在实验过程中,往往要用不同量程的电流表或电压表来测量大小悬殊的电流或电压。例如,从几微安到几十安,从几毫伏到几千伏。但电表厂一般只制造若干规格的微安表和毫安表(通常称为表头或电流计),可以根据实际需要,用并联分流电阻或串联分压电阻的方法,把它们改装成不同量程的电流表和电压表。我们将通过本次实验的探索,掌握测定微安表量程和内阻的方法,理解扩大电流表和电压表量程的原理、方法,同时了解欧姆表的改装和标定,提升学生的动手能力,充实并扩展学生的电学知识。

4.3.2　物理原理

1. 认识磁电式电流计

磁电式电流计（又称表头）如图 4.9 所示，其符号为 G。

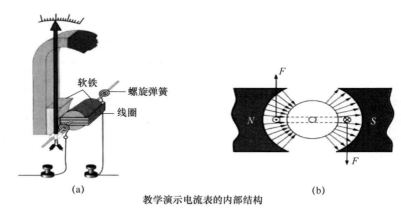

(a)　　　　　　　　　　　　　　　　　　　　(b)

教学演示电流表的内部结构

图 4.9　磁电式电流计

　　用于改装的微安表一般为磁电式电流计，它由漆包线绕制的线圈、游丝、指针和永久磁铁构成。由于通电线圈在磁场中受安培力作用，使得指针偏转，安培力产生的磁力矩与通过线圈的电流成正比。当线圈转动时，螺旋弹簧也会产生一个阻碍线圈转动的阻力矩。当磁力矩与阻力矩相等时，线圈不再转动，并且指针固定在某一位置，此时指针偏角 θ 与电流强度 I 成正比，即 $\theta = kI$。由于大部分磁电式电表的原理相同，因此其表盘刻度是均匀的。

2. 电表改装

　　电流计的三个重要参数为① 表头内阻：电流计内部线圈的电阻；② 满偏电流值：当电流计的指针指到满偏位置时通过的电流；③ 满偏电压值：即满偏电流对应的电压值，即

$$U_g = I_g \cdot R_g$$

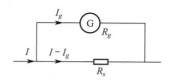

图 4.10　改装微安表为电流表的电路

（1）改装微安表为电流表

　　改装微安表为电流表的电路如图 4.10 所示。为了扩大微安表量程，可以在表头两端并联一个分流电阻 R_s，因为分流电阻 R_s 比表头内阻 R_g 小得多，所以被测电流大部分经 R_s 流过，只有很小的一部分流过表头线圈，从而得到一个量程放大的电流表。改装得到的电流表的内阻一般远小于表头内阻 R_g。分流电阻 R_s 的大小由表头的满偏电流值 I_g、内阻 R_g 及改装的量程 I 确定，即

$$I_g R_g = (I - I_g) R_s, \quad R_s = \frac{I_g}{I - I_g} R_g = \frac{R_g}{\dfrac{I}{I_g} - 1}$$

（2）改装微安表为电压表的示意图

改装微安表为电压表的电路如图 4.11 所示。给表头串联一个大的分压电阻 R_p，因为分压电阻 R_p 比表头内阻 R_g 大得多，被测电压大部分加载在 R_p 上，只有很小的一

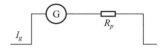

图 4.11　改装微安表为电压表的电路

部分电压加在表头线圈上，从而得到一个量程放大的电压表。改装后的电压表内阻大大增加了。分压电阻 R_p 的大小由表头的满偏电流值 I_g、内阻 R_g 及改装的量程 V 确定，即

$$V = (R_g + R_p)I_g, \quad R_p = \frac{V}{I_g} - R_g$$

3. 表头参数 I_g 及 R_g 的测定

用替代法测量电流计内阻，当被测电流计接在电路中时，用十进制数的电阻箱代替内阻，且改变电阻值，当电路中的电压不变，并且电路中的电流也保持不变时，此时电阻箱的电阻值即为被测电流计的内阻。

4.3.3　实验方法

1. 实验线路

实验装置线路图如图 4.12、图 4.13、图 4.14、图 4.15 所示。

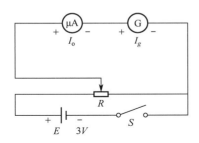

图 4.12　测量表头量程

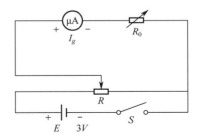

图 4.13　测量表头内阻

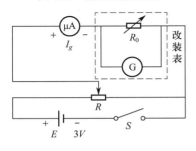

图 4.14　改装电流表连线图

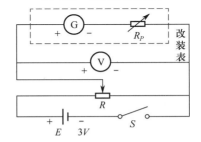

图 4.15　改装电压表连线图

2. 操作步骤

（1）用替代法测出表头的内阻，按实验原理电路图接线。

（2）将一个量程为 100μA 的表头改装成 1000μA 量程的电流表。

① 根据公式计算出分流电阻的理论电阻值，并按照电路图接线。

② 先调节电阻箱到算出的理论电阻值附近，再慢慢改变阻值，使改装表的表针指到满量程，记录标准表的读数。然后调节滑动变阻器，使得万用表读数依次为 900μA，800μA，…，200μA， 100μA，记录改后电流表量程和标准量程。

（3）将量程为 100μA 的表头改装成量程为 1V 的电压表。

① 根据公式计算出分压电阻的理论电阻值，按照电路图正确连接电路。

② 根据理论计算公式算出的分压电阻值，调节电阻箱阻值使其接近理论计算值，然后微调电阻箱使得表头指针指到满偏，万用表显示 1V。然后调节滑动变阻器，使得万用表读数依次为 0.8V、0.6V、0.4V、0.2V，记录改后电压表量程和标准量程。

（4）将仪器放回到原位。

4.3.4　实验数据

1. 数据记录

（1）测量并记录表头量程及内阻。

（2）将量程为 100μA 的表头改装为 1000μA 的电流表，将具体数值记录在表 4.4 中。

表 4.4　改装电流表的数据记录表

万用表读数/μA	改装表格数	改装表读数/μA	ΔI /μA
900			
800			
700			
600			
500			
400			
300			
200			
100			

（3）将量程为 100μA 的表头改装为量程为 1V 的电压表，将相关数据记录在表 4.5 中。

表 4.5　改装为电压表的数据记录表

万用表读数/V	改装表格数	改装表格数/V	ΔV/V
0.80			
0.60			
0.40			
0.20			

2. 数据处理

先根据实验原理中的替代法的公式可以求出表头内阻，再通过以下公式

$$I_g R_g = (I - I_g) R_s, \quad R_s = \frac{I_g}{I - I_g} R_g = \frac{R_g}{\dfrac{I}{I_g} - 1}$$

$$V = (R_g + R_p) I_g, \quad R_p = \frac{V}{I_g} - R_g$$

算出理论上增大电流表量程需要的分流电阻，以及改装为电压表需要的电阻。

同时算出标准误差，标准误差$= \Delta U_{max} /$量程$\times 100\%$，并根据标准误差得出电表的准确度等级。电表的准确度等级一般分为 0.1、0.2、0.5、1.0、1.5、2.5 和 4.0 级。0.5 级电表允许误差在$\pm 0.5\%$以内；1.0 级电表允许误差在$\pm 1\%$以内；2.0 级电表允许误差在$\pm 2\%$以内依此类推。

最后用 Excel 画出两组实验的校准曲线图。

4.3.5　分析讨论

电表的改装是大学物理实验中的一个重要实验，常把小量程的电表改装成大量程的电表，其最基本的原理就是运用串联电阻分压和并联电阻分流的特点。由于磁电式电表结构上有一些缺陷，因此使得电表在正常条件下测量时仍然存在误差。引起误差的主要原因有：转动机构的轴处摩擦、游丝（弹簧）的弹性线性不良，以及磁场分布不均匀、表盘刻度的不精确等。因此，电表改装后都要进行校准，通常采用比较法，即用改装表与标准表同时测量一定的电流（或电压），将两者测量数值进行比较，以此对改装表进行校准。通过校准可以检验通过理论公式计算出来的表头是否正确，确定改装表的标称误差或等级，还可以绘制校准曲线，使电表在实际使用时能得到其误差比标称误差更小的测量结果。在这一过程中需要弄清楚两个问题：一是改装表的标称误差与所用标准表等级的关系；二是得到校准曲线的条件。产生误差的次要原因还有接入电阻实际值不能达到理想状态，估读产生误差和电表本身有系统误差等。

4.3.6　思考总结

通过本次实验要掌握测定微安表量程和内阻的方法，理解扩大电表量程的原理和方法，同时通过实验了解欧姆表的改装和标定。本实验的目的是加强学生对欧姆定律的应用，通过对电流表的改装，对电流表和电压表电路模型的建立等内容，可使串并联电阻知识得以拓展。本实验以活动小组为单位，在实验中将知识转化为解决问题的能力，在探索活动中获得基本经验，形成基本思想。这无疑是将有意识掌握的知识、技能内化为无意识的物理学科素养的有效途径。

同时在本实验中需要注意在打开开关前，要确保指针不会满偏，可先将电源电压调小、保护电阻调大；在读数时要注意视差，避免误差过大。

在实验过程中，需要思考以下问题。

（1）微安表头的参量有什么实际意义？如何比较精准地测量表头参数？

提示：满偏量程及表头内阻。分别显示了表头的最大量程及表头的内阻。使用补偿法或替代法测量表头参数。

（2）校准折线图的实际指导意义是什么？

提示：校正曲线表示指示值与标准值的差值，用电流（电压）表测量某个电流（电压），就可以在校正曲线查找对应的修正值，减去修正值就能得到更准确的数据，同时通过校正曲线的折线斜率可以看出实验结果是否正确。

（3）在设计测量电路时，电源电压、限流电阻、数字电流表的量程应如何选择？

提示：首先通过对待测电阻的大概估计，估计出电路中会出现的最大电流，然后根据最大电流选择数字电流表的量程，并选择合适的限流电阻和电源电压。

（4）当滑线变阻器用于限流分压时，通电前必须分别把阻值调到什么位置？

提示：当滑线变阻器起限流作用时，通电前应调到阻值最大处。当滑线变阻器起分压作用时，通电前应调到输出分压最小位置。

4.4　实验二十三　透镜焦距的测量与典型光学系统设计

4.4.1　物理问题

透镜是根据光的折射规律制成的，是组成显微镜光学系统的最基本的光学元件之一。物镜、目镜及聚光镜等部件均由单个和多个透镜组成。根据透镜外形的不同，可分为凸透镜（中央较厚、边缘较薄的透镜）和凹透镜（中央较薄、边缘较厚的透镜）两大类。光线通过凹透镜后，成正立虚像，凸透镜则成倒立实像。实像可在屏幕上显示出来，而虚像则不能。凸透镜具有汇聚光线的作用，所以也叫会聚镜、正透镜。凹透镜对光有发散作用。

一束平行于主光轴的光线通过凸透镜后相交于一点，该点称焦点，通过焦点并垂直光轴的平面，称为焦平面。焦点有两个，在物方空间的焦点为物方焦点，该处的焦平面为物方焦平面；反之，在像方空间的焦点为像方焦点，该处的焦平面，为像方焦平面。平行光通过凹透镜发生偏折后，光线发散，称为发散光线。发散光线不可能形成实性焦点，沿着发散光线的反向延长线，在投射光线的同一侧相交于一点为虚焦点。

在了解透镜原理后，尝试组建典型光学系统呢？通过本实验，学生将会了解简单光学系统的构成并对简单光学系统进行共轴调节，并且学会用自准法、位移法、物距-相距法测量薄凸透镜的焦距，同时用物距-相距法测量凹透镜的焦距，并动手自主搭建典型光学系统，如望远镜、显微镜等。

4.4.2　物理原理

1. 测量透镜焦距

测量透镜焦距的原理图如图 4.16 所示。

（1）用自准法测量薄凸透镜的焦距

根据焦平面的定义，用如图 4.16 所示的光路，可方便快捷地测出凸透镜的焦距，即

$$f = | x_l - x_0 |$$

（2）用自准法测量凹透镜的焦距

如图 4.17 所示，L1 为辅助凸透镜，L2 为凹面镜，M 为平面反射镜，调节凹透镜的相

对位置，直到物屏上出现与物体大小相等的倒立实像，记下凹透镜的位置 X_2，再拿去凹透镜和平面镜，则物体经凸透镜后在某点处成实像（注意，此过程不能移动物体和凸透镜），记下该点的位置 X_3，则凹透镜的焦距 $f = |X_3 - X_2|$。

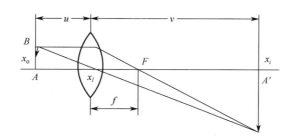

图 4.16　测量透镜焦距的原理图

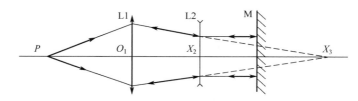

图 4.17　用自准法测量凹透镜焦距的原理图

（3）用物距–像距法测量凸透镜焦距

在旁轴光线成像的情况下，成像规律满足高斯公式，即

$$\frac{1}{f} = \frac{1}{u} + \frac{1}{v}, \qquad f = \frac{u \times v}{u + v}$$

如图 4.16 所示，式中 u 和 v 分别为物距和像距，f 为凸透镜焦距。对 f 求解，并以坐标代入则有

$$\bar{f} = \frac{|x_l - x_0| \times |\bar{x}_i - x_l|}{\bar{x}_i - x_0} \qquad (x_0 < x_l < x_i)$$

x_0 和 x_l 取值不变（取整数），x_i 取一组测量平均值。

（4）用位移法测透镜焦距（也称共轭法、二次成像法）

如图 4.18 所示，当物像间距 D 大于 4 倍焦距时，即 $D > 4f$，透镜在两个位置上均能对给定物成理想像于给定的像平面上。x_0 和 x_i 取值不变（取整数），对 x_{l1} 和 x_{l2} 各取一组测量平均值。两次应用高斯公式并将几何关系和坐标代入，则得到

$$\bar{f} = \frac{D^2 - d^2}{4D} = \frac{(x_i - x_0)^2 - (\overline{x_{l2}} - \overline{x_{l1}})^2}{4 |x_i - x_0|}$$

（5）用物距–像距法测量凹透镜的焦距

如图 4.19 所示，L1 为凸透镜，L2 为凹透镜，凹透镜坐标位置为 x_l，F_1 为凸透镜的焦点，F_2 为凹透镜的焦点，A、B 为光源，A1、B1 为没有放置凹透镜时由凸透镜聚焦成的实像，同时也是放置凹透镜后凹透镜的虚物，坐标位置为 x_0，A2、B2 为凹透镜所成的实像，坐标位置为 x_i。

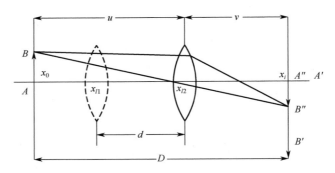

图 4.18　用位移法测量透镜焦距的原理图

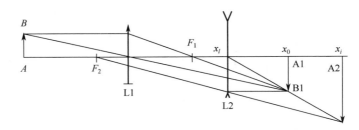

图 4.19　利用物距–像距法测凹透镜焦距的原理图

对于凹透镜成像，虚物距 $u = x_l - x_0$ 取负值（$x_l < x_0$）；实像距 $v = x_i - x_l$ 为正值（$x_l < x_i$），x_l 取值不变，x_0 和 x_i 各取一组测量平均值，则凹透镜焦距 f_2 为

$$f_2 = \frac{u * v}{u + v} = \frac{(x_l - \overline{x_0}) \times (\overline{x_i} - x_l)}{(\overline{x_i} - \overline{x_0})} < 0$$

2. 望远镜

望远镜作用是将远物从物空间移至望远镜像空间，增大对人眼的视角，所以人眼以对望远镜像空间的观察代替了对物空间的观察。

望远镜实际上是一种放大镜，只是不将物体直接放大，而是将远物移近，从而增大视角。

（1）开普勒望远镜

图 4.20（a）为开普勒望远镜原理图，图 4.20（b）为伽利略望远镜原理图。开普勒望远镜最早由德国科学家开普勒于 1611 年发明，是折射式望远镜的一种。物镜组为凸透镜形式，目镜组也是凸透镜形式。这种望远镜成像是上下左右颠倒的，但可以将视场设计的较大。为了成正立的像，采用这种设计的某些折射式望远镜，特别是多数双筒望远镜在光路中增加了转像棱镜系统，该系统由两个凸透镜构成，由于两者之间成实像，安装分划板方便，并且各种性能优良，所以军用望远镜、小型天文望远镜等专业级的望远镜都采用此种结构。但这种结构成像是倒立的，所以要在其中间增加正像系统。此外，几乎所有的折射式天文望远镜的光学系统均为开普勒式。

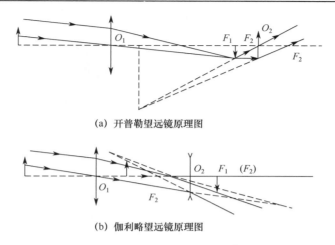

(a) 开普勒望远镜原理图

(b) 伽利略望远镜原理图

图 4.20　开普勒望远镜原理图和伽利略望远镜原理图

（2）伽利略望远镜

伽利略望远镜是指物镜是凸透镜（会聚透镜）而目镜是凹透镜（发散透镜）的望远镜。据"科学美国人"网站报道，意大利天文学家、物理学家伽利略于 1609 年发明了人类历史上第一台天文望远镜。原理是光线经过物镜折射所成的实像在目镜的后方（靠近人目的后方）焦点上，该像对目镜是一个虚像，因此经目镜折射后成一个放大的正立虚像。伽利略望远镜的放大率等于物镜焦距与目镜焦距的比值，其优点是镜筒短且能成正像，但它的视野比较小。

4.4.3　实验方法

1. 实验装置

图 4.21、图 4.22、图 4.23 为实验装置的实物图。

图 4.21　透镜实物图

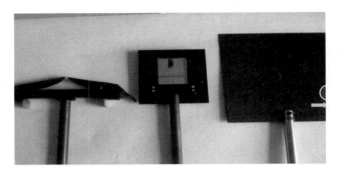

图 4.22　从左到右分别为置物架、平面镜和物屏

图 4.23　伽利略望远镜的实验装置摆放图

2．操作流程

（1）用自准直法测凸透镜焦距

按照如图 4.16 所示的原理图布置光路和调透镜的位置，包括高、低、左、右等，使其对物成与物同样大小的实像，且位于物的下方，记下物屏和透镜的位置坐标 x_0 和 x_l。

（2）用物距–像距法测量凸透镜焦距

按照如图 4.17 所示的原理图布置光路，固定物和透镜的位置，使它们之间的距离约为焦距的 2 倍；移动像屏，使成像清晰；调透镜的高度，使物和像的中点等高；左右调节透镜和物屏，使物与像中点连线与光具座的轴线平行；用左右逼近法确定成理想像时，像屏的坐标，并且重复测量 5 次。

（3）用位移法进行共轴调节

参照图 4.18 布置光路，放置物屏和像屏，使其间距 $D > 4f$，移动透镜并对其进行高、低、左、右的调节，使两次所成的像的顶部（或底部）的中心重合，需反复进行数次调节，才能达到共轴要求。

（4）用位移法测焦距

在共轴调节完成后，保持物屏和像屏的位置不变，并记下它们的坐标 x_0 和 x_i；移动透镜，用左右逼近法确定透镜的两次理想位置坐标 x_{l1} 和 x_{l2}，重复测量 5 次。

（5）用物距–像距法测量凹透镜的焦距，要求重复测量三次。

（6）按照实验原理图组装望远镜和显微镜，并测量其放大率。

在实验过程中，需要注意以下 4 个方面。

（1）物屏应紧靠光源。

（2）在用自准法测量焦距时，平面反射镜距物屏最好不要超过 35cm。

（3）在用位移法测量焦距时，大、小像不要相差太悬殊。

（4）在读数时，应注意数据的准确性，以及应该选取最清晰像时记录数据。

4.4.4　实验数据

1．数据记录

（1）用自准法测量透镜焦距，将凸透镜数据记录在表 4.6 中。

表 4.6　凸透镜数据

实验	物的位置/cm	透镜位置/ cm	焦距 f/cm	实验值/cm	相对不确定度
1					
2					
3					
4					
5					
6					

将凹透镜数据记录在表 4.7 中。

表 4.7　凹透镜数据

次序	物屏位置/cm	透镜位置/cm	f/cm
1			
2			
3			
4			
5			

（2）用物距-像距法测量透镜焦距，分别将凹透镜数据和凹透镜数据记录在表 4.8 和表 4.9 中。

表 4.8　凸透镜数据

实验	物距 s/cm	像距 s'/cm	焦距 f/cm	实验值 f/cm	相对不确定度
1					
2					
3					
4					
5					
6					

表 4.9　凹透镜数据

实验	物距 u/cm	像距 v/cm	焦距 f/cm	实验值 f/cm	相对不确定度
1					
2					
3					
4					
5					
6					

（3）用共轭法测凸透镜焦距，将凸透镜数据记录在表 4.10 中。

表 4.10　凸透镜数据

实验	物距 s_1/cm	物距 s_2/cm	d/cm	物屏距 D/cm	焦距 f/cm	实验值/cm	相对不确定度
1							
2							
3							
4							
5							
6							

2．数据处理

根据测得的数据即可计算各个方法中所测得的焦距的平均值，再计算标准偏差，以及 A 类不确定度和 B 类不确定度，根据以上数据可计算出不确定度，即

$$f = \overline{f} + \Delta f$$

计算出用各个方法测得的焦距后，对比厂家给出的透镜焦距，思考用不同方法得出的数据与标准数据差多少，并分析原因。

4.4.5　分析讨论

在测定薄凸透镜焦距的实验中，虽然共轭成像法比物距像距法和自准直法更为精确。但严格来讲，由于测量方法、实验仪器及人眼分辨能力的限制等，都不能做到完美无缺，因此误差分析及实验的改进是有必要的。

1．偶然误差

在实验过程中，由于人眼对两次成像清晰程度分辨能力的限制，会发现透镜在微小移动的过程中像屏所成的像都是清晰的，这就会对 L 的测定带来误差。为减小误差，可通过多人、多次测量取平均值，尽可能地缩小与真实值的差值，但是这种误差不能始终消除。

2．系统误差

（1）该实验方法是建立在近轴光线入射这一理想条件之上的，但在实验中，还存在远轴光线，产生球面像差，在实际操作中可在透镜前加放一个光阑来限制远轴光线进入透镜，

但由于挡住了一部分的入射光线，不可避免的是像的亮度会降低，因此若要提高实验精度还需将实验中的光源换为亮度较高的 LED 灯，以提高精度。

（2）实验过程中发现物屏与像屏的间距 D 的选取对实验的影响也是不可忽略的。当 D 很大时，很难呈现清晰放大的像，当 D 较小时，很难呈现清晰缩小的像。经过实验多次验证，取 D 值应略大于 4 倍焦距，可找到两次清晰的成像，所产生的误差最小。

4.4.6 思考总结

通过本实验学生了解如何对简单光学系统进行共轴调节，加深对薄透镜成像规律的理解；学会用自准法、位移法、物距像距法三种方法测量薄透镜的焦距；同时通过本实验让学生了解望远镜和显微镜的基本原理，掌握其使用方法；通过实际测量，了解显微镜、望远镜的主要光学参数，拓展学生的知识面，提高学生的动手能力。

在实验过程中，可以思考以下问题。

（1）在调节共轴时需要注意哪些要求？不满足这些要求会对测量产生什么影响？

先利用水平尺将光具座导轨在实验桌上调成水平，然后进行各光学元件同轴等高的粗调和细调，直到各光学元件的光轴共轴，并与光具座导轨水平为止。如果不满足以上要求会带来像差，造成实验结果不准确。

（2）在测量透镜焦距和搭建望远镜显微镜时能观察到什么现象？怎么解释这些现象？

请学生自行思考。

（3）分析各测量透镜焦距方法的优点与缺点。

物像法比较方便，但是测量结果误差较大；位移法比物象距法准确但是比较烦琐；物象距法比较准确但是仍存一定误差。

（4）实验中会产生哪些误差？

请学生自行思考。

4.5　实验二十四　非线性元件伏安特性曲线的测量

4.5.1　物理问题

对欧姆定律不适用的导体和器件，即电流和电压不成正比的电学元件为非线性元件。非线性元件是一种通过的电流与加在其两端电压不成正比的电工材料，即它的阻值随外界情况的变化而改变。求解含有非线性元件的电路问题通常要借助 $U-I$ 图像，在定性分析中，重点是要掌握理论上的分析方法；而在定量计算中，一般求出的都只能是近似结果。除了电子电路中应用较多的部分普通电阻器，其他的电子电器元件基本都是非线性元器件，包括电容器、电感器、变压器、半导体器件等都是非线性元器件。

欧姆定律只适用于线性元件，对于非线性元件，电阻的定义式是成立的，由伏安特性曲线可得到两个电阻，即动态电阻和静态电阻，在不同场合（尤其是在研究非线性元件的伏安特性曲线时），要分别用到动态电阻和静态电阻。非线性元件的特性有哪些？测量非线性元件电阻的方法有哪些？通过本实验，将掌握测量有源非线性负阻元件的伏安特性的相关方法，并进一步探究非线性元件的特性。

4.5.2　物理原理

1．非线性电路与非线性动力学

非线性电路原理图如图 4.24 所示。图 4.25 所示的是该电阻的伏安特性曲线，从特性曲线显示加在此非线性元件上的电压与通过它的电流极性是相反的。由于当加在此元件上的电压增加时，通过它的电流反而减小，因此将此元件称为非线性负阻元件。

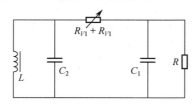

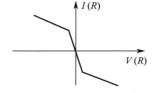

图 4.24　非线性电路原理图　　　　　　图 4.25　非线性负阻元件 R 的伏安特性曲线

图 4.24 中的 R_{V1} 和 R_{V2} 为可变电阻，R 为有源非线性负阻器件，L 为电感器，C_1 和 C_2 为电容器。

图 4.24 电路的非线性动力学方程为

$$C_1 \frac{\mathrm{d}UC_1}{\mathrm{d}t} = G(U_{C_2} - U_{C_1}) - gU_{C_1}$$

$$C_2 \frac{\mathrm{d}UC_2}{\mathrm{d}t} = G(U_{C_1} - U_{C_2}) + i_L$$

$$L \frac{\mathrm{d}i_L}{\mathrm{d}t} = -U_{C_2}$$

式中，导纳 $G = 1/(R_{V1} + R_{V2})$，U_{C_1} 和 U_{C_2} 分别表示 C_1 和 C_2 上的电压，i_L 表示流过电感器 L 的电流，G 表示非线性电阻的导纳。

2．有源非线性负阻元件的实现

有源非线性负阻电路图如图 4.26 所示，实现有源非线性负阻元件电路的方法有多种，这里使用的是一种较简单的电路，采用两个运算放大器和 6 个电阻来实现，它的伏安特性曲线如图 4.27 所示。

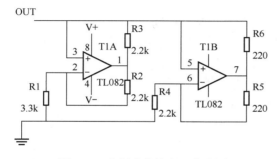

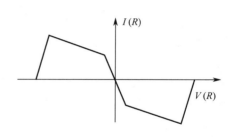

图 4.26　有源非线性负阻电路图　　　　　图 4.27　伏安特性曲线

4.5.3　实验方法

1. 实验电路

根据如图 4.28 所示的电路图，通过改变串联电阻箱的阻值来改变非线性电阻两端的电压和通过它的电流。

2. 操作流程

测量有源非线性电阻伏安特性的电路图如图 4.29 所示。

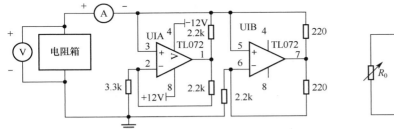 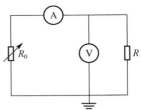

图 4.28　实验电路线路图　　　　　图 4.29　测量有源非线性电阻伏安特性的电路图

R_0 为 0～99999.9Ω 可调电阻箱，A 和 V 代表电流表和电压表，R 就是非线性负阻元件。

（1）按照图 4.29 进行接线，注意要将数字电流表的正极接电压表的正极。

（2）检查接线无误后即可开启电源。

（3）将电阻箱电阻由 99999.9Ω 起，由大到小调节，记录电阻箱的电阻值、数字电压表读数、电流表读数，直到电流随着电阻的减小而变大后出现拐点，使电流开始变小，可以结束数据记录。将电压值、电流值绘制在坐标系中，作出有源非线性电阻特性曲线，即 I-V 曲线，通过曲线拟合作出分段曲线。

4.5.4　实验数据

1. 数据记录

对于有源非线性电阻伏安特性的测量，需要测量电阻箱各阻值对应的电压表和电流表读数并记录在表 4.11 中。

表 4.11　有源非线性电阻伏安特性的测量数据

电压/V	电阻箱阻值/Ω	电流/mA

电压/V	电阻箱阻值/Ω	电流/mA

2. 数据处理

将记录的数据导入 Excel 中，以电压为纵轴、电流为横轴作出曲线，该曲线即为本次实验中非线性电阻的伏安特性曲线，得到的曲线是关于 Y 轴对称，并且两侧均具有转折点的曲线。

4.5.5 分析讨论

本实验主要绘制了非线性元件的伏安特性曲线，通过对曲线分析可以发现，非线性元件的伏安特性曲线并不像线性元件的伏安特性曲线一样是一条直线，而是一条曲线。这是由于非线性元件不遵守欧姆定律，需要用非线性电路与非线性动力学去分析非线性元件，还可以通过非线性元件的伏安特性曲线来获得该元件在不同电流、电压下的电阻。

该实验总体难度并不高，但是有一些小细节需要注意。本实验还有很多可以改进的地方，例如，将仪器进行适当调整使结果更加准确，也可以适当采用其他测量方法，还可以采用单片机自动测量并记录数据，结果会更加精准。

4.5.6 思考总结

本实验难度并不高，但因为本实验采用的是一个集成的非线性电阻，并非平常所用的普通二极管，所以在一些具体操作步骤上需要注意。本实验主要是对一个集成的非线性电阻的伏安特性曲线进行了测量，从电路原理图的理解和实物电路的搭建，让学生对电路中一些具体元件的连接方式和使用有了更深的理解，同时也对非线性元件的一些基本知识有了更为深入的认识，对于实物电路的搭建有了更深的体会。

在实验过程中要思考以下问题。

（1）欧姆定律适用的条件是什么？

提示：欧姆定律适用于金属、电解液导电，不适用于气态导体、半导体和非线性元件导电。需要指出的是，$U=IR$ 是欧姆定律是不对的，因为这个公式是电阻的定义式，适用于所有导电元件。

（2）如何测量非线性元件的电阻？

提示：利用电阻定义式，具体操作见前文。

4.6 实验二十五 光栅衍射

4.6.1 物理问题

衍射是一切波所共有的传播行为，为了观察衍射现象，由光源、衍射屏和接收衍射图样的屏幕组成一个衍射系统。在光栅衍射实验中，分光计、光栅、光源就共同构成了这样一个衍射系统。本实验从光栅衍射出发，研究光的衍射的现象和特点。由于实验室条件有限，本实验重点是利用光栅衍射学会测定光波波长、光栅常数；了解双光栅衍射实验中用到的光电器件（CCD 传感器）的原理、了解汇合光谱成像和消色散成像原理。

本实验要求掌握光的衍射的基本概念，进一步熟悉分光计的调节及使用。通过构建光学衍射系统，利用衍射光栅测定光波波长、光栅常数及空间频率。学习 CCD 传感器的原理及使用 CCD 传感器采集光学衍射图像的方法。观察汇合光谱成像现象，并验证双光栅衍射消色散成像关系方程。

4.6.2 物理原理

1. 光栅衍射

光栅上的刻痕起着不透光的作用，当一束单色光垂直照射在光栅上时，各狭缝的光线因衍射而向各方向传播，经透镜会聚，相互产生干涉，并在透镜的焦平面上形成一系列明暗条纹。如图 4.30 所示，已知有一个光栅常数 $d = AB$ 的光栅 G，有一束平行光从与光栅的法线成 i 角的方向入射到光栅上而产生衍射。从 B 点作 BC 垂直于 CA 的入射光，再作 BD 垂直于 AD 的衍射光，AD 与光栅法线所成的夹角为 φ。如果在这方向上由于光振动的加强而在 F 处产生了一个明条纹，其光程差 $CA + AD$ 必等于波长的整数倍，即

$$d(\sin\varphi \pm \sin i) = m\lambda \tag{4.12}$$

式（4.12）中，λ 为入射光的波长。当入射光和衍射光在光栅法线同侧时，式（4.12）左侧括号内取正值；当入射光和衍射光在光栅法线两侧时，式（4.12）左侧括号内取负值。如果入射光垂直入射到光栅上，即 $i = 0$，则式（4.12）变成

$$d\sin\varphi_m = m\lambda \tag{4.13}$$

这里，$m = 0, \pm 1, \pm 2, \pm 3, \cdots$ m 为衍射级次，φ_m 为第 m 级谱线的衍射角。

如图 4.31 所示，当波长 λ 的光束入射在光栅 G 上，入射角为 i，若与入射线同在光栅法线 n 一侧的 m 级衍射光的衍射角为 φ，则由式（4.12）可知

$$d(\sin\varphi \pm \sin i) = m\lambda \tag{4.14}$$

若以 Δ 表示入射光与第 m 级衍射光的夹角，该夹角称为偏向角，则有

$$\Delta = \varphi + i \tag{4.15}$$

显然，Δ 随入射角 i 的变化而变化，不难证明当 $\varphi = i$ 时 Δ 为极小值，记作 ϕ，称为最小偏向角。并且仅在入射光和衍射光处于法线同侧时才存在最小偏向角。此时

$$\varphi = i = \frac{\pi}{2} \tag{4.16}$$

将式（4.16）代入式（4.14）可得

$$2d\sin\frac{\phi}{2}=m\lambda, \qquad m=0,\pm1,\pm2\cdots \tag{4.17}$$

由此可见，如已知光栅常数 d，只要测出了最小偏向角 ϕ，就可根据式（4.17）算出波长 λ；反之，已知波长 λ，可求光栅常数 d。在求出光栅常数后，光栅的空间频率为

$$\mu=\frac{1}{d} \tag{4.18}$$

光栅衍射光谱如图 4.32 所示。

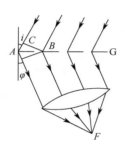 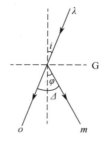 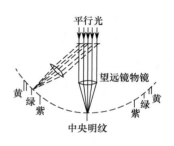

图 4.30　光栅衍射示意图　　图 4.31　衍射光谱的偏向角示意图　　图 4.32　光栅衍射光谱

2．光电图像传感器原理

图像传感器是利用光电器件的光电转换功能将感光面上的光像转换为与光像成相应比例关系的电信号。与光敏二极管，光敏三极管等点光源的光敏元件相比，图像传感器是一种将其受光面上的光像分成许多小单元，并将这些小单元转换成可用的电信号的功能器件。

CCD 传感器由一系列排紧密的 MOS（金属氧化物-半导体）电容器组成，以电荷为信号，经过产生、存储、转移和检测等过程，可实现将光图像转换成电信号。CCD 结构如图 4.33 所示。

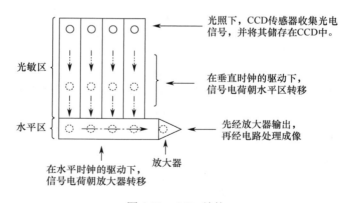

图 4.33　CCD 结构

以 P 型硅为例，在 P 型硅衬底上通过氧化在表面形成 SiO_2 层，然后在 SiO_{2+} 上淀积一层金属为栅极，P 型硅里中的多数载流子是带正电荷的空穴，少数载流子是带负电荷的电子，当在金属电极上施加正电压时，其电场能够透过 SiO_2 绝缘层对这些载流子进行排斥

或吸引。于是带正电的空穴被排斥到远离电极处，剩下的带负电的少数载流子在紧靠 SiO₂ 层形成负电荷层（耗尽层），电子一旦进入电场，由于电场作用就不能复出，故又称为电子势阱。

当元件受到光照时（光可从各电极的缝隙间经过 SiO₂ 层射入，或经衬底的薄 P 型硅射入），光子的能量被半导体吸收，产生电子–空穴对，这时出现的电子被吸引存储在势阱中，这些电子是可以传导的。光越强，势阱中收集的电子越多，光弱则反之，这样就把光的强弱变成电荷的数量，实现了光与电的转换，而在势阱中收集的电子处于存储状态，即使停止光照一定时间内也不会损失，这就实现了对光照的记忆。

CCD 传感器的成像原理是通过感光二极管将光线转换为电荷，当拍摄者对焦完毕按下快门时，光线通过打开的快门（目前消费级数码相机基本都采用电子快门）透过马赛克色块射入在 CCD 传感器上，感光二极管在接收光子的撞击后释放电子，所产生电子的数目与该感光二极管感应到的光成正比。图 4.34（a）为用作少数载流子存储单元的 MOS 电容器剖面图，图 4.34（b）为有信号电荷的势阱，图上用阱底的液体代表。

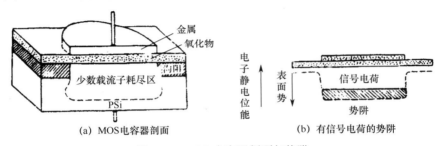

图 4.34　MOS 电容器剖面与势阱

3. 光栅的汇合光谱特性与双光栅成像效应

光栅汇合光谱特性是指不同入射角的各色光束经光栅衍射后得到有相同 （或基本相同）出射角光束的性质，这与光栅的色散特性正好相反。

通过分析与应用光栅方程 $d(\sin\theta + \sin\beta) = k\lambda$ 来理解汇合光谱效应。该方程反映了一个单色光经过光栅后各级光的衍射角与入射角间的关系，式中第一项中的 θ 为入射角，第二项中的 β 为衍射角，k 为级数，且 $\beta = \beta(k)$。基于此方程，可以得到反映多波长光束的光栅衍射方程，即

$$d(\sin\theta + \sin\beta_{ki}) = k\lambda_i \qquad (4.19)$$

式中，λ_i 为第 i 个波长，β_{ki} 为第 i 个波长的 k 级衍射角，对于第 m 级光谱有 $\beta_{ki} = \beta_{mi}$，现考虑某一具体 $k = m$ 级光谱的光逆向回射光栅，则各色光波以各自的衍射角 β_{mi} 作为入射角射入光栅，此时方程为

$$d(\sin\beta_{mi} + \sin\beta'_{ki}) = k\lambda_i \qquad (4.20)$$

比较式（4.19）和式（4.20）两式可知，对于此时的 $k = m$ 级衍射光有 $\beta'_{mi} = \theta$。即有

$$d(\sin\beta_{mi} + \sin\theta) = m\lambda_i \qquad (4.21)$$

可见在该新的出射光的各级光谱中也有对应的 m 级，该级的各色光有共同的出射角 θ。即光栅有这样的功能：将一部分按光谱排列的各色光束汇合为一束，这就是我们定义的汇

合光谱，如图 4.35 所示。式（4.21）反映了汇合光谱的条件，方程中的 m 级就是汇合级。一般来说，透过一个光栅去看一个光谱，总可以通过调整光栅与光谱的距离使其满足汇合光谱条件，从而可以看到汇合光谱现象。如果入射光谱波长范围包含整个可见光波段则汇合级是一束白光。

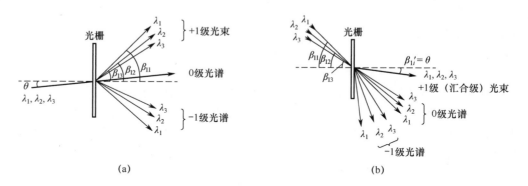

图 4.35　多波长光束被光栅衍射的示意图

4. 双光栅衍射消色散成像

本实验是综合运用光栅的色散特性及汇合光谱特性的物理光学实验，第 2 片光栅将光源经第 1 片光栅色散得到的物光谱重新汇合，形成清晰的物体图像，实验光路图如图 4.36 所示，O 为被观察的目标物，实验中所用物体为发光十字，G1 和 G2 分别为非倾斜平面透射光栅，P 是挡板。光栅 G1 使物光色散为物光谱。当光栅 G2 被置于 k_1 级衍射光束的中心轨迹上的恰当位置时，由 G2 衍射形成的各级光谱中会有一级光束实现汇合光谱而发生双光栅衍射对物体的消色散成像现象，从该汇合光谱光束中能观察到原物清晰的图像。

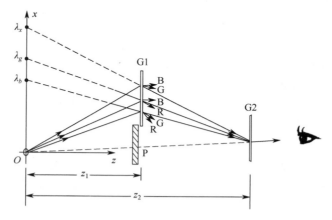

图 4.36　双光栅衍射消色散成像示意图

为成功观察到衍射的像，两光栅的空间频率、衍射光的级数及放置方位满足如下方程

$$\frac{k_1 z_1}{d_1} = -w\frac{k_2 z_2}{d_2} \tag{4.22}$$

式中，k_1、$\dfrac{1}{d_1}$ 和 z_1 分别为光栅 G1 的衍射级数、空间频率和 G1 至物体的垂直距离；k_2、$\dfrac{1}{d_2}$ 和 z_2 分别为光栅 G2 衍射级数、空间频率和 G2 至虚光谱的垂直距离；负号表示光束经过两个光栅衍射时的衍射光级数符号相反；w 是系数，当两光栅平行放置时，$w \approx 1$。图 4.37 为经双光栅系统衍射后得到的图像照片。

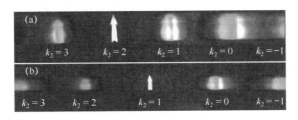

图 4.37　经双光栅系统衍射后得到的图像照片

4.6.3　实验方法

1. 实验装置

光栅衍射实验仪器：分光计、汞灯、光栅。

双光栅衍射成像实验仪器：双光栅衍射成像仪。

2. 操作流程

光栅衍射的实验步骤如下。

（1）调整分光计和光栅以满足测量要求。

（2）在光线垂直入射的情形下，当 $i=0$ 时，测定光栅常数和光波波长。

① 调整光栅平面与平行光管的光轴垂直，这是平行光垂直入射于光栅平面的重要条件，因此要仔细调节。调节方法是：先将望远镜的竖叉丝对准零级谱线的中心，从刻度盘读出入射光的方位。注意：零级谱线的亮度很强，长时间观察会损伤眼睛，观察时必须在狭缝前加一两层白纸以减弱其光强。再测出同一 m 级左右两侧一对衍射谱线的方位角，分别计算出它们与入射光的夹角，如果二者角度差不超过 a'，就可认为是垂直入射。

② 在实验开始前由式（4.13）推导出 d 和 a 的不确定度公式。为了减小测量误差，应根据观察到的各级谱线的强弱及不确定度的公式来决定测量第几级的光强比较合理。

③ 测定 φ_m。当光线垂直于光栅平面入射时，对于同一波长的光，对应于同一 m 级左右两侧的衍射角是相等的。为了提高精度，一般测量零级左右两侧各对应级次的衍射线的夹角 $2\varphi_m$。测量时应注意消除圆度盘的偏心差。

④ 求 d 及 λ。已知汞灯绿线的波长 $\lambda=546.1\mathrm{nm}$，由此可测得绿线衍射角为 φ_m，求出光栅常数 d。再用已求出的 d 测出汞灯的两条黄线和一条最亮的紫线的波长，并计算 d 和 λ 的不确定度。

（3）在 $i=15°$ 时，测定汞灯光谱中波长较短的黄线的波长。（该步选做）

① 使光栅平面法线与平行光管光轴的夹角（即入射角）等于 $150'$，同时记下入射光方

位和光栅平面的法线方位。

② 测定波长较短的黄线的衍射角 φ_m。与光线垂直入射时的情况不同，在斜入射的情况下，对于同一波长的光，其分居入射光两侧且属同一级次的谱线的衍射角并不相等，因此，只能分别测出 φ_m。

③ 根据上述读数，判断衍射光线和入射光线位于光栅平面法线同侧还是两侧。

④ 确定 m 的符号并用已求出的 d 计算出汞灯光谱中波长较短的黄线的波长 λ。

观察汇合光谱成像，根据方程（4.21）计算不同色光的入射角与衍射角的关系，控制不同波长光束的入射角，观察衍射现象是否为汇合光谱现象。

双光栅成像实验步骤如下。

（1）调节光具座使其水平，将物体、挡板、光册 G2 依次放置在光具座上，调节三者中心在同一高度。先用汞灯照射物体，再将光栅 G1 放置在全息台上，使其与光具座上的物体、挡板、光栅 G1 中心等高。将光栅 G1 摆放在垂直光具座的方向且与挡板近似成一条直线。

（2）将 G_1 放置于用眼睛可观察到被汇合的一级光谱的完整像的位置，并调节光栅的位置，使所选择衍射级次的级衍射光沿光栅最小偏向角的方向衍射。成像系统中各参数满足关系式（4.22）。

（3）确定 z_1 后，在所选择衍射级次光谱的衍射光区域内微动调节 G2，并观察衍射成像，当调节相关参数满足汇合光谱条件时，可以得到清晰的物体的像。由于光栅、透镜的通光口径有限，因此随着 z_1、z_2 的增大需同时适当调节遮光板与 G1 在垂直导轨方向的距离，以满足该级衍射光沿光栅最小偏向角方向衍射，同时将 G2 移至 G1 选定级次的衍射光谱处。

（4）微动调节 G_2 观察成像，当通过 G2 观察到物体的消色散成像时，记录光栅 G2 到物体的垂直距离 z_2，并与利用公式（4.22）计算的 z_2 理论值进行比较。

（5）通过实验方法验证双光栅成像方程，用 CCD 传感器采集物体消色散的像，分析不同空间频率光栅组合对最终成像的影响，并分析消色散的效果。

4.6.4　实验数据

1. 数据记录

本实验需要测量的数据包括衍射级数、光标方位。

（1）光栅衍射。将光栅衍射数据记录在表 4.12 中。光栅常数：$d=$＿＿＿＿＿，入射光方位 $\varphi_左=$＿＿＿＿＿，$\varphi_右=$＿＿＿＿＿。

表 4.12　光栅衍射数据

波长/nm	黄 1		黄 2	
衍射级数 m	2		2	
游标	1	2	1	2
左侧衍射光标方位 $\varphi_左$				
右侧衍射光标方位 $\varphi_右$				

续表

$2\varphi_0 = \varphi_左 - \varphi_右$				
$\overline{2\varphi_0}$				
$\overline{\varphi_0}$				
波长/nm	546.1		紫	
衍射级数 m				
游标	1	2	1	2
左侧衍射光标方位 $\varphi_左$				
右侧衍射光标方位 $\varphi_右$				
$2\varphi_0 = \varphi_左 - \varphi_右$				
$\overline{2\varphi_0}$				
$\overline{\varphi_0}$				

（2）双光栅衍射消色散成像。将双光栅衍射消色散成像数据记录在表 4.13 中。

需要测量的数据包括：G2 至物体的垂直距离 z_2（光栅 G1 的频率为 800 线/mm、衍射级数为 1 级，光栅 G2 的频率为 600 线/mm、衍射级数为−1 级）。

表 4.13 双光栅衍射消色散成像数据

z_1/cm	z_2/cm（理论）	z_2/cm（实验）	理论与实验差值
40.00	53.30		
50.00	66.67		
60.00	80.00		
70.00	93.30		
80.00	106.70		
90.00	120.00		

2. 数据处理

（1）光栅衍射

① 由绿光的 λ 求 d：先光栅常数 $d\sin\overline{\varphi_0} = m\lambda$，再求不确定度。

② 由 d 求其他光的 λ：将其他光的测量数据 $\overline{\varphi_0}$、d 与 $m=3$ 代入公式 $d\sin\overline{\varphi_0} = m_\lambda$ 即可求得波长 λ，再求不确定度。

（2）双光栅衍射消色散成像

根据实验数据用 Excel 拟合 z_1 和 z_2 关系，两者为线性关系，理论值与实验值之差为负数表示实验值大于理论值，正数表示实验值小于理论值。

当实验中所用光栅 G1 的空间频率为 800 线/mm，光栅 G2 的空间频率为 600 线/mm，$K_1 = 1$，$K_2 = -1$ 时，将上述参数代入双光栅成像方程（4.22），化简得到 z_1 值与 z_2 值的函数关系，通过直线的斜率与理论值斜率，求相对误差。

4.6.5　分析讨论

1．实验操作

分析：（1）由图 4.36 可见，本实验的光路并不复杂，值得注意的是，若要观察到双光栅衍射成像现象，则两光栅不能随便放置，其衍射光级数、空间频率和 G1 与 G2 至物体的垂直距离需满足双光栅成像方程（4.22）。

（2）本实验光路成"Z"形，在实验中需先将第 1 片光栅 G1 放置于用肉眼可观察到要被汇合的那一级光谱的完整光谱像的恰当位置，然后在这级光谱的衍射光区域前后左右移动第二片光栅，并观察其衍射像，只有当满足汇合光谱条件时才能看到清晰的原物图像。

2．实验设计

（1）光栅的色散作用与汇合光谱作用是光栅本质特性的两种不同现象，双光栅衍射成像效应从两个方面很好地展示了光栅的衍射性质，该新型衍射实验既具有代表性，又有创新性。

（2）本实验与以往的光栅实验相比较具有较大优势，以往的光栅实验只使学生认识光栅的色散作用而没有认识光栅的汇合光谱作用，故对光栅作用的认识具有片面性；通过本实验可以对光栅的认识较全面，不仅涉及光栅的色散特性还涉及光栅的汇合光谱特性，并将二者巧妙结合。

4.6.6　思考总结

对本实验进行误差分析。

（1）如果光栅不严格垂直入射光，而测量数据时仍用公式（4.12）进行波长、光栅常数等物理量的计算，将造成实验误差。

（2）由于入射角 θ 不等于零故会产生两项误差，如在人眼读数时，因个人操作习惯而得到的暗明带宽度各有差异。

（3）测量高次光谱时，若一阶修正项增大，则实验误差也会增大。

在汇合光谱实验中，由于不需要进行具体数据的测量，只需要观察实验现象，因此主要集中在对实验现象的理解和认识上。在双光栅衍射消色散成像实验中，主要误差来源于两个方面：一是物体距离光栅的距离是否准确；二是两个光栅是否相互平行。尤其是保证光栅平行很重要，因为没有合适的测量工具，所以只能靠目测来保证平行。故此次实验可能有较大的误差。总之，实验整体并不难，需要记录的数据也比较简单。

4.6.7　实验资源

双光栅衍射成像仪如图 4.38 所示。

（1）机械移动部分：由底座、Z 方向轨道 T0，X 方向轨道 T1、T2、T3，以及滑动支架 S1、S2、S3、S4 组成。其中，方向的两轨道座能在 Z 方向轨道上滑动；各滑块及其上面的支架能在 X 方向轨道上滑动，所以机械移动部分的作用是使各滑块能在平面上移动，也能

在 *X*、*Z* 面上的轨道长度范围内随意移动。因而，由滑块支撑的光学元件也就能在平面轨道长度范围内移动。所有轨道上都有刻度，可以读出滑快的 *X*、*Z* 坐标（即衍射元件坐标）。

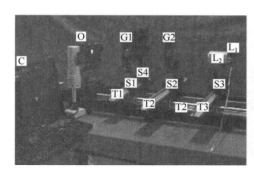 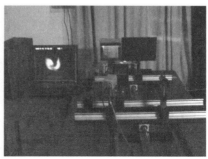

图 4.38 双光栅衍射成像仪

（2）光学元件：由光源 O、光栅 G1、光栅及望远镜 L1 组成。

衍射成像实验主要依赖衍射元件完成。该仪器提供 4 块不同空间频率的平面衍射光栅，可以进行不同组合的衍射成像实验。为了便于观察衍射像，配有望远镜配件。需要时，将望远镜架在滑块 4 上，通过望远镜观察图像。

在实验中，将光源按图 4.38 所示准备好，并将选择好的光栅组分别插入滑块 7 与滑块 8 上的光栅支架即可进行实验。

（3）计算机图像采集系统：由计算机系统、摄像头 L2 及图像读取系统组成。

4.7 实验二十六 全息光栅的制作

4.7.1 物理问题

全息光栅是用全息照相的方法制作的一种分光元件。作为光谱分光元件，与传统的刻画光栅和复制光栅相比，光谱具有无鬼线、杂散光少、分辨率高、有效孔径大、生产效率高、价格便宜等优点，已广泛应用于各种光栅光谱仪中，供科研、教学、产品开发之用。在光信息处理中，可作为滤波器用于图像相减、边沿增强等。本实验主要进行平面全息光栅的设计和制作，决定光栅性能的基本参数有三个：光栅的周期或空间频率（周期的倒数）、槽形（一个周期内的具体结构）、光栅的衍射效率。

本实验主要是利用马赫·曾德干涉仪法制作全息光栅并测其空间频率，以及使用分光计测量全息光栅的光栅常数。通过本实验，可以了解全息光栅的制作流程和全息光栅制作的物理原理，帮助学生提高实验能力，加深对物理原理的掌握。

4.7.2 物理原理

1. 光的干涉原理

当两束相干的平面波以一定角度相遇时，在相遇区域内便会产生干涉，其干涉图样在某一平面内是一系列平行等距的干涉条纹，其强度分布则是按余弦规律变化的，即干涉图

样的强度分布为

$$I = I_1 + I_2 + 2A_1A_2\cos(\varphi_1 - \varphi_2) \tag{4.23}$$

式中，$I_1 = A_1^2$，$I_2 = A_2^2$，A_1 与 A_2 分别是两列平面波的振幅，φ_1 与 φ_2 分别是对应的空间相位函数。当两束相干光的光程差为 2π 的整数倍时，即

$$\varphi_1 - \varphi_2 = 2n\pi, \quad n = 0、\pm1、\pm2\cdots \tag{4.24}$$

式（4.24）描述了两束相干光干涉所形成的峰值强度面的轨迹，如图 4.39 所示。若能用记录介质将次干涉图样记录下来并经过适当处理，则获得了一块全息光栅。

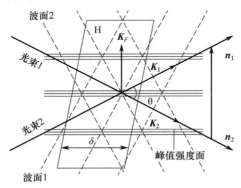

图 4.39　两束相干光干涉峰值强度面的轨迹

2．全息光栅基本参数的控制

（1）全息光栅空间频率（周期）的控制

如图 4.40 所示，波长为 λ 的 I、II 两束相干的平行光与 P 平面法线的夹角分别为 θ_1、θ_2，它们之间的夹角为 $\theta = \theta_1 + \theta_2$。这两束相干的平行光相干叠加时所产生的干涉图样是平行等距的、明暗相同的直条纹，条纹的间距 d 为

$$d = \frac{\lambda}{\sin\theta_1 - \sin\theta_2} = \frac{\lambda}{2\sin\frac{1}{2}(\theta_1 + \theta_2)\cos\frac{1}{2}(\theta_1 - \theta_2)} \tag{4.25}$$

当两束对称入射，即 $\theta_1 = \theta_2 = \dfrac{\theta}{2}$ 时，有

$$d = \frac{\lambda}{2\sin\dfrac{\theta}{2}} \tag{4.26}$$

当 θ 很小时，有

$$d = \frac{\lambda}{\theta} \tag{4.27}$$

若所制光栅的空间频率较低，则两束光之间的夹角不大，就可以根据式（4.27）估算光栅的空间频率。具体方法是：把透镜 L_0 放在两光束 I、II 的重合区，则两光束在透镜后焦面上汇聚成两个亮点，若两个亮点之间的距离为 X_0，透镜的焦距为 f，则

$$\theta = \frac{X_0}{f} \tag{4.28}$$

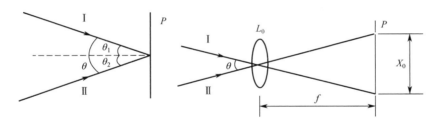

图 4.40　估测光栅空间频率的光路示意图

将式（4.28）代入式（4.27）得到

$$d = \frac{f\lambda}{X_0} \tag{4.29}$$

即光栅的空间频率 ν 为

$$\nu = \frac{1}{d} = \frac{X_0}{f\lambda} \tag{4.30}$$

如图 4.40 所示，将屏 P 放在透镜 L 的后焦面上，根据亮点的距离 X_0 估算光栅的空间频率 ν，即

$$X_0 = f\lambda\nu \tag{4.31}$$

（2）全息光栅槽形的控制

由于全息光栅是通过记录相干光场的干涉图形制成的，因此其光栅的周期结构与两个因素有关：干涉图样的本身周期结构和记录干涉图样的条件。如果干涉图形是余弦条纹，那么通过曝光所制得的光栅是否与干涉图形具有相似的周期结构呢？回答是不一定的，只有当记录过程是线性记录时，即曝光底片变黑的程度与干涉图样的强度成正比时，所制得的全息光栅才具有与干涉场相似的周期结构。

（3）测量空间频率的方法

将制备的光栅直接置入激光细光束中，在远处屏上将得到其衍射图样，如图 4.41 所示。由于光栅至屏的距离远大于光栅间距，此衍射图样为夫琅和费衍射图样，即频谱。如果光栅的频谱只有 0 级和 ±1 级三个亮点，则表明此光栅为正弦型的。如果频谱中出现 ±2、±3、… 级亮点，则表明此光栅为非正弦型。根据光栅 G 至屏 P 的距离 l，以及频谱中 ±1 级两亮点之间的距离 d，则根据式（4.32）可计算出光栅的实际空间频率 ν，即

$$\nu = \frac{d}{2l\lambda} \tag{4.32}$$

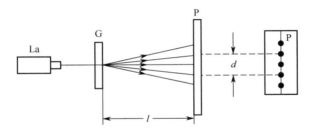

图 4.41　检测光栅特性参数的光路图

（4）全息光栅的光栅常数的测量

本实验使用分光计来测量全息光栅的光栅常数。设透射光栅的缝宽为 a，不透光部分宽度为 b，$a+b=D$ 为光栅常数。当单色平行光垂直入射到衍射光栅上，通过每个缝的光都将发生衍射，不同缝的光彼此干涉，当衍射角满足光栅方程时，有

$$D\sin\varphi = k\lambda, \quad k = 0, \pm1, \pm2\cdots \tag{4.33}$$

光波加强，产生主极大。若在光栅后加一个会聚透镜，则在其焦平面上形成分隔开的对称分布的细锐明条纹，如图 4.42 所示。

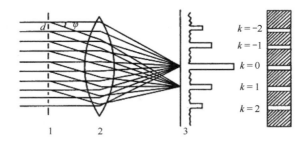

图 4.42　光栅衍射原理图

在式（4.33）中，λ 为单色光波长，k 是明条纹级数。如果光源是包含不同波长光波的复色光，那么经过光栅衍射后，对不同波长的光，除零级外，由于同一级主极大有不同的衍射角 φ，因此在零级主极大两边出现对称分布、按波长顺序排列的谱线，该谱线称为光栅光谱。

根据光栅方程，若以已知波长的单色平行光垂直入射，只要测出对应级次条纹的衍射角 φ，即可求出光栅常数 d。

4.7.3　实验方法

1．实验装置

实验模型如图 4.43 所示，由分光计、防震台、反射镜、分束镜、扩束镜、光学支架及磁性座、氦氖激光器、曝光定时器、全息感光胶片、暗室冲洗器材等组成。

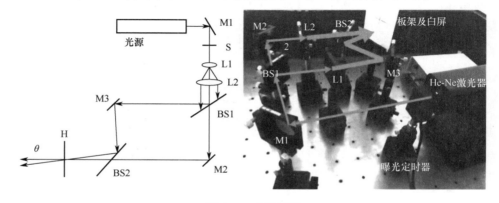

图 4.43　实验模型

2．实验内容

（1）全息光栅的制作过程如下。

① 首先按图 4.42 所示的方式确定各元件的位置。

② 打开激光器使光通过针孔在屏上形成夫琅和费衍射图案，调节针孔到物镜的距离使得接收屏上的光为柔和均匀的光，调节凸透镜的位置使得出射光为平行光。

③ 调节两面半反半透镜和两面全反镜的位置，使其摆成一个平行四边形，在屏上得到两个光斑。

④ 调节半反半透镜和全反镜的微调旋钮，使得两个光斑大体重合。

⑤ 光路调好后关闭照明灯，在黑暗的环境下将全息干板带乳胶的一面朝向光入射的方向并固定在干板架上。

⑥ 静默几分钟，待环境稳定后，启动激光器对干板曝光，时间约为 30s～50s。

⑦ 取下干板，放入显影液中待曝光部分变为浅棕色立即取出用清水冲洗几秒钟，然后放入定影液中定影 3～5 分钟，并用手轻轻晃动定影液。

⑧ 将干板从定影液中取出，用清水冲洗几分钟，然后烘干。

⑨ 用激光束检验干板，检查是否能看到零级、一级或更多级的光斑，若能看到，说明可用于测定光栅常数和空间频率。

（2）全息光栅空间频率的测定过程如下。

如图 4.40 所示，将制备的光栅直接置入激光束中，在远处屏上将得到其衍射图样。由于光栅至屏的距离远大于光栅间距，故此衍射图样为夫琅和费衍射图样，即其频谱。如果光栅的频谱只有 0 级和 ±1 级三个亮点，则表明此光栅是正弦型的。如果频谱中出现 ±2、±3、…级亮点，则表明此光栅为非正弦型。记录光栅至屏的距离 l，以及频谱中 ±1 级两亮点之间的距离 d，则根据式（4.32）可计算出光栅的空间频率 ν，共测量 6 次，每次改变光栅至屏的距离 l 测出 ±1 级两亮点间距离 d。

（3）全息光栅的光栅常数测定。

① 调整好分光计，将望远镜调焦于无穷远，使平行光管与望远镜光轴均垂直于仪器主轴，平行光管产生平行光，狭缝宽度调至 1mm。

② 调节光栅平面；使其垂直于入射光。首先使望远镜对准平行光管，从望远镜中观察被照亮的平行光管狭缝的像，使其和叉丝的竖直线重合，固定望远镜，然后按照如图 4.42 摆放光栅，左右转动载物平台，看到反射的绿十字，调节平台螺钉 b2 或 b3，使绿十字和目镜中的叉丝重合，这时光栅与入射光垂直。

③ 用汞等照亮平行光管的狭缝，转动望远镜，观察光谱，找到 0、±1、±2 级条纹，利用两个角游标精确读数，然后根据实验得到的绿线的衍射角及汞灯光中绿线的波长求光栅常数 d 值。

4.7.4 实验数据

（1）全息光栅空间频率的测定，将测量数据记录在表 4.14 中。

（2）全息光栅的光栅常数测定，将测量数据记录在表 4.15 中。

表 4.14 全息光栅空间频率的测定 $\lambda_{氦氖} = 632.8\text{nm}$

次数	1	2	3	4	5	6
l/cm						
d/cm						
$v/(\text{线/mm})$						

表 4.15 全息光栅的光栅常数测定 $\lambda_{绿} = 546.1\text{nm}$

衍射光谱级次（k）	−1	1	−2	2
左侧衍射光角坐标 $\theta_{左}$				
右侧衍射光角坐标 $\theta_{右}$				
$2\theta_{K左} = \left\| \theta_{-左i} - \theta_{左i} \right\|$				
$2\theta_{K右} = \left\| \theta_{-右i} - \theta_{右i} \right\|$				
$\overline{2\theta_K} = \dfrac{2\theta_{K左} + 2\theta_{K右}}{2}$				
$\overline{\theta_k} = \dfrac{\overline{2\theta_k}}{2}$				

4.7.5 分析讨论

（1）在进行全息光栅的制作时，有哪些因素可能导致实验失败？

分析：造成全息光栅记录失败的原因有许多，例如，在记录时，干板夹持角度有误，最后导致光栅衍射时，衍射出的一级明纹和零级明纹不在同一条线上，进而导致测量误差；干板夹的位置偏低或偏高，导致记录干涉条纹的范围不大，最后只有部分数据记录成功；又或者显影、定影部分操作不当等这些都可能导致实验的失败。

（2）全息光栅与刻画光栅有哪些优点？分析影响全息光栅质量的因素。

分析：全息光栅与普通光栅相比具有工作时不会产生鬼线和伴线、制作方便、分辨率高等优点。保证两相干光束分别平行入射到全息干板中，以及全息干板上两束相干光要有较大的干涉区域，并且拍摄和显影要保证在暗房中进行。

（3）为什么在调整实验系统时，要使两束相干光尽量相近？

分析：为了得到良好的干涉条纹对比度，并且使干涉区域较大，并得到质量好的全息光栅。当两平面波对于平板平面成对称分布时，干涉条纹成平行等距分布，光栅的空间频率为干涉条纹间距的倒数。

（4）利用马赫·曾德干涉仪法制作全息光栅的优缺点有哪些？还有哪些其他的方法能制作全息光栅？

分析：利用马赫·曾德干涉仪法优点是对光路精确度要求不高，实验效果不错，易于操作；缺点是由于光路精确度不高导致实验不够精确。其他方法有洛埃镜改进法、杨氏双缝干涉法。

4.7.6　思考总结

全息光栅是一种重要的分光元件。作为光谱分光元件，与传统的刻画光栅相比，具有较多的优点，本实验主要进行平面全息光栅的设计和制作，涉及的实验原理较多，本实验大致分为两部分：全息光栅的制作和全息光栅相关参数的研究。本实验要求学生学习并掌握制作和调整全息光栅的实验光路与相关实验步骤，了解全息光栅相关的理论知识和实验现象。

本实验主要是考验学生对实验理论的理解和实践动手能力，帮助学生加深对光干涉和衍射的理解。通过动手制作光栅，深入理解实验内容。在检测光栅常数的实验部分，帮助学生复习使用分光计测量光栅常数的实验内容。让学生了解全息光栅的作用与相关应用，加强学生的实践能力。

通过本实验，学习用马赫·曾德干涉仪法来制作全息光栅并测定光栅相关参数。实验完成后，感兴趣的学生可以查阅相关资料来学习如何用其他方法来制作光栅，学生也可以发散创新思维，并将创新点运用到实验的设计之中，提高实验素养。

4.8　实验二十七　超声光栅

4.8.1　物理问题

声光效应是指光波在通过受到超声波扰动的介质时发生衍射的现象，这种现象是光波与介质中声波相互作用的结果。由于超声波调制了液体的密度，使原来均匀透明的液体变成折射率周期变化的超声光栅，当光束穿过时，就会产生衍射现象，由此可以准确测量声波在液体中的传播速度，如何用仪器来测得不同介质中的声速是本实验的目的之一。

早在 1921 年布里渊曾预言液体中的高频声波能使可见光产生衍射效应，十年后，P.J.W. 德拜、F.W. 西尔斯、R. 卢卡斯和 P.Biquard 分别观察到了声光衍射现象，通过此实验将直观地了解声波如何对光信号进行调节。20 世纪 60 年代后，随着激光技术的出现及超声技术的发展，使声光效应得到了广泛的应用。如制成声光调制器和偏转器，可以快速而有效地控制激光束的频率、强度和方向。目前，声光效应在激光技术、光信号处理和集成通信技术等方面有着非常重要的应用。

4.8.2　物理原理

1. 超声光栅

超声波作为一种纵波在液体中传播时，超声波的声压使液体分子产生周期性变化，促使液体的折射率也相应地做周期性变化，进而形成疏密波。此时如有平行单色光沿垂直超声波方向通过这疏密相间的液体时，就会被衍射，这一作用，类似于光栅，所以叫超声光栅。

超声波在传播时，如前进波被一个平面反射，则会发生反向传播。在一定条件下前进波与反射波可以形成驻波。由于驻波的振幅小可以达到单一行波的两倍，加剧了波源和反射面之间的疏密程度，在某时刻，驻波的任意波节两边的质点都涌向这一点，使该节点附近形成密集区，而相邻波节处为质点稀疏处；半个周期后，这个节点附近的质点向两边散开形成稀疏区，而相邻波节处变为密集区。在这些驻波中，稀疏区使液体的折射率减小，而压缩作用使液体折射率增大，在距离等于波长 A 的两点，液体的密度相同，折射率也相等，如图 4.44 所示。

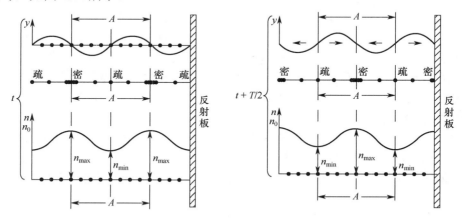

图 4.44　液体中在 t 和 $t+T/2$ 两个时刻的驻波振动（T 为超声振动周期）

2. 超声光栅液体中的声速

在透明介质中，有一束超声波沿某个方向传播，另一束平行光垂直于超声波传播方向（OY 方向）入射到介质中，当光波从声束区中出射时，就会产生衍射现象。

实际上由于声波是弹性纵波，它的存在会使介质（如纯水）密度在时间和空间上发生周期性变化如图 4.45（a）所示，即

$$\rho(z,t) = \rho_0 + \Delta\rho\sin\left(\omega_s - \frac{2\pi}{A}z\right) \tag{4.34}$$

式中，z 是沿声波传播方向的空间坐标，$\rho(z,t)$ 是 t 时刻 z 处的介质密度，ρ_0 为没有超声波存在时的介质密度，ω_s 叫是超声波的角频率，A 是超声波波长，$\Delta\rho$ 是密度变化的幅度。介质的折射率周期性变化公式为

$$n(z,t) = n_0 + \Delta n\sin\left(\omega_s - \frac{2\pi}{A}z\right) \tag{4.35}$$

式中，n_0 为平均折射率，Δn 为折射率变化的幅度。考虑到光在液体中的传播速度远大于声波的传播速度，故可以认为在液体中，由超声波形成的疏密周期性分布，在光波通过液体的这段时间内是不随时间变化而改变的，因此，液体的折射率仅随位置 z 而改变，如图 4.45（b）所示，即

$$n(z) - n_0 + \Delta n\sin\left(\frac{2\pi}{A}\right)z \tag{4.36}$$

由于液体的折射率在空间内有这样的周期分布，当光束沿垂直于声波方向通过液体后，光波波阵面上不同部位经历了不同的光程，波阵面上各点的位相为

$$\varphi = \varphi_0 + \Delta\varphi = \frac{\omega n_0 L}{c} - \frac{\omega \Delta n L}{c} \sin\left(\frac{2\pi}{A}\right) z \qquad (4.37)$$

式中，L 是声速宽度，ω 是光波角频率，c 是光速。通过液体压缩区的光波波阵面将落后于通过稀疏区的光波波阵面。原来的平面波阵面变得折皱了，其折皱情况由 $n(z)$ 决定，由图 4.46 可见，可以将载有超声波的液体看成一个位相光栅，光栅常数等于超声波波长。

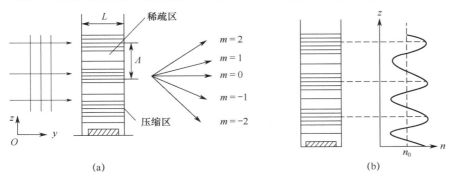

图 4.45　超声光栅液体中的声速

单色平行光沿垂直于超声波传播方向上通过上述液体时，因折射率的周期变化使光波的波阵面产生了相应的位相差，经透镜聚焦出现衍射条纹。这种现象与平行光通过透射光栅的情形相似。因为超声波的波长很短，只要将盛装液体的液体槽的宽度能够维持平面波，槽中的液体就相当于一个衍射光栅。途中行波的波长 A 相当于光栅常数，即

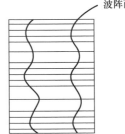

$$A\sin\phi_k = k\lambda \qquad (4.38)$$

在调好的分光计上，由单色光源和平行光管中的汇聚透镜 L1 与可调狭缝 S 组成平行光系统，如图 4.47 所示。让入射光垂直通

图 4.46　波阵面

过液槽（PZT），在玻璃槽的另一侧，用自准望远镜的物镜 L2 和测微目镜组成望远镜系统。若振荡器使液槽芯片发生超声振动，形成稳定驻波，则从测微目镜即可观察到衍射光谱，从图 4.47 可以看出，当 ϕ_k 很小时，有

$$A\sin\phi_k = \frac{l_k}{f} \qquad (4.39)$$

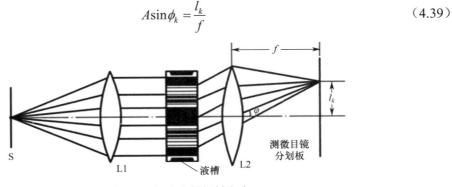

图 4.47　超声光栅衍射光路

其中，l_k 为衍射光谱零级至 k 级的距离，f 为焦距。所以超声波波长为

$$A = \frac{k\lambda}{\sin\phi_k} = \frac{k\lambda f}{l_k} \tag{4.40}$$

超声波在液体中传播的速度为

$$V = A\nu = \frac{\lambda f \gamma}{\Delta l_k} \tag{4.41}$$

式中，ν 是振荡器和锆钛酸铅陶瓷片的共振频率，Δl_k 为同一色光衍射条纹间距。

4.8.3　实验方法

1. 实验装置

实验装置包括超声光栅（超声池）、超声光栅仪、分光计、测微目镜、低压汞灯等。

由于布拉格衍射需要高频（几十兆赫兹）超声源，并且实验条件较为复杂，故本实验采用拉曼-奈斯衍射装置。实验模型如图 4.48 所示，超声池是一个长方形玻璃液槽，液槽的两个通光侧面（窗口）为平行平面，液槽内盛有待测液体（如水）。换能器为压电陶瓷芯片，芯片两面引线与液槽上盖的接线柱相连。当压电陶瓷芯片由超声光栅仪输出的高频振荡信号驱动时，就会在液体中产生超声波。

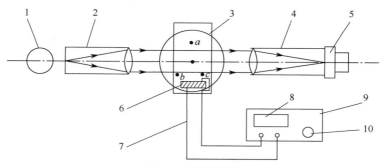

图 4.48　实验模型

1—钠光灯；2—平行光管；3—超声池；4—望远镜（去掉目镜筒）；5—测微目镜；6—压电陶瓷芯片；7—导线；
8—频率显示窗；9—超声光栅仪；10—调频旋钮

2. 操作流程

本实验的步骤如下。

（1）调节分光计。

（2）采用低压汞灯做光源，将待测液体注入液槽内，液面高度以槽侧面的液体高度刻线为准。

（3）将此液槽（即超声池）放置于分光计载物台上，放置时调节使超声池两侧面垂直于望远镜与平行光管的光轴。

（4）两条高频连接线的一端各插入液体槽盖板上的接线柱，另一端接入超声光栅仪电源箱的高频输出端，然后将液体槽的盖板盖在液体槽上。

（5）开启超声信号电源，从阿贝尔目镜观察衍射条纹，细微调节超声信号源的频率，使电振荡频率和锆钛酸铅陶瓷片产生共振，此时衍射光谱更加清晰，观察视场内的衍射光谱，其左右级次亮度对称，直至可清晰观察到 2～3 级衍射条纹。

（6）取下阿贝尔目镜，换上测微目镜，调节目镜，能清晰地看到衍射条纹，利用测微目镜逐级测量其位置读数（例如，从−3,−2···,0,···,+2,+3），再用逐差法求出其条纹间距的平均值。

（7）选择一种颜色的谱线，探究不同浓度食盐溶液对声速的影响（此步为选做内容）。

（8）声速计算公式为

$$V_c = \lambda v f / \Delta l_k$$

式中，λ 为光波波长，v 为共振时频率计上的读数，f 为望远镜目镜焦距（仪器数据），Δl_k 为同一颜色的衍射条纹间距。

4.8.4　实验数据

1．数据记录

本实验需要记录的数据有蓝、绿、黄光波长（双黄线平均波长），频率计上的读数，望远镜的焦距，同色条纹位置及实验温度。

记录三种颜色光在−2、−1、0、1、2 级条纹位置的温度，如表 4.16 所示。

表 4.16　实验温度记录表　　　　　　　　单位：℃

色级	−2	−1	0	1	2
黄					
绿					
蓝					

2．数据处理

（1）用逐差法求出相邻条纹间距，将数据代入公式 $V_c = \lambda v f / \Delta l_k$ 进行计算，求得声速将测量数据记录在表 4.17 中。逐差公式为

$$\Delta l_k = \frac{1}{6}[(l_2 - l_0) + (l_1 - l_{-1}) + (l_0 - l_{-2})]$$

表 4.17　声速测量表

光色	衍射条纹平均间距 Δl /mm	声速 v_i /（m/s）	平均声速 $\bar{v}$ /（m/s）
黄			
绿			
蓝			

（2）计算出不同浓度下的声速，并画出声速与食盐溶液浓度关系曲线，将相关测量数据记录在表 4.18 和表 4.19 中。

表 4.18　实验使用光记录表

浓度（g/100mL）	共振频率/MHz	色级				
		−2	−1	0	1	2
0						
3						
6						
9						
12						
15						

表 4.19　声速测量数据

浓度（g/100mL）	衍射条纹平均间距 Δl /mm	声速 V_i / （m/s）
0		
3		
6		
9		
12		
15		

3．相关参考量

温度：25℃。

公式：$V = \nu\lambda f / \Delta l_k$；$\nu = 11.43\text{MHz}$。

理论值：$\nu = 1497\text{m/s}$（温度为 25℃的条件下）。

L2 的焦距 f：168mm。

汞灯波长（其不确定度忽略不计）分别为：汞蓝光、汞绿光、汞黄光的波长（双黄线平均波长）。

样品：水。

4.8.5　分析讨论

（1）利用逐差法处理数据有什么优势？

分析：可以提高实验数据的利用率，减小随机误差的影响，还可以减小仪器误差的分量。

（2）本实验对于光源有什么要求？

分析：最好采用复合光纤，不同光源系统测出的声速传播速度有很大差异。而高压汞灯的实验效果高于使用激光的实验效果，同时高压汞灯能产生颜色不同的光谱；而激光为单色光，由于其光强太高，测量时对眼睛有刺激。

（3）实验中对于频率的选择有什么要求？

分析：观察衍射条纹，在达到共振频率时，衍射条纹最明显。

（4）如果条纹亮度不够，那么如何调节仪器使其更亮？

分析：拉近光源与分光计的距离，调节光路或者改变光源强度。

（5）在超声光栅测声速实验中，发现两侧光谱谱线级次不一样，如何解决？

分析：可微调载物台，使观察到的衍射光谱左右对称，级次谱线亮度一致。

4.8.6　思考总结

此实验利用超声波在液体传播时使液体折射率发生周期性变化，之后与垂直于超声波方向的平行单色光发生衍射，从而产生类似于光栅的作用，形成超声光栅。本实验要求对实验理论的理解比较熟悉，需要了解超声光栅的概念，通过实验观察声光衍射这一重要现象，对于理论理解有重要作用，除了上述的实验理论，实验仪器的调节好坏是影响实验最后结果的重要因素，光源本身也对实验有着较大的影响，这就要求掌握分光计这一重要仪器的调节方法及如何通过实验现象来反推仪器调节的好坏，分光计在以后的光学实验中较为重要，因此做好本实验对实验技能的提高有较大的帮助。

在测得数据后，对其进行处理时，应分析测得的数据是否与特定环境给定的标准值存在误差，误差是否在允许范围内，如果误差较大，那么应找到造成这么大误差的原因及如何去纠正自己的错误。

4.9　实验二十八　玻璃折射率的测量

4.9.1　物理问题

在日常生活中，眼镜必不可缺，很多人都佩戴了近视眼镜，近视眼镜中很重要的一个参数就是折射率。折射率越高的镜片，清晰的视野越大。佩戴高折光指数的眼镜看物体更清楚，眼睛更舒服，一般最优质的镜片为折射率高达 1.9 左右的水晶镜片。同时可通过折射率的大小来鉴别矿物与宝石，折射率在生物、化学分析领域也是一个很重要的参数。那么固体（如玻璃片）的折射率应如何测量？用什么仪器来测量更简便？本实验选用的是读数显微镜，它是光学精密机械仪器中的一种读数装置，操作简单。需要在实验中进一步熟悉读数显微镜的使用方法，学习使用读数显微镜测量玻璃折射率的方法。

4.9.2　物理原理

1．读数显微镜

读数显微镜是一种用来精密测量位移或长度的仪器，如测量孔距、直径、直线距离及刻线宽度等。配用牛顿圈还可以测定光的波长及透明介质的曲率半径等。

2．玻璃砖

玻璃砖的厚度为 15.00mm ± 0.02mm，其中一个表面刻有 "x" 记号，另外一个表面刻有 "‖" 记号。

3．折射定律及折射率

光线折射示意图如图 4.49 所示。光的直线传播、光的反射和光的折射三个实验定律构成几何光学的基础，是各种光学仪器的理论根据。折射定律可表示为

$$n_1 \sin \theta_1 = n_2 \sin \theta_2 \qquad (4.42)$$

式中，θ_1 和 θ_2 分别为入射角和折射角，n_1 和 n_2 分别为入射介质和折射介质的折射率。折射率作为反映光学性质的物理量，其大小不仅取决于介质的种类，也与入射光的波长有关。空气的折射率近似为 1。

4．像的视高法

如图 4.50 所示，两媒质分界面 AB 的下方是折射率为 n 的待测媒质，上方为折射率 $n' = 1$ 的空气，在分界面 AB 下，实际"深度"为 t_1 处有一个物点 P_1，眼睛从空气向下看 P_1，则其像 P_2 的"视深" t_2 必比物 P_1 的实际"深度"小。由折射定律可知，在近轴条件下，向下观察 n、t_1、t_2 的关系为 $t_1 / t_2 = n$。所以，测出 t_1 和 t_2，即可求得 n。

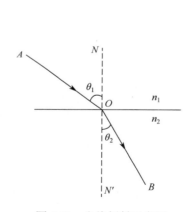

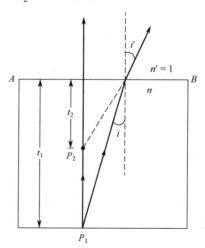

图 4.49　光线折射示意图　　　　　　　图 4.50　像的视高原理图

4.9.3　实验方法

1．实验装置

实验装置如图 4.51 和图 4.52 所示。

2．操作流程

（1）先将待测玻璃砖放到载物台上，调节显微镜的目镜，直到从目镜中能清晰地看到镜内叉丝像。再上下左右调节显微镜筒，使通过显微镜能看到清晰的"x"记号的像 P_2，并使"x"的像和叉丝的像无视差，然后从标尺上读下显微镜筒的位置 y_1。

（2）再上下左右调节显微镜筒，使通过显微镜能看到清晰的"//"记号的像，并使"//"的像和叉丝的像无视差，然后从标尺上读显微镜筒的位置 y_2。

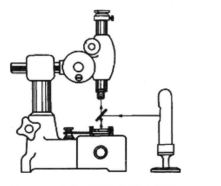

图 4.51　读数显微镜装置示意图

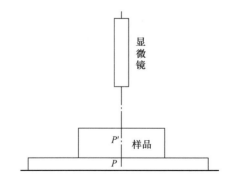

图 4.52　用读数显微镜测玻璃折射率

（3）$t_2 = |y_1 - y_2|$，玻璃砖的高度即为 t_1，从而算出 n。

（4）测 5 次取平均值。

3．注意事项

（1）显微镜筒侧面附有 10 分游标尺，精密度为 0.1mm。

（2）测量时，要注意消除读数显微镜的空程差。

4.9.4　实验数据

1．数据记录

分别记录看到清晰的"x"记号时显微镜筒的位置 y_1，看到清晰的"//"记号时显微镜筒的位置 y_2，如表 4.20 所示。

表 4.20　玻璃折射率测量数据

测量序号	y_1	y_2	t_2
1			
2			
3			
4			
5			
平均值			

2．数据处理

根据测量数据即可计算 y_1、y_2 的平均值，再计算标准偏差、A 类分量和 B 类分量，根据此即可计算不确定度。再根据 y_1、y_2 的不确定度计算 t_2 的不确定度，并根据公式 $t_1 / t_2 = n$ 即可算出玻璃折射率。

4.9.5　分析讨论

（1）除本实验中提到的方法，还有哪些方法可以测量折射率？

分析：阿贝折射仪测量、掠入射法、最小偏向角法、作图法、折射极限法等。

（2）折射率的大小与哪些因素有关？

分析：与材料的种类有关，光在不同介质中传播速度不同，而折射率是光在真空中的传播速度与在该介质中的传播速度之比，所以不同介质的折射率不同。

4.9.6　思考总结

本实验使用了读数显微镜，并学习了像的视高法，了解了该方法的原理，简化了测量过程，由原本需要用读数显微镜测量三个数据，现只需要测量两个数据（即 y_1、y_2），但是玻璃片的厚度可能存在较大误差，因此该方法既有优点也有缺点。感兴趣的学生可以尝试使用阿贝折射仪和分光计最小偏向法测量折射率。

4.10　实验二十九　阿贝折射仪

4.10.1　物理问题

折射率是指光在真空中的传播速度与光在该介质中的传播速度之比。材料的折射率越大，使入射光发生折射的能力越强，而测量折射率是分析物质光学特性的重要手段。折射率是物质的重要物理常数之一，许多纯物质都具有一定的折射率，如果其中含有杂质则折射率将发生变化，出现偏差，杂质越多，偏差越大。因此通过对折射率的测定，可以测定物质的浓度。测量折射率的方法有很多，其中全反射法具有操作方便迅速、对环境调节要求低、不需要单色光源等优点。阿贝折射仪是利用全反射法制成的、专门用于测量透明或半透明液体和固体折射率的仪器，在工业制造和科学研究中获得广泛应用。

通过学习本实验，学生可以加深对全反射原理的理解，掌握测量折射率的几何光学方法及通过对几种液体折射率的测量，学会使用阿贝折射仪。如有兴趣，学生可以尝试使用阿贝折射仪测量半透明液体或固体的平均色散。

4.10.2　物理原理

1．阿贝折射仪的光学系统

阿贝折射仪由望远系统和读数系统组成，如图 4.53 所示。待测液体放置在进光棱镜和折射棱镜之间，形成液层。阿贝折射仪采用白光照明，光经反射后进入进光棱镜，经磨砂面漫反射后，以各种方向进入折射棱镜。阿米西棱镜具有抵消待测物体和折射棱镜产生的色散的作用。读数系统由小反射镜、毛玻璃、刻度盘等组成。

2．利用全反射测量折射率

设待测液体的折射率为 n，折射棱镜的折射率为 n_1，如图 4.54 所示。若 $n_1 > n$，根据折射定律，沿 BA 掠入射的光线经 AB 面折射后以全反射临界角 α 进入折射棱镜，然后以折射角 i 从 AC 面出射至空气。以此光线为界，所有入射角小于 $90°$ 的入射光线经 AB 面折射后的折射角都小于临界角，且均在这条光线下方，而且没有入射角大于 $90°$ 的入射光线进入折射棱镜。因此，在使用阿贝折射仪的望远镜对准出射光线观察时，就会看到明暗分明的视场，其分界线对应于以 i 角出射的光线方向。因不同折射率的物体有不同的临界角，故出射角也不同。

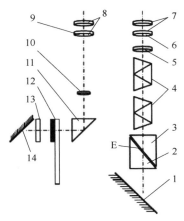

图 4.53　阿贝折射仪的光学系统

1—反射镜；2—进光棱镜；3—折射棱镜；4—阿米西棱镜；5—望远镜物镜；6—望远镜分划板；7—望远镜目镜；8—读数镜目镜；9—读数镜分划板；10—读数镜物镜；11—转向棱镜；12—刻度盘；13—毛玻璃；14—小反射镜；E—待测样品

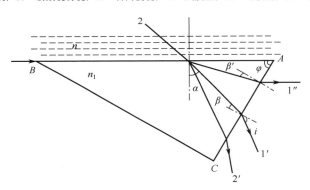

图 4.54　全反射原理图

由折射定律可得

$$n = n_1\sin\alpha \tag{4.42}$$

$$n_1\sin\beta = n_2\sin i = \sin i \tag{4.43}$$

则

$$n_1\cos\beta = \sqrt{n_1^2 - \sin^2 i} \tag{4.44}$$

由角度关系 $\alpha = \varphi - \beta$ 得

$$
\begin{aligned}
n &= n_1\sin\varphi - \beta \\
&= n_1\sin\varphi\cos\beta - \cos\varphi\sin\beta \\
&= \sin\varphi\sqrt{n_1^2 - \sin^2 i} - \cos\varphi\sin i
\end{aligned}
\tag{4.45}
$$

式中，φ 为折射棱镜入射面与出射面的夹角。若 φ 和 n_1 已知，则测出出射角 i 便可以计算

出 n 的值。阿贝折射仪的刻度盘上直接有 i 角对应的 n 值，故不必计算就可以直接从刻度盘读出 n 的值。由于阿贝折射仪的分光棱镜是相对于钠光波长（589.3nm）对应的折射率而设计的，因此测出来的折射率也是相对于钠光波长的折射率。

应当指出，当对应明暗分界线的光线出现在折射镜 AC 面法线右侧时，式（4.45）中的 $\cos\varphi$ 前面的减号应改为加号。

在实际测量折射率时，使用的入射光不是单色光，而是使用由多种单色光组成的普通白光，因不同波长的光的折射率不同而产生色散，在目镜中看到一条彩色的光带，而没有清晰的明暗分界线，故在阿贝折射仪中安装了一套消色散棱镜（又叫补偿棱镜）。

4.10.3 实验方法

1. 实验装置

阿贝折射仪如图 4.55 所示。

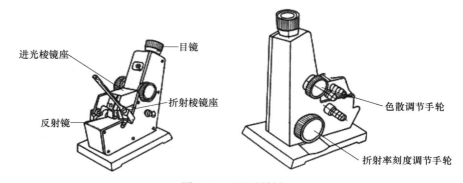

图 4.55 阿贝折射仪

2. 操作流程

（1）仪器安装：将阿贝折射仪安放在光亮处，但应避免阳光的直接照射，以免液体试样受热迅速蒸发。用超级恒温槽将恒温水通入棱镜夹套内，检查棱镜上温度计的读数是否符合要求。温度一般选用(20.0±0.1)℃或(25.0±0.1)℃

（2）加样：旋开测量棱镜和辅助棱镜的闭合旋钮，使辅助棱镜的磨砂斜面处于水平位置，若棱镜表面不清洁，则可滴加少量丙酮，用擦镜纸顺着单一方向轻擦镜面（不可来回擦）。待镜面洗净干燥后，用滴管滴加数滴试样于辅助棱镜的毛镜面上，迅速合上辅助棱镜，旋紧闭合旋钮。若液体易挥发，动作要迅速，或先将两棱镜闭合，然后用滴管从加液孔中注入试样。注意，切勿将滴管折断在孔内。

（3）调光：转动镜筒使之垂直，调节反射镜使入射光进入棱镜，同时调节目镜的焦距，使目镜中的十字线清晰明亮。调节消色散补偿器使目镜中彩色光带消失。再调节读数螺旋，使明暗的界面恰好与十字线交叉处重合。

（4）读数：从读数望远镜中读出刻度盘上的折射率数值。常用的阿贝折射仪可读至小数点后的第四位，为了使读数准确，一般应将试样重复测量三次，每次相差不能超过 0.0002，然后取平均值。

3．实验注意事项

（1）在每次更换待测液体时，都必须先清洁棱镜表面，待无水酒精蒸发干后再添加待测液体。

（2）避免滴管碰到棱镜，以防止磨损棱镜。

（3）接触液不需太多，以免棱镜滑落损坏。

（4）在测量酒精等易挥发液体的折射率时，在测定过程中，需用滴管在棱镜组侧面的小孔内补充待测液体。

4.10.4　实验数据

1．数据记录

（1）测量溶液的折射率

测量在不同溶液下，观测到的明暗分界的折射率，将测量数据记录在表 4.21 中，其中正反是指仪器手轮正向和反向转动达到明暗分界的示数。

表 4.21　不同溶液折射率的测量

内容		糖溶液折射率 n_1		葡萄酒折射率 n_2		自来水折射率 n_3	
次数		刻度值	平均值	刻度值	平均值	刻度值	平均值
1	正						
	反						
2	正						
	反						
3	正						
	反						
4	正						
	反						
5	正						
	反						
6	正						
	反						
$\overline{N_i}$							
S_x							
U_{ni}							
U_i							

（2）测糖溶液的含糖浓度

测量在不同溶液下观测到明暗分界时的折射率数值，将测量数据记录在表 4.22 中。注，读数镜视场中读数刻线所对准的左边的刻度值即为所测溶液的百分比含糖浓度。

表 4.22   不同浓度的糖溶液

次数	糖浓度 C（%）	啤酒糖浓度（%）
1		
2		
3		
4		
5		
6		
平均		

（3）创新实验：测量同一溶液不同浓度的折射率

测量在同一溶液不同浓度下观测到明暗分界时的折射率数值，测量数据记录在表 4.23 中。

表 4.23   同一溶液不同浓度的折射率

C_n	n_1	n_2	n_3	n_4	n_5	$\overline{n}$
10%						
20%						
30%						
40%						
50%						

2．数据处理

（1）根据测量数据即可先计算各溶液折射率的平均值，再计算标准偏差，以及 A 类不确定度和 B 类不确定度，根据此即可计算不确定度。

（2）测量不同溶度的 5 个折射率，算出平均值，使用 Origin 或 Excel 画图或公式处理平均值，从而获得拟合曲线。

4.10.5   分析讨论

（1）阿贝折射仪使用什么光源？所测得的折射率是对哪条谱线的折射率？为什么？

分析：阿贝折射仪使用白光光源，既可以用自然光，也可以用白炽灯光。所测得的折射率是待测物体对 D 谱线（589.3mm）的折射率 n_D。因为阿米西棱镜是按照让 D 谱线直通（偏向角为零）设计的，阿米西棱镜能抵消 D 谱线由于待测物体和折射棱镜产生的色散，其他谱线经过阿米西棱镜后，由于色散不能直通，不能进入望远系统目镜。

（2）折射率液起什么作用？对其折射率有何要求？为什么？

分析：折射率液的作用是使待测样品与折射棱镜表面形成良好的光学接触，没有空隙，且有一定黏性。若设折射率液的折射率为 n_2、待测试件折射率为 n_x，则要求 $n_2 > n_x$，否则由折射定律，掠入射到待测试件光学表面的光线将无法折射进入折射率液，更无法进入折射棱镜进而到达望远系统的目镜，也就无法测量待测试件的折射率了。

（3）进光棱镜的工作面为什么是磨砂的？

分析：当光线（自然光或白炽光）射入进光棱镜时，便在其磨砂面上形成漫反射，使被测液层内有各种不同角度的入射光。

（4）本实验的误差来源有哪些方面？

分析：对折射率和含糖量数值的读取存在误差；不可能保证水为 100%的纯水，红酒可能变质，这些因素可能会导致数据偏差较大；色散度的调节存在误差。

4.10.6　思考总结

由于阿贝折射仪的功能非常简单，所以读数很容易，只要找到明暗分界线，便能直接读出结果。但了解仪器的原理可以使具体操作变得更规范，特别是在遇到问题（如找不到明暗分界线等）时能有解决问题的方法。

4.11　实验三十　密里根油滴实验

4.11.1　物理问题

密里根油滴实验是美国物理学家密里根与其学生福莱柴尔于 1909 年在芝加哥大学瑞尔森物理实验室进行的一项实验，通过测量微小油滴所带电荷，首次测定了基本电荷电量，即电子所带电量 e，同时也证明了电荷的不连续性，即所有的电荷都是基本电荷电量的整数倍。这一实验的设计思想简明巧妙，方法简单，而结论却极具说服力，堪称物理实验的精华和典范，更从实验上测定电子质量、普朗克常量等其他物理量提供了可能性，促进了人们对电和物质结构的研究和认识。

而当我们回顾密里根油滴实验时，我们不禁会想，为什么密里根油滴实验能取得成功？其实密里根油滴实验的成功与其设计思想方法、物理模型构建及其油滴大小、带电量等因素是密不可分的。通过对本次实验的探讨，重现当年密里根油滴实验，通过对大小合适的带电油滴在重力和静电场中运动的测量，验证电荷的不连续性，并测定基本电荷电量。

4.11.2　物理原理

平行极板间带电油滴受力情况如图 4.56 所示。

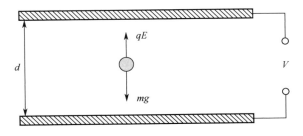

图 4.56　平行极板间带电油滴受力情况

1. 基本电荷的概念

基本电荷又称基本电荷或元电荷。在各种带电微粒中，电子电荷量是最小的，人们把最小电荷叫作元电荷（即 e），是物理学的基本常数之一。任何带电体所带电荷都是 e 的整数倍或者等于 e。通过对密里根油滴实验中的油滴进行受力分析，会发现油滴的电荷量都是一个数值的整数倍，这个数值就是电子电荷量。

2. 平衡（静态）测量法

当油在喷射被撕裂成油滴时，一般都是带电的。调节两极极板间的电压使油滴在均匀电场中静止或在重力作用下做匀速运动。

如图 4.56 所示，设油滴的质量为 m，带电量为 q，两极板间电压为 V，平行极板板间距为 d。调节两平行板板间的电压为 V，可使油滴的重力和静电力达到平衡，即

$$mg = qE = q\frac{V}{d} \tag{4.46}$$

为了测出油滴所带的电量 q，除了需测定平衡电压 V 和极板间距离 d，还需要测量油滴的质量 m。因 m 很小，需用特殊方法测定，当在平行板不加电压时，油滴受重力作用而加速下降，由于空气阻力的作用，下降一段距离达到某一速度后，阻力与重力 mg 平衡，油滴匀速下降。根据斯托克斯定律，在油滴匀速下降时，可得

$$f_r = 6\pi a\eta v_g = mg \tag{4.47}$$

式中，η 是空气的黏滞系数，a 是油滴半径，油滴的密度为 ρ，油滴质量 m 为

$$m = \frac{4}{3}\pi a^2\rho \tag{4.48}$$

由式（4.47）和式（4.48）得到油滴半径，即

$$a = \sqrt{\frac{9\eta v_g}{2\rho g}} \tag{4.49}$$

由于油滴质量非常小，可与空气分子的平均自由程相比拟，此时不能再将空气看成连续介质，油滴所受空气阻力必将减小，故应对空气黏滞系数进行修正，可修正为

$$\eta' = \frac{\eta}{1 + \dfrac{b}{pa}} \tag{4.50}$$

式中，b 是修正常数 6.17×10^{-6} m·cmHg；p 为大气压强，单位为 cm/Hg。

当不同两平行极板加电压时，设油滴匀速下降的距离为 l，时间为 t_g，则 $v_g = \dfrac{1}{t_g}$。

联立得

$$q = \frac{18\pi}{\sqrt{2\rho g}} \left[\frac{nl}{t_g\left(1 + \dfrac{b}{pa}\right)} \right]^{\frac{3}{2}\frac{d}{V}}$$

由此，只要知道油滴匀速下降的距离 l，油滴匀速下降时间 t，两极板间的电压 V 和距离 d，油滴质量 m 和黏滞系数及修正系数就可以得到油滴的电量。

4.11.3　实验方法

1．实验装置

本实验设置了一个均匀电场，方法是将两块金属板以水平方式平行排列，并将其作为两极，两极之间可产生相当大的电位差。金属板上有 4 个小洞，其中三个是用来将光线射入装置中，另外一个则设一部显微镜，用以观测实验。喷入平板中的油滴可经由控制电场来改变位置。

装置图如图 4.57 所示，为了避免油滴因为光线照射蒸发而使误差增大，此实验使用蒸气压较低的油。其中少数的油滴在喷入平板之前，因为与喷嘴摩擦而获得电荷，成为实验对象。

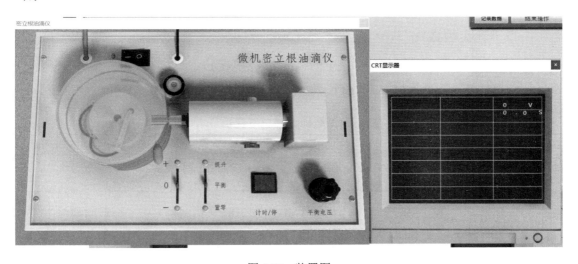

图 4.57　装置图

2．操作流程

（1）调节仪器

① 调整三只调频螺丝，使水准泡位于中央，这时油滴盒处于水平状态。

② 打开电源开关，微调镜头焦距使分划板清晰。从喷雾口喷入油滴，观察显示屏上是否有大量油滴。若无清晰像，则调节显微镜的调焦手轮，直至观察到清晰的油滴像。

（2）油滴选取

调节电压 200～300V，并喷入油滴，大小不同的油滴将以不同的速度上升或下降。选取一滴大小合适、移动速度较慢的油滴，调节左侧的电压旋钮，使其平衡。若油滴下降，则增大电压；若油滴上升，则降低电压。

（3）平衡测量法

用平衡测量法测量两个量，分别为平衡电压 V、油滴匀速下降一段距离所需的时间 t。

① 单击"电压提升"按钮，此时两板间电压大幅度增大，油滴位置上升。当油滴位置上升至显示屏上第一根线时，再次单击该按钮，显示"平衡"状态，这时油滴静止在第一根线以上的位置，记录此时的平衡电压。

② 将"极板加压"按钮按到"OV"处，此时极板不加压，油滴自由下落，当油滴落到第二条线上时，开始计时，抵达第三条线时停止计时，记录下落距离 l 所需的时间记为 t。

③ 测完一次后，切回"平衡"按钮，然后按"提升"按钮使油滴回到原来高度，进行重复测量。为了减少实验的偶然误差，采用多次测量的方法，至少测量 5 个不同的油滴，每个油滴的测量次数均为 5 次以上，并且每次测量都要重新调整平衡电压。

实验过程中的注意事项如下。

（1）仪器使用环境：温度为 0～40℃的静态空气中。

（2）注意调整进油量开关，避免外界空气流动对油滴测量造成影响。

（3）实验前应对油滴盒内部进行清洁，以防止异物堵塞落油孔。

（4）实验中油滴盒上下电极间有高压产生，不要将油雾杯取下来，以防触电。

4.11.4　实验数据

1．数据记录

将测量数据记录在表 4.24 中。

表 4.24　数据记录表

平衡电压/V	运动时间 t/s					
	t_1/s	t_2/s	t_3/s	t_4/s	t_5/s	平均运动时间 t/s

2．数据处理

本实验在计算过程中会用到以下一些常量。

重力加速度 $g=9.8\text{m}\cdot\text{s}^{-2}$，大气压强 $P=960\text{mm/Hg}$，油密度 $\rho=980\text{kg}\cdot\text{m}^{-3}$。油滴下落距离 $l=1.8\text{mm}$，修正系数 $b=6.17\times10^{-6}$，板间距离 $d=5.0\text{mm}$，空气黏滞系数 $\eta=1.83\times10^{-5}$。

（1）下落时间的平均值 $\overline{t_g}$ 为

$$\overline{t_{gi}}=\frac{t_1+t_2+t_3+t_4+t_5}{5}, \qquad i=1,2,3,4,5$$

（2）下落时间的标准差 σ_{t_g} 为

$$\sigma_{t_{gi}}=\sqrt{\frac{(t_{i-1}-\overline{t_{gi}})^2+(t_{i-2}-\overline{t_{gi}})^2+(t_{i-3}-\overline{t_{gi}})^2+(t_{i-4}-\overline{t_{gi}})^2+(t_{i-5}-\overline{t_{gi}})^2}{4}}$$

（3）下落时间的 A 类不确定度 ΔA_{t_g} 为

$$\Delta A_{tgi} = \frac{t_{0.95}}{\sqrt{n}} \sigma_{t_{gi}}$$

（4）下落时间的 B 类不确定度 ΔB_{t_g} 为

$$\Delta B_{t_g} = 0.001$$

（5）下落时间的不确定度为

$$u_{t_{gi}} = \sqrt{\Delta A_{tgi}^2 + \Delta B_{t_g}^2}$$

（6）下落速度 v_g 为

$$v_{gi} = \frac{l}{\overline{t_{gi}}}$$

（7）油滴半径 a 为

$$a_i = \sqrt{\frac{9\eta v_{gi}}{2\rho g}}$$

（8）油滴带电量均值 $\overline{q}$ 为

$$\overline{q_i} = \frac{18\pi}{\sqrt{2\rho g}} \left[\frac{\eta l}{\overline{t_{gi}} \left(1 + \dfrac{b}{pa_i}\right)} \right]^{\frac{3}{2}} \frac{d}{V_i}$$

（9）油滴带电量的不确定度 Δq 为

$$\Delta q = \sqrt{\left(\frac{\partial q}{\partial t_g} u_{t_g}\right)^2} = \sqrt{\left\{ -\frac{27\pi d(\eta l)^{\frac{3}{2}}}{\sqrt{2\rho g}V} \left[\frac{1}{t_g + \dfrac{b}{p}\sqrt{\dfrac{2\rho g t_g^3}{q\eta}}} \right]^{\frac{5}{2}} \left[1 + \frac{b}{p}\sqrt{\frac{9\rho g t_g}{2q\eta}} \right] u_{t_{gi}} \right\}^2}$$

（10）油滴带电量 q 为

$$q_i = \overline{q_i} + \Delta q_i$$

（10）元电荷
$\overline{e}$ 电荷量 n 为

$$n_i = \frac{q_i}{e}$$

故其元电荷为

$$e_i = \frac{q_i}{n_i}$$

计算得到的元电荷 $\overline{e}$ 为

$$\overline{e} = \frac{e_1 + e_2 + e_3 + e_4 + e_5}{5}$$

（11）计算值与真实值的误差率为

$$u_{re} = \frac{|\overline{e} - e|}{e} \times 100\%$$

4.11.5　分析讨论

密立根油滴实验是一个要求操作技巧较高的实验，因此在实验仪器相同的情况下，测量误差除了由系统误差引起的部分，主要是主观因素引起的偶然误差。首先选择合适的油滴很重要，如选择的油滴太大，虽然易观察，但是质量大，必然会带很多的电荷才能取得平衡，而且下落的时间短、速度快，不易记录实验数据。油滴的体积过小容易产生漂移，布朗运动明显，也会增大测量误差。经过多次测量和理论计算，发现可以选择根据平衡电压 200～300V 左右和下落时间 15～35s 的油滴，这些油滴的质量适中、电量又不太多是最为可取的。

其次是取平衡电压带来的误差，由于油滴的挥发和运动，在取平衡电压时往往是很粗略的。油滴的挥发使得质量减小，每次测量都能发现平衡电压发生了改变，为了减小这种误差，在每次测量前必须仔细调节，找准平衡电压。例如，将油滴悬于一条分格板的横刻度线附近，以便准确判断油滴是否静止。

再次是测量油滴位置带来的误差。若 L 的距离与上极板太近，极板上的小孔有气流，电场变得不均匀，影响测量结果；若太靠近下极板，测量结束后油滴易丢失，影响重复测量。为了减小误差，测量的 L 段距离应该选择在平行板的中央部分。

4.11.6　思考总结

本实验利用电压、运动时间等这些变量，直接测量和控制宏观物理量来实现对微观物理量——电子电量的测量。把宏观的电量通过油滴这个在宏观微小但在微观又较大的媒介与微观的电子电量联系起来，这是一种极其具有创造力的设计方法。

在测量过程中，关键点在于如何找到合适的油滴，这对学生的耐心和观察力要求很高。大量数据表明，平衡电压为 200～300V、匀速下落时间为 8～12s 时的油滴最适合观察，同时需要精确计算来减小误差，先计算油滴的电荷量，进而计算出元电荷。

同时通过本实验可以思考以下问题。

（1）基本电荷量的定义是什么？

（2）如何选择油滴的大小和带电量？

（3）如何测定油滴的带电量？

（4）影响油滴运动的因素有哪些？

（5）实验误差的来源有哪些？

（6）如何验证电荷的不连续性？如何计算元电荷电量大小？（重点）

第5章 进阶实验

5.1 实验三十一 全息照相

5.1.1 物理问题

早在 1948 年，盖伯首先发现全息照相方法。由于当时难以得到良好的相干光源，这种技术并未发展起来。20 世纪 60 年代，初代激光器问世，解决了相干光源的问题，并使全息照相技术发展出现了一个飞跃，成为一个崭新的科学技术领域。由于全息照相记录方式独特，因而比普通拍照具有更多特点，在精密测量、无损检测等方面得到了广泛的应用。

全息照相是一种不用透镜而能记录和再现物体的图像的照相方法。它是能够把来自物体的光波波阵面的振幅和相位的信息记录下来，又能在需要时再现出这种光波的一种技术。本实验研究基于传统全息照相方法，并对实验中常出现问题进行了研究。全息照相实验是一个相对困难的实验，为了研究导致实验失败的原因，从干板曝光时长、曝光过程中振动的影响和实验光路三个角度入手。通过对实验的改进，我们对实验光路的搭建有了更多的想法，能够从根本改进实验结果，并且通过对实验其他环节变量的分析，为学生能够顺利完成实验提供了思路。

5.1.2 物理原理

光可以看作物体上各点发出的球面波的叠加。 $P(x_0, y_0, z_0)$ 发出的球面波为

$$\tilde{U}_0(P) = A_0(P)e^{i\phi_0(P)} \tag{5.1}$$

设感光底片所在的平面的 $Z = 0$ ，则此平面上物光波前为

$$\tilde{U}_0(x, y) = A_0(x, y)e^{i\phi_0(x, y)} \tag{5.2}$$

若参考光为一束平面波，其传播方向在 y-z 平面上，且与底片法线成 α 角， $Z = 0$ 处参考光前可表示为

$$\tilde{U}_r(y) = A_r e^{i(2\pi/\lambda)y\sin\alpha} = A_r e^{i\phi_2(y)} \tag{5.3}$$

所以底片上总振幅分布为

$$\tilde{U}(x, y) = \tilde{U}_0(x, y) + \tilde{U}_r(x, y) \tag{5.4}$$

底片上的光强分布为

$$I(x, y) = \tilde{U}(x, y) \cdot \tilde{U}^*(x, y) \tag{5.5}$$

由此得到

$$I(x, y) = A_r^2 + A_0^2 + A_r A_0 e^{i(\phi_0 - \phi_r)} + A_r A_0 e^{-i(\phi_0 - \phi_r)} \tag{5.6}$$

或者

$$I(x, y) = A_r^2 + A_0^2 + 2A_r A_0 \cos(\phi_0 - \phi_r) \tag{5.7}$$

全息记录和再现如图 5.1 所示，适当的控制曝光量及显影条件，可以使全息图的振幅透过率 t 与曝光量 E（正比于光强）成线性关系，即 $t(x,y)=t_0-\beta I(x,y)$，式中 t_0 和 β 为常数。

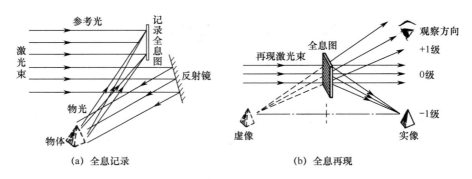

图 5.1　全息记录和再现

由用一束与参考光完全相同（即波长和方向相同）的平面波照在全息图上，则在 $Z=0$ 平面上全息图透射光的复振幅分布为

$$\tilde{U}_t(x,y)=\tilde{U}_r(y)\cdot t(x,y) \tag{5.8}$$

整理后可得

$$\tilde{U}_t(x,y)=[t_0-\beta(A_r^2+A_0^2)]A_r e^{i(2\pi/\lambda)y\sin\alpha}-\beta A_r^2 A_0 e^{i\phi_0}-\beta A_r^2 A_0 e^{-i\phi_0}e^{i(2\pi/\lambda)y\sin\alpha} \tag{5.9}$$

这样，透过全息图后在 $Z=0$ 平面上波前可以分为下述三项。

（1）0 级衍射，平面波。

（2）+1 级衍射，重现了和原来物体发出的光波完全一样的波前，成虚像，球面发散波。

（3）−1 级衍射，包含了物光的共轭波前、相位因子，成实像，汇聚球面波。

通过对以上物理模型的介绍，可知这样一个全息照相光路对光路的稳定性是有很高要求的。因为点光线发生振动或偏移，则物光与参考光形成的干涉条纹会发生变化，干涉条纹的变化则会直接影响图像重现的结果。其次，光路的摆放也很重要，不正确的光路摆放将会对结果产生直接影响。最后，也是往往容易忽略的一点，就是激光曝光时间，不同的曝光时间也会影响干板对干涉条纹的记录。为了探明以上条件对实验的影响，我们搭建了两组不同的光路，包括物体与干板夹角大、物体与干板夹角小，并且需要记录不同的曝光时间与曝光时的振动环境对结果的影响。

5.1.3　实验方法

1. 实验装置

实验仪器包括反射镜、分束镜、扩束镜、防振台、光学支架、激光发射器、定时快门、全息感光胶片（干板）、暗室冲洗器材、秒表。实验模型如图 5.2 所示。

2. 实验内容及步骤

（1）仪器调节。

① 调整光具的高度，使各光具的光轴在同一条直线上。

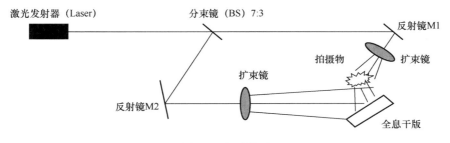

图 5.2　实验模型

② 打开激光，按实验原理图摆放光具组。使得两路光线最终能交于同一区域，并尽量使得两路光线的光程相同。

（2）研究干板曝光时长不同对全息照相的影响。

① 关闭激光及其他灯光，在黑暗条件下取出干板（全息感光板），并将干板装在底片夹上固定于光线交汇区域。

② 打开激光，进行曝光。曝光时间为 6s，曝光时应避免环境振动，并保持实验环境安静。

③ 在黑暗环境下，将曝光后的干板拿到冲洗室冲洗。先用显影液浸泡干曝 2～3 分钟，简单冲洗，再置于定影液中浸泡 5～10 分钟，最后在清水中冲洗 5～10 分钟。

④ 搭建观察光路，观察全息相片成像效果，并记录图片。

⑤ 将步骤②中的曝光时间依次改为 20s 和 1min，再依次重复步骤③和④，最后对比 3 种图片。

（3）研究在曝光时振动对全息照相的影响。

① 关闭激光及其他灯光，在黑暗条件下取出干板（全息感光板），并将干板装在底片夹上固定于光线交汇区域。

② 打开激光，进行曝光。选择 3 种中最好效果的曝光时间进行实验（经实验表明，20s 为最合适的曝光时间，具体结果见实验数据部分），曝光时实验者在旁边拍手、大喊等发出噪音。

③ 在黑暗环境下将曝光后的干板拿到冲洗室冲洗。先用显影液浸泡干曝 2～3 分钟，简单冲洗，再置于定影液中浸泡 5～10 分钟，最后在清水中冲洗 5～10 分钟；

④ 搭建观察光路，观察全息相片成像效果，记录图片，与 3 种中的同样曝光时间为 20s 且在安静环境下的图片进行对比。

（4）研究不同的光路对全息照相的影响。

① 减小物体（钥匙）与干板夹角，重新调节光路。

② 关闭激光及其他灯光，在黑暗条件下取出干板（全息感光板），并将干板装在底片夹上固定于光线交汇区域。

③ 打开激光，进行曝光。选择 3 种中最好效果的曝光时间进行实验（经实验表明，20s 为最合适的曝光时间，具体结果见实验数据部分）。

④ 在黑暗环境下将曝光后的干板拿到冲洗室冲洗。先用显影液浸泡干曝 2～3 分钟，

简单冲洗，再置于定影液中浸泡 5～10 分钟，最后在清水中冲洗 5～10 分钟。

　　⑤ 搭建观察光路，观察全息相片成像效果，记录图片，与 3 种中的曝光时长为 20s 的图片进行对比。

5.1.4　实验数据

（1）记录曝光时间为 6s 且无振动条件下的图片。

（2）记录曝光时间为 20s 且无振动条件下的图片。

（3）记录曝光时间为 60s 且无振动条件下的图片。

（4）记录曝光时间为 20s 且有振动条件下的图片。

5.1.5　分析讨论

（1）影响全息照相实验的因素有哪些？

分析：影响因素有很多，如振动或者偏移带来的干涉条纹发生变化，会直接影响图像重现的结果。其次，曝光时间的长短也会影响图像重现的结果。除此之外，还有仪器摆放中光程差过大；仪器角度过大，该角度越大，条纹就越细，对干板的分辨率要求就越高；冲洗时间不足，导致成像范围太小。

（2）在研究曝光振动过程中，有哪些要注意的地方？

分析：操作过程中因为光线对于振动特别敏感，任何微小振动都会影响实验结果，所以为了得到振动条件下的全息相片，故在进行曝光过程中采用声波振动来影响光的振动。另外，通过秒表计时获得准确的曝光时间。

（3）为了达到更好的实验效果，实验光路应满足哪些要求？

分析：经透镜扩展后的参考光应均匀照在整个底片上，被摄物体各部分也应得到较均匀的照明；物光和参考光的光程大致相等；在底片处物光和参考光的光强比约为 1∶2～1∶6。

5.1.6　思考总结

由于本实验容易受到实验环境和操作方法的影响，因此成功率并不高。为了提高本实验的成功率，学生需要熟悉全息照相的理论知识，严格遵守操作要求，避免因人为操作失误而造成实验的失败。当然，失败之后总结经验教训才是实验最大的收获，将理论与实践结合也是做实验的目的。

通过对全息照相的观察和分析，帮助学生加深对于光振幅和相位的认识，了解如何利用全息照相技术记录光的振幅和相位信息。通过本次实验加深学生对于"干涉记录，衍射再现"这句话的理解，使学生熟悉相关光路的摆放和实验方法。帮助学生从干板曝光时间、曝光过程中的振动影响和实验光路三个角度了解这些因素对全息照相的影响。

5.2　实验三十二　空气折射率的测量

5.2.1　物理问题

介质的折射率是表现介质光学特性的物理量之一，气体折射率与温度和压强有关。空气折射率对各种频率的光都非常接近 1，例如，空气在 20℃、760mm/Hg 时的折射率为1.00027。在工程光学中常把空气折射率当作 1，而其他介质的折射率就是对空气的相对折射率。迈克尔逊干涉仪是 1881 年美国物理学家迈克尔逊和莫雷合作，为研究"以太"漂移而设计制造出来的精密光学仪器。它是利用分振幅法产生双光束以实现干涉。通过调整该干涉仪，可以产生等厚干涉条纹，也可以产生等倾干涉条纹。为精确测量空气折射率，并进一步了解光的干涉现象及其形成条件，掌握迈克耳孙干涉光路的原理和调节方法，本实验将利用迈克耳孙干涉光路测量常温下空气的折射率。

5.2.2　物理原理

迈克尔逊干涉仪光路示意图如图 5.3 所示。其中，G 为平板玻璃，称为分束镜，它的一个表面镀有半反射金属膜，使光在金属膜处的反射光束与透射光束的光强基本相等。

由氦氖激光器发出的光被分光板分为 1、2 两束。这两束光分别经 M1，M2 反射后回到分离板相遇，在光屏上接到两束光会叠加。另外，激光发出的光有一部分经 G1 投射到G2，再经 G2M1 反射回光屏。另一部分经 G1 投射到 G2，再经 G2 投射到 M2，然后经 M2反射，在屏上接收。故在屏上会接收到 4 个亮点，其中，通过将最亮的两个点调重合，加上扩束镜，就可以在屏上观察到等倾干涉圆环，如图 5.4 所示。

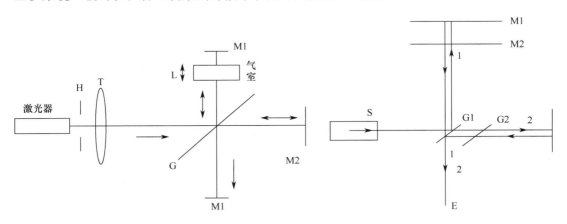

图 5.3　迈克尔逊干涉仪光路示意图　　　　　　　图 5.4　干涉原理

H—小孔光阑；T—扩束镜；G—分束镜；M1，M2—反射镜

采用打气方法来增加气室内的粒子数量，根据气体折射率的改变量与单位体积内粒子个数的该变量成正比的规律求出相当于标准状态下的空气折射率 n_0。根据单位体积内的粒子数量与密度 ρ 成正比，$\Delta n = k\Delta\rho$（其中 k 为比例系数）。设 ρ_0 为空气在标准状态下的密

度，n_0 是在相应状态下的空气折射率；n 和 p 是对应任意温度和压强下的折射率和密度。又因为真空时的折射率为 1，故压强为 0，所以标准状态下，以任意温度压强下的折射率和密度相对真空的方程为

$$n_0 - 1 = k(\rho_0 - 0) \tag{5.9}$$

$$n - 1 = k(\rho - 0) \tag{5.10}$$

由式（5.9）和（5.10）可得

$$\frac{n-1}{n_0-1} = \frac{\rho}{\rho_0} \tag{5.11}$$

根据 $PV = nRT$ （其中 n 气体摩尔数，$n = \dfrac{m}{M}$ ）可得

$$PV = \frac{m}{M}RT$$

故有

$$\frac{m}{V} = \frac{PM}{RT} = \rho$$

所以

$$\frac{PM/RT}{P_0 M/RT_0} = \frac{n-1}{n_0-1}$$

即

$$\frac{PT_0}{P_0 T} = \frac{n-1}{n_0-1}$$

若实验温度不变，则有

$$\Delta n = \frac{n_0-1}{P_0}\frac{T_0}{T}\Delta P \tag{5.12}$$

考虑 $T = T_0(1+at)$ ，式中 a 为空气膨胀系数，其值为 1/273=0.00367。t 为摄氏温度，即为室温，将其代入式（5.12）得

$$\Delta n = \frac{n_0-1}{P_0}\frac{\Delta P}{(1+at)} \tag{5.13}$$

所以

$$n_0 = 1 + P_0(1+at)\frac{\Delta n}{\Delta P} \tag{5.14}$$

若空气压强改变 ΔP，则相应折射率也改变了 Δn，上述干涉光路将增加光程差 S，这一光程差将会使干涉条纹变化 ΔN 圈，假使气室长度为 L，则

$$S = \Delta n L = \Delta N \frac{\lambda}{2} \tag{5.15}$$

代入式（5.14）得

$$n_0 = 1 + P_0(1+at)\frac{\lambda}{2L} \cdot \frac{\Delta N}{\Delta P} \tag{5.16}$$

所以在不同压强下空气的折射率为

$$n = 1 + P(1+at)\frac{\lambda}{2L} \cdot \frac{\Delta N}{\Delta P} \tag{5.17}$$

5.2.3　实验方法

1．实验仪器

实验仪器包括迈克耳孙干涉仪、气室组件、激光器和光阑。

2．实验操作

（1）按图 5.5 设置整个光路。暂不放入小气室及 M1 和 M2，开启氦氖激光器，使激光束不经过扩束器直接照射到分光板中央，调整两个反光镜，使其反射回光屏中最亮的两个点重合。加入扩束器，即可以在干涉仪的玻璃屏上出现同心圆干涉条纹。

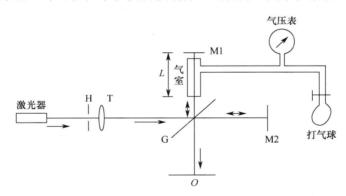

图 5.5　测量空气折射率实验装置示意图

（2）在 M2 前放入小气室，由于小气室端面玻璃厚度稍有不均匀，因此会使条纹形状变得不规则。此时稍稍调整 M2 背面的微调螺丝，使不规则的条纹落在毛玻璃屏的中央。

（3）观察压力超过一个大气压时气体折射率的变化，将排气阀关闭，进气阀打开。打开气室组件开关，使小气室中的压强缓缓上升，可以看到同心圆条纹一条条地"涌出"或"陷入"，记下最终的压力表的读数，数出条纹"涌出"或"陷入"的圈数。

3．注意事项

（1）妥善处理实验仪器，轻拿轻放。
（2）要先听指导教师讲解后才能使用气室，避免产生漏气和操作不当引起的实验误差。
（3）本实验需在照明程度较暗的情况下进行，需要确保实验环境满足要求。
（4）实验由学生独自完成，数据处理可在课后进行。
（5）实验结束后，带走随身物品。

5.2.4　实验数据

1．数据记录

将测量的数据记录在表 5.1 中，包括吞吐圈数和前后气室压强。提示：不同压强下的折射率 $n = 1 + P(1+at)\dfrac{\lambda}{2L} \cdot \dfrac{\Delta N}{\Delta P}$，其中 a 为膨胀系数等于 1/273=0.00367；P 为气室内空气的压强；$\lambda = 6328\text{Å}$，若温度不易测量则采取近似处理。

表 5.1　条纹涌出或陷入圈数和压强数据

条纹连续涌出或陷入的圈数 N	对应的气体压强值 P/MPa
30	
60	
90	
120	
150	
180	

2．数据分析

（1）由表 5.1 数据绘制条纹变化圈数 N 与压强值 P 的关系曲线 N-P 图，再由关系曲线的斜率求得 $\dfrac{\Delta N}{\Delta P}$ 的值。

（2）计算折射率

由公式 $n = 1 + P(1+at)\dfrac{\lambda}{2L} \cdot \dfrac{N}{\Delta P}$ 可计算空气压强 P 为任意值时的折射率 n。

5.2.5　分析讨论

（1）实验过程中如果遇到条纹吞吐过快或者不稳定的情况该如何处理？

分析：将气室组件的放气开关稍微拧紧，减缓放气速度，并将初始气压调大，延长测量时间，尽量使调节气压装置离开桌面避免影响观测结果。

（2）如何根据等倾干涉条纹判断 M1 与 M2′ 是否平行？

分析：若不平行，则屏上出现等厚干涉条纹，满足等厚干涉的成像条件；若不严格平行，则等倾干涉的环不圆；若非常不平行，则不会出现干涉条纹；若平行，则出现内疏外密的同心圆环。

（3）在同一气室内，在不同温度下，折射率有何变化？

分析：温度的变化可导致气室内密度发生变化，一般而言，密度越大、折射率也越大。

5.2.6　思考总结

在实验过程中，由于仪器中气室组件可能存在漏气情况，导致同心圆的吞吐速率过快或者气压降低过快，导致圈数读数较为困难，因此实验过程中需要同时观察到压强的变化和圈数的变化。或者学生之间互相协助、互相帮助，一起观察数据。另外，迈克尔逊干涉仪的光路调整也十分重要，应尽量使同心圆出现在光屏中心。

误差分析：① 实验仪器稍有漏气，初始读数（起始气压）偏小；② 在实验过程中，由于实验室中多组学生在一个场地共同实验，显示屏上的同心圆条纹持续振荡，容易数错吞吐的条数，从而造成误差。

实验改进：为解决本实验中因人眼观察条纹的变化数容易产生误读的问题，巧用光传感器实时感应并记录干涉条纹中心位置的明暗变化，生成"亮度-时间"图像，通过数图像中波谷或波峰数目的方法，可精确得出干涉条纹的变化个数，从而精确地测出空气折射率。该方法不仅消除了学生的视觉疲劳，而且使实验结果更加精准。

5.3　实验三十三　偏振光

5.3.1　物理问题

光的干涉和衍射实验证明了光的波动性。本实验将进一步说明光是横波而不是纵波，即其 E 和 H 的振动方向垂直于光的传播方向。光的偏振性证明了光是横波，人们通过对光的偏振性的研究，更深刻地认识了光的传播规律和光与物质的相互作用规律。目前偏振光的应用已遍及于工农业、医学、国防等部门。利用偏振光装置的各种精密仪器，已为科研、工程设计、生产技术的检验等提供了极有价值的方法。本实验的目的是研究偏振光，了解产生和检验偏振光的原理和方法，以及各种偏振片和波片的作用，并且学会验证马吕斯定律，还要掌握鉴别圆偏振光、线偏振光、椭圆偏振光和部分偏振光的方法。

5.3.2　物理原理

光波的振动方向与光波的传播方向垂直。自然光在垂直于传播方向的平面内振动，可取所有可能的方向；在某一方向振动占优势的光为部分偏振光；只在某个固定方向振动的光线为线偏振光或平面偏振光。将非偏振光（如自然光）变成线偏振光的方法称为起偏，用于起偏的装置或元件称为起偏器。

1. 线偏振光的产生

（1）非金属表面的反射和折射

当光线斜射向非金属的光滑平面（如水、木头、玻璃等）时，反射光和折射光都会产生偏振现象，偏振的程度取决于光的入射角和反射物质的性质。当入射角是某一数值而反射光为线偏振光时，该入射角为起偏角。起偏角的数值与反射物质的折射率 n 的关系是 $\tan a = n$，称为布如斯特定律。根据此式，可以简单地利用玻璃起偏，也可以用于测定物质的折射率。当光线从空气入射到介质，一般起偏角为 $53°\sim58°$ 之间。非金属表面发射的线偏振光的振动方向总是垂直于入射面，透射光是部分偏振光。使用多层玻璃组合成的玻璃堆，能得到很好地透射线偏振光，振动方向平行于入射面。

（2）偏振片

分子型偏振片是由聚乙烯醇塑胶膜制成的，该型号的偏振片具有梳状长链形结构的分子，这些分子平行地排列在同一方向上。这种胶膜只允许垂直于分子排列方向的光振动通过，因此会产生线偏振光。分子型偏振片的有效起偏范围几乎可达到 180°，用它可得到较宽的偏振光束。分子型偏振片是常用的起偏元件。

鉴别光的偏振状态为检偏，用作检偏的仪器或元件为检偏器。偏振片也可作检偏器使用。自然光、部分偏振光和线偏振光在通过偏振片时，若在垂直光线传播方向的平面内旋转偏振片，则可观察到不同的现象。

2. 马吕斯定律

马吕斯在 1809 年发现，完全线偏振在光通过检偏器后的光强可表示为 $I_1 = I_0 \cos 2\alpha$，其中 α 是检偏器的偏振方向与入射线偏振光的光矢量振动方向的夹角。

3. 圆偏振光和椭圆偏振光的产生

当线偏振光垂直入射晶片时，如果光轴平行于晶片的表面，则会产生比较特殊的双折射现象。这时，非常光 e 和寻常光 o 的传播方向是一致的，但光速不同，因而从晶片出射时会产生相位差。

（1）如果晶片的厚度使产生的相位差为 $1/2(2k+1)\pi$，$k = 0,1,2,\cdots$，这样的晶片称为 $\frac{1}{4}$ 波片。线偏振光通过 $\frac{1}{4}$ 波片后，透射光一般是椭圆偏振光；当 $\alpha = \frac{\pi}{4}$ 时，为圆偏振光；当 $\alpha = 0$ 或 $\frac{\pi}{2}$ 时，椭圆偏振光退化为线偏振光。由此可知，$\frac{1}{4}$ 波片可将线偏振光变成椭圆偏振光或圆偏振光；反之，它也可将椭圆偏振光或圆偏振光变成线偏振光。

（2）如果晶片的厚度使产生的相差为 $(2k+1)\pi$，$k = 0,1,2,\cdots$，则这样的晶片称为半波片。如果入射线偏振光的振动面与半波片光轴的交角为 α，则通过半波片后的光仍为线偏振光，但其振动面相对于入射光的振动面转过 2α。

（3）如果晶片的厚度使产生的相差为 $2k\pi$，$k = 0,1,2,\cdots$，则这样的晶片称为全波片，从该波片透射的光为线偏振光。

4. 线偏振光通过检偏器后光强的变化

强度为 I_0 的线偏振光通过检偏器后的光强为 $I_0 = I_0 \cos^2\theta$，式中 θ 为线偏振光偏振面和检偏器主截面的夹角，该式为马吕斯（Malus）定律，它表示改变角可以改变透过检偏器的光强。

当起偏器和检偏器的取向使得通过的光量极大时，两者为平行关系（此时 $\theta = 0°$）。当两者的取向使系统射出的光量极小时，两者为正交关系（此时 $\theta = 90°$）。

5. 布儒斯特角

当光线斜射向非金属介质的表面，入射角是某一数值时，其反射光为线偏振光，该入射角为起偏角，又称布儒斯特角。

6．布儒斯特定律

自然光以任意入射角 θ_i 入射于两种各向同性的透明介质的分界面上，一般情况下，反射光和入射光分别是部分偏振光，垂直于入射面振荡的电矢量在反射光中占主要地位，在入射面上振荡的电矢量在折射光中占主要地位。有一特殊入射角 θ_b，当 $\theta_i = \theta_b$ 时，反射光线垂直于折射光线（$\theta_i + \theta_b = \pi / 2$），反射光变成完全偏振光。该现象最早在 1815 年被布儒斯特发现，称为布儒斯特定律，θ_b 为布儒斯特角，满足方程 $\tan\theta_b = \dfrac{n_2}{n_1}$，其中 n_1 和 n_2 是相邻两种媒质的折射率。

改变射向晶体的入射光线的方向，可以找到一个确定的方向，沿着该方向，o 光和 e 光传播速度相等，折射率相同，不产生双折射现象，这个方向为光轴。只有一个光轴的晶体为单轴晶体（如方解石、石英等），有两个光轴的晶体为双轴晶体（如云母、硫磺等）。包含光轴和任意光线的平面，称作对应于该光线的主平面。o 光的电矢量的振动方向垂直于主平面，e 光电矢量的振动方向在其主平面内。

5.3.3　实验方法

1．实验装置

实验装置放置示意图如图 5.6 所示。实验装置包括半导体激光器 1 个、具有测量垂直旋转角度功能的偏振片 2 个、1/4 波片 1 个和 1/2 波片 1 个、普通光具座若干、光学导轨、光强传感器和相对光强测量仪。

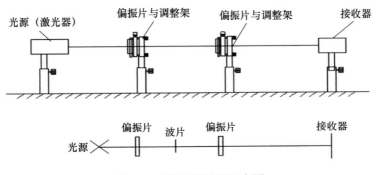

图 5.6　实验装置放置示意图

2．操作流程

在进行以下操作时，应保证激光束与光学导轨平行且激光束垂直穿过所有镜片的圆心，到达传感器的中心。

（1）观察起偏和消光现象

① 起偏：将激光投射到屏上，在激光束中插入一个偏振片，使偏振片在垂直于光束的平面内转动，观察透过光强的变化，并据此判断激光束（光源）的偏振情况。

② 消光：在第一片偏振片和光屏之间加入第二块偏振片，将第一块固定，转动第二块

偏振片，观察现象能否找到一个消光位置，此时两偏振片的位置关系是怎样的？

（2）验证马吕斯定律

首先在光源后放上 P1，使激光束垂直通过 P1 中心，旋转 P1 使光强最强（光电流计的读数应在 200～1500A 之间），记下 P1 的角度坐标，再在 P1 之后加入 P2，使光线垂直通过 P2 中心，旋转 P2 使透过的光最强，记下 P2 的度数，此时 P1 和 P2 的夹角为 0° 或 180°，保持 P1 不动，旋转 P2，每隔 10° 记录一次对应的光强值 I_k，直到旋转 180°。注意，光强测试仪的读数与光强成线性关系，但没有定标，I_k 不代表绝对光强，可以不写单位。

（3）1/4 波片的作用

保持 P1 不动，记下 P1 的度数，旋转 P2 到看到消光现象，记下 P2 的度数，然后在 P1、P2 之间插入 1/4 波片 C1，并使 C1 转动到再次出现消光现象，记下此时 C1 的度数，然后使 C1 由消光位置再分别转过 15°、30°、45°、60°、75°、90°，每次都将 P2 逐步旋转 360°，观察其间光强的变化情况，试问能看到几次光强极大和极小的现象？各次之间光强有无变化？为什么？并说明各次由 C1 透出的偏振光性质。

（4）1/2 波片的作用

① 在 P1 和 P2 之间插入一个 1/2 波片，将此波片旋转 360°，观察能看到几次消光，并加以解释。

② 将 1/2 波片任意转过一个角度，破坏消光现象，再将 P2 旋转 360°，又能看到几次消光，并解释原因。

③ 改变 1/2 波片的快（或慢）轴与激光振动方向之间夹角 θ 的数值，使其分别为 15°、30°、45°、60°、75°、90°，旋转 P2 到消光位置，记录相应的角度 θ_{P2}。

（5）利用布儒斯特定律测定介质的折射率

在利用布儒斯特定律时，只能在入射光为 P 分量（电矢量平行入射面）时，才能得到反射率为零的布儒斯特角。故实验分为以下两步进行。

步骤一：确定起偏器的方位，在此方位使入射到样品表面的入射光（即起偏后的偏振光）的偏振方向恰好为 P 分量。具体实验方法如下。

① 当 P1 在某一方位时，转动样品面使反射光的反射角在 50°～60° 之间，移动光屏使反射光点落于其上，仔细观察光屏上反射光的强弱变化。选定出射光点最暗的某个位置做下一步调整。

② 然后旋转 P1 的角度，观察光屏上反射光点的亮暗变化。再找到一个光点最暗的 P1 方位角。

③ 再依次重复步骤①②，直至反射光强近于零。此时 P1 的方位角恰好使出射平面偏振光与入射平面重合，即为 P 分量。

步骤二：根据布儒斯特定律确定介质材料的折射率。

5.3.4　实验数据

1. 数据记录

（1）观察起偏和消光现象

① 起偏：在激光束中插入一个偏振片，360° 旋转偏振片，观察透过光强，几乎看不

出明暗变化，根据光源判断已起偏得到的偏振光。

②消光：在第一片偏振片和光屏之间加入第二块偏振片，360°转动第二块偏振片，观察透过光强有多少次消光、多少次最强的现象，在消光位置，此时两偏振片的位置相互垂直。

（2）验证马吕盖斯定律

需要测量的数据包括 P1、P2 起始位置，以及不同 P1 与 P2 之间的夹角 θ 对应的光电流 I_θ。将测量数据记录在表 5.2、表 5.3 中。

记录 P1 和 P2 的位置，P1=_____，P2=_____。

表 5.2　光电流的测量

P1 与 P2 之间的夹角 θ	光电流 I_θ	P1 与 P2 之间的夹角 θ	光电流 I_θ
0°		100°	
10°		110°	
20°		120°	
30°		130°	
40°		140°	
50°		150°	
60°		160°	
70°		170°	
80°		180°	
90°			

表 5.3　I_θ、$\cos\theta$ 和 $\cos^2\theta$

P1 与 P2 之间的夹角 θ	光电流 I_θ	$\cos\theta$	$\cos^2\theta$
0°			
10°			
20°			
30°			
40°			
50°			
60°			
70°			
80°			
90°			

（3）1/4 波片的作用

将 P2 旋转 360°光强极大、极小的次数，以及各次之间光强变化的明显程度记录在表 5.4 中。

读者可根据需要测量的数据自行设计表格，以下表格仅供参考（见表 5.4）。

P1=_____，P2=_____，1/4 波片 C1=_____。

表 5.4　1/4 波片的相关数据

$\frac{1}{4}$ 波片 C1 由消光位置分别转过的角度	P2 旋转 360° 光强极大、极小的次数	各次之间光强变化的明显程度	$\frac{1}{4}$ 波片 C1 透出光的偏振性质
0°			
15°			
30°			
45°			
60°			
75°			
90°			

（4）1/2 波片的作用

将检偏器 P2 所在的第一、二次消光位置，以及检偏器转过的角度值 θ_{P2} 记录在表 5.5 中。

P1=_____。P2=_____，1/2 波片 C2=_____。

表 5.5　1/2 波片的相关数据

$\frac{1}{2}$ 波片从初始角度 θ_0 开始转动的角度	检偏器 P2 所在的第一次消光位置 θ_{P1}（位置 1）	检偏器 P2 所在的第二次消光位置 θ_{P2}（位置 2）	检偏器转过的角度值 θ_{P2}
15°			
30°			
45°			
60°			
75°			
90°			

（5）利用布儒斯特角求材料的相对折射率

将入射光强 θ_{i_1}（50°～60°）、出射光强 i_0（近于 0）及 P 分量（$\theta_i = \theta_{i_1} - \theta_{i_0}$）记录在表 5.6 中。

表 5.6　布儒斯特角的相关数据

测量数据	θ_{i_0}	θ_{i_1}	θ_i
1			
2			
3			

2．数据处理

（1）验证马吕盖斯定律：将表 5.3 中的数据用 Origin 或 Excel 拟合成 I_θ-θ 曲线和 I_θ-$\cos^2\theta$ 曲线，通过对其斜率的计算可得光电流与 $\cos^2\theta$ 成线性关系，由此可以验证马吕斯定律。

（2）1/4 波片：根据极小、极大次数，判断 1/4 波片可将线偏振光变成椭圆偏振光或圆偏振光；反之，它也可将椭圆偏振光或圆偏振光变成线偏振光。

（3）1/2 波片：经过计算，如果入射线偏振光的振动面与半波片光轴的交角为 α，则通过半波片后的光仍为线偏振光，不改变入射光的偏振性质，但其振动面相对于入射光的振动面转过 2α 角。

（4）利用布儒斯特角求材料的相对折射率：由公式 $\theta_i = \theta_{i_1} - \theta_{i_0}$ 和 $\tan\theta_i = n_2 / n_1$ 可以求出材料的折射率和相对误差。

5.3.5　分析讨论

（1）对本实验的误差进行分析

分析：实验室内存在光线变化，测量数据有误差；仪器老化，无法校准，光线未平行；由于人眼观察，角度读数存在一定误差。

（2）在线偏振光通过 1/4 波片后，如何判断投射光是椭圆偏振光还是圆偏振光？

分析：主要观察极大光强和极小光强的次数及光强的变化。若没有极大光强、极小，光强变化也不大，说明各方向光强相同，即为圆偏振光。

（3）将 1/2 波片任意转过一个角度，破坏消光现象，再将 P2 旋转 360°，又能看到几次消光？为什么？

分析：如果入射线偏振光的振动面与半波片光轴的交角为 α，则通过半波片后的光仍为线偏振光，但其振动面相对于入射光的振动面转过 2α，能看到两次消光。

5.3.6　思考总结

本实验的设计简明易懂，能使学生很好地理解其原理，对光偏振的特性既有理性认识，又有感性认知。光的干涉和衍射现象揭示了光的波动性，而光的偏振现象却直接有力地证明了光波是横波。

本实验通过对偏振光的观察和分析，帮助学生加深对光的偏振基本规律的理解。本实验通过对偏振光的观察和分析，加深了对光的偏振基本规律的理解。实验中，观察到光的偏振现象，掌握产生偏振光的方法和检验方法；了解 1/4 波片和 1/2 波片的作用及不同偏振性质光产生和检验的方法；验证了马吕斯定律；并且学会通过测定布儒斯特角来求材料的相对折射率等内容。

通过本实验，了解偏振光的有关知识，对光有了更深一步了解。若能提高仪器在采集光源时的灵敏度，那么在光源对准仪器时就不会难调节了，偏振片的偏振化方向与角度对应关系需要再进一步调整。

5.4 实验三十四 动态杨氏模量的测量

5.4.1 物理问题

杨氏模量是材料力学中的名词，杨氏模量被物理学家托马斯·杨于 1807 年首次提出，并以其名字命名。杨氏模量的大小反映固体材料抵抗形变的能力，杨氏模量越大，越不容易发生形变。具体描述为，物体在外力作用下，当其长度变化不超过某一限度时，撤去外力后，物体又能完全恢复原状，在该限度内，物体的长度变化与物体内部恢复力存在正比关系，这个比值称为固体材料的杨氏模量。它只与材料的本质、点阵间距、晶格类型、温度等因素有关，即仅取决于固体材料本身的物理性质。杨氏模量是选定机械零件材料的依据之一，是工程技术设计中常用的参数，对研究金属材料、纳米材料、聚合物、陶瓷等各种材料的力学性质有着重要意义，还可用于机械零部件设计、生物力学、地质等领域。

杨氏模量的测量方法可分为静态法和动态法，其中静态法是通过测量样品在外力下的形变来求得出杨氏模量；动态法是根据样品的共振频率推算样品的杨氏模量。但是动态法和静态法的原理我们并没有深入了解过，那么通过本实验，将深入了解杨氏模量的概念和原理，并学习用动态法测量铜棒杨氏模量的原理和方法，同时学会用示波器观察并判断样品共振的方法，拓展了学生对材料力学方面的知识，提高了学生动手能力。

5.4.2 物理原理

1. 杨氏模量

杨氏模量揭示了固体材料应变 $\frac{\Delta L}{L}$ 和内部应力 $\frac{F}{S}$ 之间的关系。任何物体都有其固有振动频率，该固有振动频率取决于试样的振动模式、边界条件、弹性模量、密度及试样的几何尺寸、形状。只要从理论上建立振动模式、边界条件和试样的固有频率及其他参量之间的关系，就可通过测量试样的固有频率、质量和几何尺寸来计算杨氏模量。

2. 杆振动的基本方程

当一根细长杆做微小横（弯曲）振动时，取杆的一端为坐标原点，沿杆的长度方向为 x 轴建立坐标系，利用牛顿力学和材料力学的基本理论可推出杆的振动方程为

$$\frac{\partial^2 U}{\partial t^2} + \frac{EI}{\lambda}\frac{\partial^4 U}{\partial x^2} = 0 \tag{5.18}$$

对长度为 L，两端自由的杆，边界条件为

$$\text{作用力：} F = \frac{\partial M}{\partial x}J = -E\frac{\partial^3 U}{\partial x^3}$$

$$\text{弯矩：} M = EJ\frac{\partial^2 U}{\partial x^2} = 0$$

$$\frac{\partial^2 U}{\partial x^2} = 0, \quad \text{当} x = 0 \text{时}$$

$$\frac{\partial^3 U}{\partial x^3} = 0, \quad \text{当} x = L \text{时} \tag{5.19}$$

用分离变量法解微分方程（5.18）并利用边界条件（5.19），可推导出杆自由振动的频率方程，即

$$\cos kL \cdot \mathrm{ch} kL = 1 \tag{5.20}$$

其中，k 为求解过程中引入的系数，其值满足

$$k^4 = \frac{\omega^2 \lambda}{EI} \tag{5.21}$$

ω 为杆的固有振动角频率。从方程（5.21）可知，当 λ、E、I 一定时，角频率 ω（或频率 f）是待定系数 k 的函数，k 可由方程（5.20）求得。方程（5.20）为超越方程，不能用解析法求解，利用数值计算法求得前 n 个解为

$$k_1 L = 1.506\pi, \ k_2 L = 2.4997\pi, \ k_3 L = 3.5004\pi, \ k_4 L = 4.5005\pi, \cdots, k_n L \approx \left(n + \frac{1}{2}\right)\pi$$

这样，对应 k 的 n 个取值，杆的固有振动频率有 n 个，分别为 $f_1, f_2, f_3, \cdots, f_n$。其中 f_1 为杆振动的基频，$f_2, f_3, \ldots$ 分别为棒振动的一次谐波频率、二次谐波频率、……。杨氏模量是材料的特性参数，与谐波级次无关，根据这一点可以导出谐波振动与基频振动之间的频率关系为

$$f_1 : f_2 : f_3 : f_4 = 1 : 2.76 : 5.40 : 8.93$$

3. 杨氏模量的测量

若取杆振动的基频，由 $k_1 L = 1.506\pi$、方程 $f_1^2 = \dfrac{1.506^4 \pi^2 EI}{4L^4 \lambda}$ 及对圆形杆有 $I = \dfrac{3.14}{64} d^4$，可得杨氏模量计算公式为

$$E = 1.6067 \frac{mL^3}{d^4} f_1^2$$

式中，m 为杆的质量，单位为 g，d 为杆的直径，单位为 mm，取 L 的单位也为 mm，计算出的杨氏模量 E 的单位为 N/m^2。这样，实验中测得杆的质量、长度、直径及固有频率，即可求得杨氏模量。

4. 超声波在介质中的传播

超声波是频率高于 20000Hz 的声波，在实际应用中，又可分为功率超声波和检测超声波。超声波的方向性好、穿透能力强，易于获得较集中的声能，在密度较大的固体及液体中传播的距离远，可用于测距、工业探伤、钻孔、碎石、杀菌消毒等。超声波的波长比一般声波要短，具有较好的方向性，而且能透过不透明物质，这一特性已被广泛用于超声波探伤、测厚、测距、遥控和超声成像等技术中。

在超声波作用于介质后，在介质中产生声弛豫过程，该过程伴随着能量在分子各自电度间的输运过程，并在宏观上表现出对声波的吸收（见声波）。通过物质对超声的吸收规律可探索物质的特性和结构，这方面的内容构成了分子声学的分支。普通声波的波长远大于固体中的原子间距，在此条件下可将固体当作连续介质。但对频率在 10^{12}Hz 以上的特超声波，波长可与固体中的原子间距相比拟，此时必须把固体当作具有空间周期性的点阵结构。特超声对固体的作用可归结为特超声与热声子、电子、光子和各种准粒子的相互作用。对固体中特超声的产生、检测和传播规律的研究，以及对量子液体、液态氦中声现象的研究构成了近代声学的新领域。

超声波具有如下特性：超声波可在气体、液体、固体、固熔体等介质中有效传播；超声波可传递很强的能量；超声波会产生反射、干涉、叠加和共振现象；超声波在液体介质中传播时，可在界面上产生强烈的冲击和空化现象。

5.4.3　实验方法

1. 实验装置

图 5.7 是利用动态法测杨氏模量的实验装置示意图，实验装置由信号发生器、激发换能器、接收换能器、放大器、示波器和试样组成。

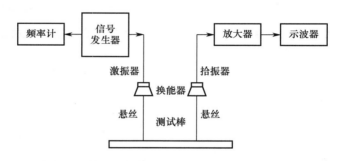

图 5.7　利用动态法测杨氏模量的实验装置示意图

2. 操作过程

（1）测量试样的长度 l、直径 d 和质量 m

用米尺测量试样的长度 l；用游标卡尺测量试样的直径 d（注意，在不同的部位和不同的方向多次测量）；用天平称量试样的质量 m。为了提高实验精度，以上各变量至少测量三次，并记录数据。

（2）测量试样在室温时的共振频率 f

① 安装试样，将其对称悬挂并保持水平，悬丝与试样垂直，选择适当的悬丝长度。

② 将实验仪器按照图 5.7 正确连接，并调整仪器到正常状态。

③ 从试样端点开始，两悬点同时向中间移动，每间隔 5mm 测量一次共振频率 f，并记录数据。每次测量时，都要调节信号发生器的输出频率，使示波器上观察到的共振峰的幅度达到最大值，此时信号发生器的输出频率即为该点的共振频率。

④ 判别共振的三种方法如下。

一是身体判断，当示波器上显示共振信号时，用手指甲（可以用笔代替）轻触金属杆，会有酥麻感，而后手沿着杆移动，会在对称两点感觉酥麻感消失，且一触碰金属杆，酥麻感就减弱。

二是常规共振判断，也就是记录图像振幅最大时的数据；而后将两支撑点靠近，同时转下金属杆，达到共振时再记录数据，如此反复记录几次。

三是当确定信号是杆的输出信号时，可以很精确地得到共振点，由于在共振点，共振相位会有突变，这可以从李萨如图中看出，但由于只有在完全无阻尼时，突变才会出现，而在有阻尼情况下表现为连续变化，即表现为椭圆图像的摆动，不过在阻尼很低的情况下（如本实验），相位变化也是很快的，可以通过调节频率的方法使李萨如图变成正椭圆，此时的频率为共振频率。

这里推荐先用第一种方法大致判断节点位置，而后用第二种方法让波形大致在共振位置，最后用第三种方法精调。

5.4.4　实验数据

1. 数据记录

将测量的试样质量、长度、直径等参数记在表 5.7 中。

表 5.7　试样参数

试样参数	质量/g	长度/mm	直径/mm
第一次测量			
第二次测量			
第三次测量			
平均值			

将测量的基频共振频率记录在表 5.8 中。

表 5.8　共振频率的测量

支撑点距端点距离 x/cm	基频共振频率 f/Hz
1	
2	
3	
4	
5	

2. 数据处理

将表 5.8 中的数据导入 Excel，以本实验中支撑点的位置为横坐标、以相对应的共振频率为纵坐标画出关系曲线，求出曲线最低点（节点）所对应的共振频率即试样的基频共振频率 f。

根据所测得的试样的长度 l、质量 m、直径 d 及共振频率 f，再结合公式 $E = 1.6067 \dfrac{mL^3}{d^4} f_1^2$ 可算出试样的杨氏模量 E。

注：$E = 1.6067 \dfrac{mL^3}{d^4} f_1^2$ 是在 $d \ll L$ 的条件下推导出的，实际试样的径长比不可能趋于零，从而使求得的弹性模量会有系统误差，这就须对求得的弹性模量进行修正，E（修正）$=KE$（未修正），K 为修正系数，它与谐波级次、试样的泊松比、径长比均有关，当材料泊松比为 0.25 时，对基频波修正系数随径长比的变化如表 5.9 所示。

表 5.9　对基频波修正系数随径长比的变化

径长比 d/L	修正系数 K
0.01	1.001
0.02	1.002
0.03	1.005
0.04	1.008
0.05	1.014

5.4.5　分析讨论

在本实验中，利用动态法测量了铜杆的杨氏模量，该测量方法是国家标准推荐的测量方法，可见该方法能十分精确地测量物体的杨氏模量，并且该实验也较为简单，易于操作。

本实验的误差来源是仪器本身的振动影响最终获得频率的大小，另外，对铜杆的各参数的测量也会产生不可避免的误差，影响实验结果。本实验中需要手动调节悬挂点位置，同时调节悬挂点和悬线在杆上的位置，操作烦琐，读数也不方便，并且难以保持悬线始终处于竖直状态。激振器与换能器输出、拾振器与换能器接收的振动信号都需要经过悬线传送，铜杆振动会带动悬线摆动，铜杆会发生变形及接触面绕其中心轴转动，悬线对杆也会有阻尼作用；拾取器要拾取的是加速度信号，但杆被悬在空中会发生摆动，有一部分摆动信号会被拾取。

而为了减小以上误差对实验结果的影响，首先要对数据进行精细处理，按要求正确计算出不确定度是减小误差影响的好方法；其次，可以通过延长铜杆的长度以获得更多的数据点，从而得到更精确的共振频率；最后，如果有条件，还可以为了保持实验过程中的平衡，在激振器和拾取器下面加入平衡控制装置。

5.4.6　思考总结

杨氏模量的测量是物理学的基本测量量之一，属于材料力学范围。传统的测量方法为静态法（包括拉伸法、扭转法和弯曲法），通常适用于在大形变及常温下测量金属试样。静态法的缺点包括：测量载荷大、加载速度慢并伴有弛豫过程，不能很真实地反映材料内部结构的变化，对脆性材料（如石墨、玻璃、陶瓷等）不适用，并且不能在高温状态下使用。

为了解决上述问题可采用动态法（又称共振法或声频法）测量杨氏模量。动态法能准确反映材料在微小形变时的物理性能。其优点有功耗低、灵敏度高，测量值精确稳定，适用于软脆性材料，并且能在不同温度下使用，温度范围极广。

在实验过程中，可以思考以下问题。

（1）如何尽快找到试样基频共振频率？

提示：测试前根据试样的材质、尺寸、质量，并通过公式估算出共振频率的数值，在估算共振频率附近寻找。

（2）测量时为何要将换能器放在试样的节点附近？

提示：理论推导时要求试样做自由振动，应把换能器放在试样的节点上，但这样做就不能激发试样振动。因此，实际换能器的位置要偏离节点，偏离节点越远，引入的误差就越大。故要将换能器放在试样的节点附近。

（3）有哪些方法可以判断试样是否达到共振？如何操作？

学生自行思考。

5.5 实验三十五 霍尔效应

5.5.1 物理问题

1879 年，霍尔研究固体材料载流子在磁场中的运动，当载流子受洛仑兹力时，其运动轨迹会发生偏移，在固体材料两侧出现正负电荷积累，形成电场，处于磁场和电场中的载流子会受到电场力和洛伦兹力，当二力平衡时，两侧形成稳定的电势差即霍尔电压，该现象即为霍尔效应。霍尔效应现象存在于金属导体中，而且存在于半导体中，并且半导体的霍尔效应比金属的明显。利用霍尔效应原理可以测定材料中所含载流子浓度的强弱、迁移率的大小等数据，还可以区分材料的导电强弱的类型，目前采用霍尔效应原理区分材料种类是重要手段之一。由霍尔效应原理制成的传感器元件广泛应用于自动控制装置、电测量和信息技术等方面。在拓扑绝缘体中，我国科学家实现了反常量子霍尔效应，推动了信息技术的发展。

霍尔效应实验是最重要的电磁学基础实验之一，实验仪器数量少，仪器操作过程简单，但是却能让我们直观地感受霍尔效应。通过本实验，将进一步了解霍尔效应的基本原理及霍尔元件有关参数的含义，同时利用霍尔效应来测量磁场，了解霍尔效应各种负效应及其消除方法。

5.5.2 实验原理

1. 霍尔效应

霍尔效应是研究半导体材料性能的基本方法。通过霍尔效应实验测定霍尔系数，霍尔系数是判断半导体材料的导电类型、载流子浓度及载流子迁移率等的重要参数。流体中的霍尔效应是研究磁流体发电的理论基础。

　　当固体材料中的载流子在外加磁场中运动时，因为受到洛仑兹力的作用而使轨迹发生偏移，并在材料两侧产生电荷积累，形成垂直于电流方向的电场，最终使载流子受到的洛仑兹力与电场斥力相平衡，从而在两侧建立起一个稳定的电势差即霍尔电压。正交电场和电流强度与磁场强度的乘积之比就是霍尔系数。

　　霍尔效应原理图如图 5.8 所示。从本质上讲，运动的带电粒子在磁场中受洛伦兹力的作用而发生偏转。当带电粒子（电子或空穴）被束缚在固体材料中，这种偏转就导致在垂直电流和磁场方向上产生正负电荷的积聚，从而形成附加的横向电场。对于如图 5.8 所示的半导体材料，若在 X 方向通以电流 I_H，在 Y 方向加以磁场 B，则在 Z 方向（即 3、4 两侧）开始积聚异号电荷，从而产生相应附加电场。该电场阻止载流子继续向侧面偏移，当载流子所受的电场力 F_e 与洛仑兹力 F_m 相等时，半导体两侧电荷的聚集就达到平衡，此时有

$$qvB = qE_H \tag{5.22}$$

其中，q 为电荷电量，E_H 为霍尔电场强度，v 为载流子在电流方向上的漂移速度，B 为外加磁场的磁感应强度。

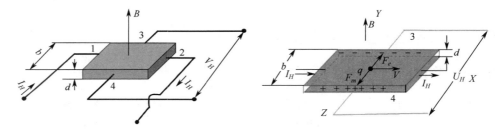

图 5.8　霍尔效应原理图

　　设霍尔材料的宽度为 b、厚度为 d，载流子的浓度为 n、平均速度为 $\bar{v}$，则

$$I_H = qn\bar{v}bd \tag{5.23}$$

　　由式（5.22）、式（5.23）可得

$$U_H = E_H b = \frac{1}{nq} \cdot \frac{I_H B}{d} = R_H \frac{I_H B}{d} \tag{5.24}$$

即霍尔电压 U_H、I_H 和 B 的乘积成正比，与霍尔材料的厚度 d 成反比。其中 $R_H = \dfrac{1}{nq}$ 为霍尔系数，它是反映材料产生霍尔效应能力的重要参数。

　　霍尔元件是一种基于霍尔效应的磁传感器，用它可以检测磁场及其变化，可在各种与磁场有关的场合中使用。霍尔元件具有许多优点，如结构牢固、体积小、重量轻、寿命长、安装方便、功耗小、频率高（可达 1MHz）、耐振动，以及不怕灰尘、油污、水蒸气及盐雾等的污染或腐蚀。对于一个霍尔元件，其中 R_H 和 d 是已知的，因此在实际应用中将式（5.24）改写成

$$U_H = K_H I_H B \tag{5.25}$$

其中，K_H 为霍尔元件的灵敏度，它表示元件在单位工作电流和单位工作磁感应强度下输出的霍尔电压。本仪器采用的霍尔元件灵敏度为 $K_H = 165\text{V·A}^{-1}\text{·T}^{-1}$。

由式（5.25）可知，已知霍尔元件的工作电流 I_H，测出霍尔电压 U_H，就可以计算出磁场 B。

2．霍尔系数

设试样的宽为 b、厚度为 d，载流子的浓度为 $I = nevbd$，则可以推导出霍尔电压为

$$V_H = E_H \cdot b = \frac{I_s B}{ned}$$

即霍尔电压与 $I_s B$ 乘积成正比，与试样厚度 d 成反比。比例系数 $R_H = \dfrac{1}{ne}$ 为霍尔系数，它是反映材料霍尔耳效应强弱的重要参数。只要调节出 V_H（V），以及知道 I_s（A）、B（特斯拉 T）和 d（cm），即可计算 R_H，即

$$R_H = \frac{V_H d}{I_s B} \times 10^4$$

式中，因为磁感应强度 B 用电磁单位表示，故要乘以 10^4。

利用 R_H 可以确定以下参数。

（1）由 R_H 的符号（或霍尔耳电压的正负）判断样品的导电类型。若测得的 $V_H < 0$，即点 A 的点电位高于点 A' 的电位，则 R_H 为负值，样品属于 N 型；反之则为 P 型。

（2）由 R_H 求载流子浓度 n，即 $n = \dfrac{1}{|R_H| e}$。

（3）结合电导率的测量，求载流子的迁移率 μ。

霍尔效应中的负效应如下。

（1）爱廷好森效应电压

1887 年，爱廷好森发现，由于载流子速度不同，在磁场的作用下所受洛伦兹力不同，快速载流子受力大而能量高，慢速载流子受力小而能量低，因此导致霍尔元件的一端较另一端温度高而形成一个温度梯度场，从而出现一个温差电压。

（2）能斯脱效应电压

由于电流输入、输出两引线端焊点处的电阻不可能完全相等，因此通电后会产生不同的势效应，使 x 方向产生温度梯度。电子将从热端扩散到冷端，扩散电子在磁场的作用下在横向形成电场，从而产生电压。

（3）黑纪-勒杜克效应电压

由能斯脱效应引起的扩散电流中的载流子速度不同，类似于爱廷好森效应，也将在 y 方向产生温度梯度场，导致产生一个附加电压，电压的正负与磁感应强度 B 有关，与电流 I 无关。

（4）不等势电位差

不等势电位差是由霍尔元件的材料不均匀，以及电压输出的引线在制作时不可能绝对地对称焊接在霍尔片的两侧引起的。不等势电位差是影响霍尔电压的一种最大的负效应。

3. 利用对称交换测量法消除负效应

值得注意的是，在产生霍尔效应的同时，因伴随着各种负效应，以致实验测得的 A、A'两极间的电压并不等于真实的霍尔耳电压 V_H，而是包含各种负效应所引起的附加电压，因此必须将这些电压设法消除。根据负效应产生的机理可知，采用电流和磁场换向的对称测量法，基本上能把负效应的影响从测量结果中消除。即在规定了电流和磁场正反方向后，分别测量由下列 4 组不同方向的 I_S 和 B 组合的 $V_{A'A}$（A'、A 两点的电位差），然后求 V_1、V_2、V_3 和 V_4 的代数平均值即

$$V_H = \frac{V_1 - V_2 + V_3 - V_4}{4}$$

通过上述的测量方法，即使还不能消除所有的负效应，但此时的误差不大，可以忽略不计。

5.5.3　实验内容

1. 实验装置

PEC-HES 型霍尔效应应用设计实验仪如图 5.9 所示，包括转盘、霍尔探头、示波器接口、转速调节旋钮、电流调节旋钮、霍尔电压显示屏、霍尔电流显示屏。在转盘上装有极性相反的两个磁铁。

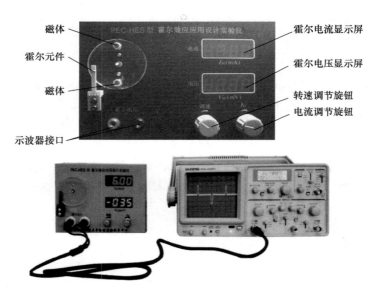

图 5.9　PEC-HES 型霍尔效应应用设计实验仪

2. 操作流程

（1）测量转速的步骤如下。

① 连接仪器与示波器。

② 利用示波器本身的标准信号校准示波器信号。

③ 先将转速调至最大，并调节示波器得到清晰稳定的输出信号脉冲，再从屏幕上读出一个周期的时间。

（2）测量动态磁场的步骤如下。

① 将转速调至最大值，调节霍尔元件的工作电流 I_H，从 0.00mA 开始，每增加 1.00mA 从示波器上读取一次霍尔电压值 U_H；

② 作 U_H-I_H 曲线图，计算该状态的磁场强度。

（3）测量静态磁场的步骤如下。

① 将磁铁旋转到霍尔探头的正下方。

② 调节霍尔元件的工作电流 I_H，从 0.00mA 开始，每增加 1.00mA，记录电压表显示的霍尔电压值 U_H；

③ 作 U_H-I_H 曲线图，并计算该状态的磁场强度。

5.5.4　实验数据

1．数据记录

（1）转速计算公式为

$$旋转周期为 T = 时间分辨率×一个周期对应的格数$$

转速为 $n = \dfrac{1}{T}$。

（2）将不同霍尔电流对应的峰值霍尔电压数据记录在表 5.10 中。

表 5.10　不同霍尔电流对应的峰值霍尔电压

霍尔电流 I_H /mA	霍尔电压格数	mV/每格	霍尔电压 U_H /mA

2．数据处理

在 Excel 中导入不同霍尔电流对应的峰值电压数据，画出数据点，并作直线，求得其斜率为

$$\Delta U_H = K_H I_H B$$

$$\overline{K_H B} = \frac{\Delta U_H}{\Delta I_H}$$

所以最大磁感应强度为

$$B = \frac{\overline{K_H B}}{K_H}$$

由此可以算出最大磁感应强度 B。

5.5.5 分析讨论

本实验的方法论思想有很多，但最突出的是对称交换测量法的应用。物理实验（测量）存在多种误差，也有多种减小误差的方法。在测量霍尔电压时，不可避免地会产生一些负效应，这些负效应产生的附加电势差会叠加到霍尔电压上，形成测量中的系统误差. 这些负效应包括：爱廷好森效应电压（即温差电动势）U_E、能斯脱效应电压 U_N、黑纪-勒杜克效应电压 U_R、不等势电位差 U_σ。

以上 4 种负效应产生的电势差总和，有时甚至远大于 U_H，形成测量中的系统误差，以致使 U_H 难以测准。为了减小这些效应引起的附加电势差，利用这些附加电势差的正负与样品电流 J、磁场 B 的方向关系，测量时改变 J 和 B 的方向可以减小这些附加电势差的影响，具体方法如下。

（1）当 B 与 I 均为正方向时，$U_{(AB)1} = U_H + U_\sigma + U_E + U_N + U_R$。

（2）当 B 与 I 均为正方向时，$U_{(AB)2} = -U_H - U_\sigma - U_E + U_N + U_R$。

（3）当 B 与 I 均为正方向时，$U_{(AB)3} = U_H - U_\sigma + U_E - U_N - U_R$。

（4）当 B 与 I 均为正方向时，$U_{(AB)4} = -U_H + U_\sigma - U_E - U_N - U_R$。

用（1）-（2）+（3）-（4），并取平均值，测得

$$\frac{1}{4}[U_{(AB)1} - U_{(AB)2} + U_{(AB)3} - U_{(AB)4}] = U_H + U_E$$

这样除了爱廷好森效应外的其他负效应产生的电势差全部消除了，而爱廷好森效应所产生的电势差 U_E 要比 U_H 小得多，所以将实验测出的 $U_{(AB)1}$、$U_{(AB)2}$、$U_{(AB)3}$、$U_{(AB)4}$ 值代入式中，即可基本消除负效应引起的系统误差。

5.5.6 思考总结

霍尔效应对金属是不显著的，但对半导体却非常显著。在半导体中，利用这种效应可以做成具有广泛应用的霍尔元件，用于磁场测量、功率测量及模拟运算乘法器，还可用于非电量测量方面，并可作为压力、位移和流量测量的传感器。通过本实验可获取的知识点有很多，如对两条基本规律的探讨：在磁场不是很强的情况下，当通过霍尔元件的传导电流一定时，霍尔电势差 U_H 与该处的磁感应强度 B 成正比；当励磁电流一定时，霍尔电势差 U_H 与该处的传导电流成正比。不仅可以加深对霍尔效应原理的理解，同时也增强学生的

动手能力和分析能力。

在实验过程、分析中可以思考以下问题。

（1）若磁场与霍尔元件的法线不一致,对测量结果有什么影响? 如何用实验方法判断 B 与霍尔元件法线是否一致?

提示:如果磁场不在法线方向,那么测出来的就是存在一个余弦项,按公式 $B = V / KI$,算出来的磁感应强度总是比实际值小。若要准确测定磁场,则需要将霍尔元件放至霍尔电压最大的位置,即与 B 垂直。

（2）能否用霍尔元件测量交变磁场?

提示:可以,但是必须使用霍尔元件的线性区测量才比较准确,因为霍尔元件的输出电压=输入电流×磁场强度,即磁场强度的改变必然会影响输出电压

5.6　实验三十六　电路的混沌

5.6.1　物理问题

混沌的定义有很多种,简单地说,混沌是非线性系统表现出的一种非常复杂的、无法根据给定的初始条件预测系统未来状态的类似随机的行为,但混沌并不意味着无序,混沌中蕴含着有序,有序的过程中也可能出现混沌。可见,混沌隐含着这样一个悖论,即这是一个局部的随机与整体模式中的稳定。研究混沌理论的关键是要发现隐藏在不可预测的无序现象里的内部有序结构,使学者们有可能进一步探索用现有范式所不能描述、解释或预测的现象。混沌对初始条件有敏感性。这一特征也常被称作蝴蝶效应,它表明混沌系统对其初始条件异常敏感,以至于最初状态的轻微变化也都能导致不成比例的巨大后果。

混沌在非线性科学、信息科学、保密通信及其他工程领域获得了广泛的应用,已成为非线性电路与系统的一个热点课题。本实验将探究什么是混沌电路? 如何用 RLC 串联谐振电路测量仪器提供的铁氧体介质电感在通过不同电流时的电感量,解释电感量变化的原因? 实验中将通过观测 LC 振荡器产生的波形并改变 RC 移相器中可调电阻 R 的值,观察相图的周期变化。同时要记录倍周期分岔、阵发混沌、三倍周期、吸引子和双吸引子的相图。

5.6.2　物理原理

1. 混沌现象

（1）混沌性。混沌是非线性动力学系统具有的一类复杂动力学行为,它是确定性非线性系统的内在随机性。所谓确定性系统是指将描述该系统的数学模型表示为不包含任何随机因素的完全确定的方程。

动力系统的混沌性是指系统的动力学行为呈现一种局部不稳定,而又具有有界性和某种整体混合性。

（2）混沌的基本特征如下。

① 对初始条件的敏感性。它表明混沌系统对其初始条件异常敏感,以至于最初状态的

轻微变化都能导致不成比例的巨大后果。依据混沌理论，一个小误差或差异是系统向着理想状态转化的基本因素，此特征直接与不确定性及不可预测性相关。因为初始条件是不稳定的、不为人知的，故不能预测这一不成比例的过程将产生什么效果。同样，对初始条件的敏感依赖性也包含非线性特征，即系统某一部分中的微小混乱所产生的后果能导致系统其他部分的巨大变化，故没有任何两种结果是相似的。

② 整体有界性。运动轨迹始终局限于一个确定的区域，这个区域称为混沌吸引域。

③ 遍历性。混沌运动在其混沌吸引域内是各态遍历的，即混沌轨迹将经过混沌吸引域内的每个状态点。

④ 内随机性。虽然混沌系统的动力学方程是确定的，但其运动形态却具有某些随机性。这种随机性是在系统自身演化的动力学过程中，由于内在非线性机制作用而自发产生的。因此，混沌的随机性是确定性系统的内在随机性。混沌的随机性说明混沌系统是局部不稳定的。

⑤ 分维性。混沌不等同于随机运动，它在局部区域和空间中具有丰富的内涵。表现为混沌运动轨迹在某个有限的区域内做无限次的折叠，其运动状态具有丰富的层次和自相似结构。

⑥ 非周期定常态特性。非周期性是混沌运动的一个重要特征。可以说，混沌没有通常意义下的定常态，或者说混沌的定常态就是这一非周期性过程。但是，混沌是确定性的非周期运动。

（3）混沌吸引子。混沌吸引子也称奇异吸引子，是反映混沌系统运动特征的产物，也是一种混沌系统中无序稳态的运动形态，它具有复杂的拉伸、扭曲的结构。混沌吸引子是系统总体稳定性和局部不稳定性共同作用的产物，具有自相似性和分形结构。从整体上讲，系统是稳定的，即吸引之外的一切运动最终都要收敛到混沌吸引子上。但就局部来说，混沌吸引子内的运动又是不稳定的，即相邻运动轨道要相互排斥且是按指数型分离的。

2. 非线性电路与非线性动力学

非线性电路原理图如图 5.10 所示。图 5.11 是该电阻的伏安特性曲线，从特性曲线显示加在此非线性元件上的电压与通过它的电流极性是相反的。由于加在此元件上的电压增大时，通过它的电流却减小，因而将此元件称为非线性负阻元件。

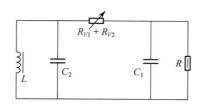
图 5.10　非线性电路原理图

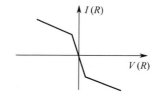
图 5.11　非线性负阻元件 R 的伏安特性曲线

图 5.10 中 R_{V1} 和 R_{V1} 为可变电阻，R 为有源非线性负阻器件，L 为电感器，C_1 和 C_2 为电容器。

图 5.10 电路的非线性动力学方程为

$$C_1 \frac{\mathrm{d}U_{C_1}}{\mathrm{d}t} = G(U_{C_2} - U_{C_1}) - gU_{C_1}$$

$$C_2 \frac{\mathrm{d}U_{C_2}}{\mathrm{d}t} = G(U_{C_1} - U_{C_2}) + i_L$$

$$L \frac{\mathrm{d}i_L}{\mathrm{d}t} = -U_{C_2}$$

式中，导纳 $G = 1/(R_{V1} + R_{V2})$，U_{C1} 和 U_{C2} 分别表示 C_1 和 C_2 上的电压，i_L 表示流过电感 L 的电流。

3．有源非线性负阻元件的实现

有源非线性负阻元件实现的方法有多种，这里使用的是一种较简单的电路，采用两个运算放大器和 6 个电阻来实现，其电路如图 5.12 所示，电阻的伏安特性曲线如图 5.13 所示，本实验所要研究的是该非线性元件对整个电路的影响，而非线性负阻元件的作用是使振动周期产生分叉和混沌等一系列非线性现象。

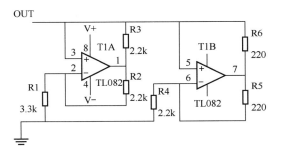

图 5.12 有源非线性负阻电路图

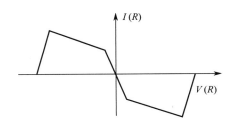

图 5.13 电阻的伏安特性曲线

5.6.3 实验方法

1．实验装置线路图

实际非线性混沌实验电路如图 5.14 所示。

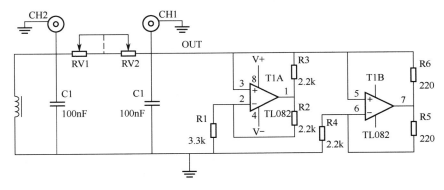

图 5.14 实际非线性混沌实验电路

2．操作流程

（1）按照图 5.14 接线，注意运算放大器的电源极性不要接反。

（2）用同轴电缆将 Q9 的插座 CH1 连接双踪示波器 CH1 道（即 X 轴输入）；Q9 插座 CH2 连接双踪示波器 CH2 通道（即 Y 轴输入）；可以交换 X、Y 输入，使显示的图形相差 90°。

① 调节示波器相应的旋钮使其在 Y-X 状态工作，即 CH2 输入的大小显示在示波器的水平方向；CH1 输入的大小显示在示波器的垂直方向。

② 可将 CH2 的输入和 CHI 的输入放在 DC 态或 AC 态，并适当调节输入增益 V/DIV 波段开关，使示波器显示大小适度、稳定的图像。

（3）检查接线无误后即可开电源开关，电源指示灯点亮，此时电压表不需要接入电路。

（4）对非线性电路混沌现象的观测步骤如下。

① 首先把电感 L1 的值调到 20mH 或 21mH，把电位器 W1 的值调为 $2.2k\Omega$，W_2 为 220Ω。

② 右旋细调电位器 W2 到底，左旋或右旋 W1 粗调多圈电位器，使示波器出现一个圆圈，略斜向的椭圆。

③ 左旋多圈，细调电位器 W2，示波器会出现二倍周期分叉。

④ 再左旋多圈，细调电位器 W2，示波器会出现三倍周期分叉。

⑤ 再左旋多圈，细调电位器 W2，示波器会出现四倍周期分叉。

⑥ 再左旋多圈，细调电位器 W2，示波器会出现双吸引子（混沌）现象。

⑦ 观测的同时可以通过调节示波器相应的旋钮来观测不同状态下（Y 轴输入或 X 轴输入）的相位、幅度和跳变情况。

本实验的注意事项如下。

（1）运算放大器的电源极性不要接反，使用电压源右边的 12V 接线柱。

（2）在接入滑动变阻器时不要将整个电阻接入，并要注意连线的正负。

5.6.4　实验数据

1．数据记录

观测混沌现象的一倍周期图像、二倍周期图像、三倍周期图像、四倍周期图像和双吸引子图像，并用手机拍照，将这些图像记录下来。

2．数据处理

将手机拍摄的一倍周期图像、二倍周期图像、三倍周期图像、四倍周期图像和双吸引子图像打印出来并粘贴在纸质实验报告上。

5.6.5　分析讨论

在实际工作中，电力电子工程师总是将稳定性和可靠性放在第一位，认为混沌是有害的，必须尽量避免，因此总是企图抑制或阻止混沌的发生。自 1990 年提出混沌控制概念以来则纠正了这一观念。将混沌控制理论和方法有效地应用于电力电子工程实践已成为新的研究热点。实际上，研究电力电子电路与系统中复杂行为有两个基本目的：一方面是通过理解复杂行为产生的根源与趋势，有助于设计出更为可靠的电力电子系统；另一方面则是通过某种控制策略在一定条件下研究非线性现象的利用问题，以满足某些特殊的需要。电力电子技术的广泛应用和其中非线性现象的揭示为混沌控制理论提供了一个广泛应用的平台。在实现混沌与分岔控制的同时，可以大大改善系统稳定运行的参数范围。功率变换器中混沌产生的机理和控制方法的研究可能是提高功率变换器综合性能的新途径，使得功率变换器的设计进入一个新的阶段。

5.6.6　思考总结

本实验搭建了混沌电路，通过改变其参数，观察混沌的产生、周期运动、倍周期和双吸引子现象。本实验的操作步骤并不难，但是混沌现象的理论知识可以开拓学生的视野，故本实验不仅可作为一个物理电学的实验而存在，更涉及数学、气象学、天文学、经济学、医学等各个学科的知识，其中对混沌理论的分析能够引发深刻的哲学论题和自古以来的社会思考。故本实验是一个高度开阔的实验。

同时在实验过程中应该思考以下问题。

（1）什么是混沌？它有哪些特征？

（2）非线性负阻电路在本实验中的作用是什么？

提示：因为混沌效应是线性和非线性迭代形成的一种不稳定效应，所以非线性负阻的作用是产生非线性电压、电流。

5.7　实验三十七　自组装光栅光谱仪

5.7.1　物理问题

光栅光谱仪又称光栅单色仪，是用光栅衍射的方法获得单色光的仪器，它可以从发出复合光的光源（即不同波长的混合光的光源）中获得单色光，通过衍射光栅一定的偏转角度得到某个波长的光，并可以测定其数值和强度。其中衍射光栅不仅是分光元件的一种，其在光谱仪器的构造中也占据着核心地位。近年来，由于光谱分析方法在科研、生产生活、能源质控等诸多方面发挥的作用备受人们关注，因此让学生进一步发掘光谱分析的应用价值，并将其作为学生大学物理实验课程的内容之一，这部分设计型实验是很有必要的，本实验让学生自己动手设计一台光栅光谱仪，可以激发学生对光学知识的兴趣并加深对理论知识的现实应用。

本实验主要是通过自主搭建光栅单色仪研究光栅的分光原理及主要特性，以及光栅单色仪的工作原理。了解各个装置的摆放位置以及光线的传播路径。本实验对装置的摆放位置要求较高，装置的摆放位置决定了光线的传播路径，也决定了实验的成功与否。

5.7.2　物理原理

研究光栅光谱仪的内容包括物体的辐射特性，光与物体的相互作用，物体的结构（原子、分子能级结构），遥远星体的温度、质量、运动速度和方向。光栅光谱仪的应用范围非常广，可以用于采矿、冶金、石油、机器制造、纺织、农业、食品、生物、医学、天体与空间物理（卫星观测）等等。光栅光谱仪有以下两大类型。

1. Littrow 型光栅光谱仪

如图 5.15 所示的光学系统为 Littrow 光栅光谱仪光学系统，其工作原理为光源或照明系统发出的光束均匀地照亮在入射狭缝 S1 上，S1 位于离轴凹面反射镜的焦平面上，光通过 M1 变成平行光照射到光栅上，再经过光栅衍射返回到 M1，经过 M2 汇聚到出射狭缝 S2，由于光栅的分光作用，从 S2 出射的光为单色光。当光栅转动时，从 S2 出射的光由短波到长波依次出现。

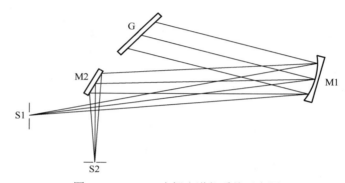

图 5.15　Littrow 光栅光谱仪系统示意图

S1—入射狭缝，出射狭缝，M1—凹面反射镜，M2—反光镜，G—闪耀光栅

Littrom 型光栅光谱仪又称自准式光栅光谱仪。这种光谱仪具有结构紧凑、易于调整等优点，但是因为它的入射狭缝与出射狭缝很靠近，所以其杂散光比较多，效果较差。而且在实际调整过程中，光由 M1 反射到 M2，容易受到闪耀光栅的衍射条纹的影响，造成混淆。因此，选择 C-T 型光栅光谱仪进行搭建。

2. Czerny-Turner（简称 C-T）型光栅光谱仪

图 5.16 所示为 C-T 型光栅光谱仪光学系统示意图，其工作原理为光源或照明系统发出的光束均匀地照亮在入射狭缝 S1 上，S1 位于凹面反射镜的焦平面上，光通过 M1 变成平行光照射到光栅上，再经过光栅衍射，向 M2 方向出射，经过 M2 汇聚到出射狭缝，由于光栅的分光作用，从 S2 出射的光为单色光。当光栅转动时，从 S2 出射的光由短波到长波依次出现。这种光栅光谱仪是一种采用两块球面镜作为准直镜和成像物镜的系统，常用水平排列方式。两块球面镜可以相互补偿，具有较好的成像质量。并且当增大狭缝高度时，不会严重影响仪器的分辨率，所以该光栅光谱仪经常被广泛使用。

光栅光谱仪的核心部件是闪耀光栅，闪耀光栅是以磨光的金属板或镀上金属膜的玻璃板为坯子，用劈形钻石尖刀在其上面刻画出一系列锯齿状的槽面形成的光栅（注：由于对光栅的机械加工要求很高，所以一般使用的光栅是由该光栅复制而成的），它可以将单缝衍射因子的中央主极大移至多缝干涉因子的较高级位置上去。因为多缝干涉因子的高级项（零级无色散）是有色散的，而单缝衍射因子的中央主极大集中了光的大部分能量，这样做可以大大提高光栅的衍射效率，从而提高了测量的信噪比。如图 5.17 所示，闪耀光栅能把单缝衍射 0 级与缝间干涉 0 级错开，同时能将光能转移并集中到所需的某一级光谱上，进而实现该级光谱的闪耀。

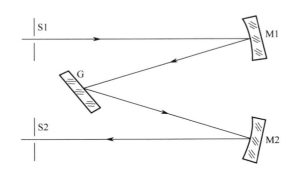

图 5.16　C-T 型光栅光谱仪光学系统示意图

S1—入射狭缝，S2—出射狭缝，M1 与 M2—凹面反射镜，G—闪耀光栅

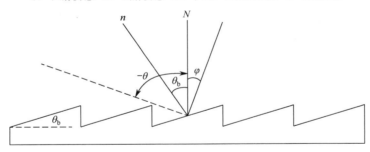

图 5.17　闪耀光栅示意图

N—光栅面法线，φ —入射光线方向，n—刻槽面法线，θ_b —光栅闪烁角，θ —衍射光线方向

当入射光与光栅面的法线 N 的方向的夹角为 φ 时，光栅的闪耀角为 θ_b，当取一级衍射项时，当入射角为 θ、衍射角为 φ 时，光栅方程式为

$$d(\sin\varphi + \sin\theta) = \lambda$$

因此当光栅位于某个角度（φ、θ 确定）时，波长 λ 与 d 成正比。当用波长已知的单色光入射时，旋转光栅，对于不同的入射角会有不同的衍射角。分别测得入射角和衍射角，即可确定光栅常数 d。

5.7.3　实验方法

1．实验装置

实验装置的光路图如图 5.18 所示。

2．操作流程

（1）搭建 C-T 型光栅光谱仪的步骤如下。

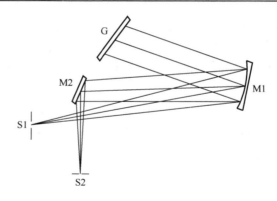

图 5.18　实验装置的光路图

① 将各部件中心调整在同一高度上，并且使光路主截面大致平行于台面。

② 用装有扩束镜的 He-Ne 激光器作为光源。用 f=150mm 的透镜将光聚在狭缝上，调整缝宽大于 0.5mm，但是不要太大。注意：狭缝装置上的转轮旋转一周就是 0.5mm。

③ 按要求放置各部件，调整 M1、M2 和 G 到合适角度。

④ 用毛玻璃屏接收光谱，找到最佳聚焦位置。减小入射狭缝的宽度，得到锐利明亮的红色亮线。

（2）测定闪耀光栅的光栅常数 d 的步骤如下。

在以上已经搭建好的 C-T 型光栅光谱仪基础上，已知 He-Ne 激光器的波长 λ=632.8nm。找到激光的一级衍射条纹，根据 $d(\sin\varphi+\sin\theta)=\lambda$，转动光栅，改变入射角，测出三组入射光线方向 φ 和衍射角 θ，分别代入公式，计算出光栅常数 d 的平均值。

（3）观察复合光的光谱的步骤如下。

① 在以上已经搭建好的 C-T 型光栅光谱仪基础上，用钠灯代替装有扩束镜的 He-Ne 激光器光源，取下 f=150mm 的透镜，用 f=50 mm 透镜将光聚在狭缝上，用白纸检查 M1、G 和 M2 上的投射光，要求不漏光，进程不挡光。

② 转动光学转台，调节光栅水平面的方位，可观察到各谱线依次在毛玻璃屏上移动。

5.7.4　实验数据

1. 数据记录

将不同入射角对应不同的衍射角，以及不同频率的光对应不同的入射角和衍射角分别记录在表 5.11 和 5.12 中。

表 5.11　不同入射角对应不同的衍射角

$\varphi/°$	$\theta/°$

表 5.12 不同频率的光对应不同的入射角和衍射角

光谱	黄光	蓝光	紫光
入射角 φ			
衍射角 θ			

2．数据处理

（1）光栅常数

已知 He-Ne 激光器的波长 $\lambda = 632.8\text{nm}$，先找到激光的一级衍射条纹，再根据式 $d(\sin\varphi + \sin\theta) = \lambda$，转动光栅，改变入射角，测出三组入射光线方向 φ 和衍射角 θ，分别代入公式，计算出光栅常数 d 的平均值。

$$\bar{d} = \underline{\hspace{2cm}}\mu\text{m}, \qquad 标准值 \ d = 0.83\mu\text{m}$$

（2）由以上可求出光栅常数，再通过光栅常数及不同颜色光所对应的入射角和衍射角可求出不同颜色光的波长

将表 5.11 和表 5.12 中的数据代入式 $d(\sin\varphi + \sin\theta) = \lambda$，可得

$$\lambda_{黄} = \underline{\hspace{1cm}}\text{nm}, \qquad \lambda_{蓝} = \underline{\hspace{1cm}}\text{nm}, \qquad \lambda_{紫} = \underline{\hspace{1cm}}\text{nm}$$

5.7.5 分析讨论

在使用前一个实验步骤中搭建好的光栅光谱仪测量光栅常数时，要注意使 M1 反射到光栅上的光线位于光栅的法平面与光栅平面的交线所在的直线上，否则， 根据光学转角台上的刻度读出来的入射角和出射角不准确，会产生较大实验误差。实验仪器的设置主要用于搭建光栅光谱仪的光路，同时实验时很容易不小心碰到闪耀光栅的刻槽面，如果靠近中间的光栅刻槽面被破坏，则会影响最终测量出来的光栅常数。

5.7.6 思考总结

本实验的主要内容是搭建一个光栅光谱仪的光路，并找到激光在闪耀光栅上的一级衍射条纹，并记录入射角和衍射角，同时计算光栅常数。计算光栅常数的关键是找到一级或其他级次衍射条纹，就是要知道测量的衍射条纹属于哪一个级次。在用激光入射之前，可以先利用复合光源（如手机灯光）入射，用白纸在以闪耀光栅为圆心的环面上寻找最高近白光的一级彩色衍射条纹，固定白纸不动，将复合光源替换成激光光源，在原先复合光源的一级彩色衍射条纹中的红色条纹附近可以寻找到一条激光的衍射条纹，这就是一级衍射条纹。调整入射角度，追踪记录不同入射角下的衍射角，即可计算出光栅常数。

本实验的亮点在于，在搭建好的光栅光谱仪的基础上，利用 He-Ne 激光器光源估算出闪耀光栅的光栅常数，这是在原有实验上进行的创新。寻找到单色光源激光的一级衍射条纹是测量光栅常数的关键所在，准确测得入射光线和衍射光线的角度是难点所在。回顾整个实验过程，通过本实验认识了光栅光谱仪的工作原理，以及使用闪耀光栅的优点。另外，通过自主搭建光栅光谱仪了解光学的奥妙。

同时需要思考以下问题？

（1）光栅光谱仪的原理是什么？

（2）为什么选择闪耀光栅搭建光栅光谱仪？

（3）闪耀光栅如何实现某一级衍射条纹的闪耀？

（4）如何测量光栅常数？

（5）组装光栅光谱仪时，需要注意什么？

5.7.7　实验资源

图 5.19 为实物仪器图、图 5.20 为实验现象、图 5.21 和表 5.13 为实验装置组成部分。

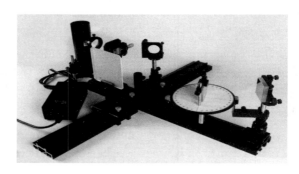

图 5.19　实验仪器实物图

钠灯的双黄线　　　　　　　　　　　　　　　手机光源的光谱

图 5.20　实验现象

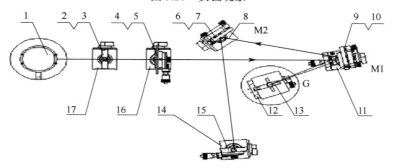

图 5.21　实验装置搭建图

表 5.13 实验装置组成部分

1：汞灯（GY-4C）无毛玻璃	10：三维架（SZ-07）
2：透镜（f'=50mm）	11：纵向可调底座（SZ-B-01A）
3：透镜架（SZ-08）	12：光学转角台 （SZ-47）
4：测微狭缝 （SZ-27B）	13：平面闪耀光栅 G
5：双棱镜镜架（SZ-41）	14：毛玻璃架（SZ-43）
6：平面镜 M2	15：通用底座（SZ-B-04A）
7：透镜架（SZ-08）	16：横向可调底座（SZ-B-02A）
8：通用底座（SZ-B-04A）	17：通用底座（SZ-B-04A）
9：自准球面镜 M1（f'=300mm）	导轨：0.6m+0.3m+0.3m 和连接座

5.8　实验三十八　电光调制

5.8.1　物理问题

光调制是通过改变光波的振幅、强度、相位、频率或偏振等参数，使传播的光波携带信息的过程。电光调制是光调制的类型之一，它是利用某些晶体（如铌酸锂晶体）、液体或者气体在外加电场的作用下折射率发生变化的现象进行调试的。通过此技术，光通信系统能实现从电信号到光信号的转换，从而对所需处理的信号或被传输的信息做某种形式的变换或调制，使其便于理解、传输和检测。电光调制器的调制信号频率可达 $10^9 \sim 10^{10}\,\mathrm{Hz}$ 量级，并且调制速度不受器件工作速率的限制，对光源的影响也小，因此在光通信、激光通信、激光显示等领域中有广泛的应用。

通过本实验，我们将走进光的世界，切身感受光和光调制的神奇现象，要求掌握电光调制原理和实验方法，学会用实验装置测量晶体的半波电压、绘制晶体特性曲线、计算电光晶体的消光比和透光率，加深对偏振光干涉、激光调制等知识的理解和认识。

5.8.2　物理原理

1．电光效应

某些晶体在外加电场的作用下，其折射率因外加电场而发生变化的现象称为电光效应。利用该效应可以对通过的介质的光束进行幅度、相位或频率的调制，进而构成电光调制器。电光效应分为以下两种类型。

（1）一级电光效应（Pockels 效应）：介质折射率正比于电场强度。

（2）二级电光效应（Kerr 效应）：介质折射率与电场强度的平方成正比。

本实验使用铌酸锂晶体作为电光介质，组成横向调制的一级电光效应。

如图 5.22 所示，入射光方向平行于晶体光轴（Z 轴方向），在平行于 X 轴的外加电场 E 作用下，晶体的主轴 X 轴和 Y 轴绕 Z 轴旋转 45°，形成新的主轴 X' 轴-Y' 轴（Z 轴不变），其感生折射率差为Δn，正比于所施加的电场强度 E，即

$$\Delta n = n_0^3 r E$$

式中，r 为与晶体结构及温度有关的参量，即电光系数。n_0 为晶体对寻常光的折射率。

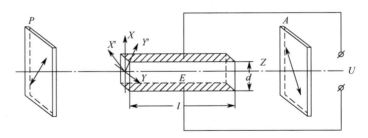

图 5.22　折射率差形成的原理图

当一束线偏振光从长度为 l、厚度为 d 的晶体中出射时，由于晶体折射率的差异而使光波经晶体后出射光的两振动分量会产生附加的相位差 δ，它是外加电场 E 的函数，即

$$\delta = \frac{2\pi}{\lambda}\Delta nl = \frac{2\pi}{\lambda}n_0^3 rEl = \frac{2\pi}{\lambda}n_0^3 r\left(\frac{l}{d}\right)U \tag{5.26}$$

式中，λ 为入射光波的波长；同时为测量方便起见，电场强度用晶体两面极间的电压来表示，即 $U = Ed$。

当相位差 $\delta = \pi$ 时，所加电压为

$$U = U_\pi = \frac{\lambda}{2n_0^3 r}\frac{d}{l} \tag{5.27}$$

式中，U_π 称为半波电压，它是一个用以表征电光调制电压对相位差影响的重要物理量。由式（5.27）可见，半波电压 U_π 取决于入射光的波长 λ、晶体材料和其几何尺寸。由式（5.26）和式（5.27）可得

$$\delta(U) = \pi\frac{U}{U_\pi} + \delta_0 \tag{5.28}$$

式中，δ_0 为 $U = 0$ 时的相位差，它与晶体材料和切割的方式有关，对加工良好的纯净晶体而言 $\delta_0 = 0$。

图 5.23 为电光调制器的工作原理图。

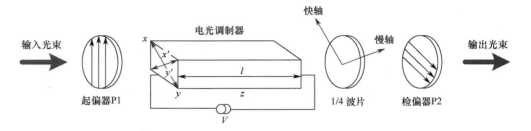

图 5.23　电光调制器的工作原理图

由激光器发出的激光经起偏器 P 后，只透射光波中平行其透振方向的振动分量，当该偏振光 I_P 垂直于电光晶体的通光表面入射时，如将光束分解成两个线偏振光，经过晶体后其 X 分量与 Y 分量的相差为 δ（U），然后光束再经检偏器 A，产生光强为 I_A 的出射光。当

起偏器与检偏器的光轴正交（A⊥P）时，根据偏振原理可求得输出光强为

$$I_A = I_P \sin^2(2\alpha)\sin^2\left[\frac{\delta(U)}{2}\right] \tag{5.29}$$

式中，$\alpha = \theta_P - \theta_x$，为起偏器 P 与 X 分量两光轴间的夹角。

若取 $\alpha = \pm 45°$，此时 U 对 I_A 的调制作用最大，并且

$$I_A = I_P \sin^2\left[\frac{\delta(U)}{2}\right] \tag{5.30}$$

再由式（5.28）可得

$$I_A = I_P \sin^2\left[\left(\frac{\pi}{2}\right)\left(\frac{U}{U_\pi}\right)\right]$$

于是可画出输出光强 I_A 与相位差 δ（或外加电压 U）的关系曲线，如图 5.24 所示，即 I_A-δ（U）或 I_A-U。

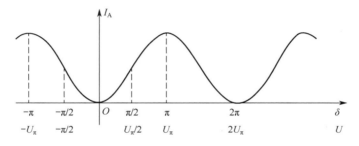

图 5.24　光强与相位差（或电压）间的关系

由此可见，当 $\delta(U) = 2k\pi$（或 $U = 2kU_\pi$）（$k = 0, \pm 1, \pm 2, \cdots$）时，$I_A = 0$；当 $\delta(U) = 2k\pi + 1$ 或 $U = (2k+1)U_\pi$ 时，$I_A = I_P$；当 $\delta(U)$ 为其他值时，I_A 在 $0 \sim I_P$ 之间变化。由于晶体受材料的缺陷和加工工艺的限制，光束通过晶体时还会受晶体的吸收和散射，使两个振动分量传播方向不完全重合，出射光截面也就不能重叠。

于是，即使在两偏振片处于正交状态，且在 $\alpha = \theta_P - \theta_x = \pm 45°$ 的条件下，当外加电压 $U = 0$ 时，透射光强却不为 0，即当 $I_A = I_{\min} \neq 0$，$U = U_\pi$ 时，透射光强却不为 I_P，即 $I_A = I_{\max} \neq I_P$。由此需要引入另外两个特征参量：消光比 $M = \dfrac{I_{\max}}{I_{\min}}$，透射率 $T = \dfrac{I_{\max}}{I_0}$。式中，$I_0$ 为移去电光晶体后转动检偏器 A 得到的输出光强的最大值。M 越大，T 越接近于 1，表示晶体的电光性能越好。半波电压 U_π、消光比 M、透光率 T 是表征电光介质品质的三个特征参量。

由图 5.24 可见，相位差在 $\delta = \pi/2$ 或（$U = U_\pi/2$）附近时，光强 I_A 与相位差 δ（或电压 U）成线性关系，故从调制的实际意义上来说，电光调制器的工作点通常就选在该处附近。

由图 5.25 可见，当选择工作点②（$U = U_\pi/2$）时，输出波形最大且不失真。当选择工作点①（$U = 0$）或③（$U = U_\pi$）时，输出波形小且严重失真，同时输出信号的频率为调制频率的两倍。

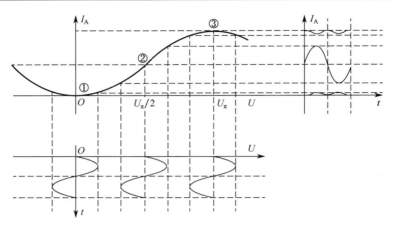

图 5.25　选择不同工作点时的输出波形

工作点的偏置可通过在光路中插入一个 1/4 波片，其透光轴平行于电光晶体 X 轴（相当于附加一个固定相差$\delta = \pi/2$）作为"光偏置"，也可以通过加直流电压来实现。

2．铌酸锂晶体

铌酸锂是一种无机物，化学式为 $LiNbO_3$，是一种负性晶体、铁电晶体，经过极化处理的铌酸锂晶体是具有压电、铁电、光电、非线性光学、热电等多性能的材料，同时具有光折变效应。

铌酸锂晶体是目前用途最广泛的新型无机材料之一，它是很好的压电换能材料，铁电材料、电光材料、铌酸锂作为电光材料在光通信中起到光调制作用。其单晶是光波导、移动电话、压电传感器、光学调制器和各种其他线性和非线性光学应用的重要材料。

5.8.3　实验方法

1．实验装置

实验装置和实验装置操作面板分别如图 5.26 和图 5.27 所示。

图 5.26　实验装置

从左到右依次为激光器、起偏器、电光晶体、检偏器、光电接收器

2．操作流程

（1）按如图 5.26 所示的顺序在光具座上垂直放置好激光器和光电接收器（注，预先将光敏接收孔盖上）。

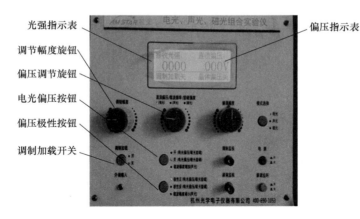

图 5.27　实验装置操作面板

（2）将所有滑动座中心全部调至零位，并用固定螺钉锁紧，使光器件大致共轴。

（3）使光路准直的操作步骤如下。

① 打开激光电源，调节激光器使激光束有足够强度。调节激光器架上的三只夹持螺钉使激光束基本保持水平，用直尺量激光器光源输出口高度与光电接收器中心高度，使二者等高。此时激光器头部保持固定。

② 调节激光器尾部的夹持螺钉，使激光束的光点保持在接收器的塑盖中心位置上（去除盖子则光强指示最大），此后激光器与接收器的位置不宜再动。

（4）插入起偏器（P），用白纸挡在起偏器后，调节起偏器的镜片架转角，使白纸上的光点亮度在最亮和最暗中间，这时透光轴与垂直方向约成 $\theta_P = 45°$。

（5）按系统连接方法将激光器、电光调制器、光电接收器等部件连接到位。将调制幅度和解调幅度调至最大，晶体偏压调至零，关闭主控单元的晶体偏压电源开关。

（6）将调制监视与解调监视输出分别与双踪示波器的 Yi、Yii 输入端相连，打开主控单元的电源，此时在接收器塑盖中心点应出现光点（去除盖子则光强指示表应有读数）。插入检偏器（A）转动检偏器，使激光点消失，光强指示近于 0，表示此时检偏器与起偏器的光轴已处于正交状态（P⊥ A），这时透光轴与垂直方向约成 $\theta_A = 45°$。此时检偏器与起偏器的角度不宜再动。

（7）将电光晶体插入光具座，使激光束透过，适当调节电光晶体平台上的三个调节螺钉，使反射光斑打在激光器光源输出口附近，与起偏器的反射点基本水平，此时激光束基本正射透过。调节电光晶体旋转镜片架角度，使接收光强应近于 0 （达到最小），应该在 0.1 以下。此时从示波器观察应出现倍频现象，即解调信号频率是调制信号频率的两倍。

（8）打开主控单元的晶体偏压电源开关。

（9）必要时插入调节光强大小用的减光器 P1 和作为光偏置的 1/4 波片构成完整的光路系统。（此步可选做）

（10）观察电光调制现象

① 调节晶体偏压，观察输出光强指示的变化。

② 改变晶体极性，观察输出光强指示变化。

③ 打开调制加载开关,适当调节调制幅度,使双踪示波器上呈现调制信号与解调输出波形。

(11) 插入 1/4 波片 P2,并使其光轴平行于晶体 X 轴(相当于加有"光偏置"),观察光调制现象。

(12) 测量电光调制特性

① 作特性曲线。将直流偏压加载到晶体上,从 0 到允许的最大偏压值逐渐改变电压(U),测出对应于每个偏压指示值的相对光强指示值,作 I_A-U 曲线,得到调制器静态特性。其中光电流有极大值 I_{max} 和极小值 I_{min}。对正偏压和负偏压各记录做一组值。

如此时解调波形为非正弦波,则出现失真,说明激光器输出光功率过大,应微调激光器尾部旋钮使光功率略微减小,再重新绘制曲线。

测量完毕后,将晶体偏压调至 0,关闭电源。

② 测半波电压。与 I_{max} 对应的偏压 U 即为被测的半波电压 U_π 值。

③ 计算电光晶体的消光比和透光率。由光电流的极大值、极小值得消光比为

$$M = \frac{I_{max}}{I_{min}}$$

将电光晶体从光路中取出,旋转检偏器 A,测出最大光强值 I_0,可计算透射率为

$$T = \frac{I_{max}}{I_0}$$

本实验的注意事项如下。

(1) 为使激光能正射透过晶体,必须反复对激光、晶体与光电接收孔加以调整。

(2) 为获得较好的实验效果,光亮宜调节在光强指示表为 0.1(最小)～5.8(最大)

(3) 在测量 I_0 值时,应控制光强大小不使光敏接收器进入饱和状态。

5.8.4   实验数据

1. 数据记录

将接收光强与直流偏压的数值记录在表 5.14 中。

表 5.14   接收光强与直流偏压的数值

接收光强	直流偏压	接收光强	直流偏压	接收光强	直流偏压	接收光强	直流偏压

2. 数据处理

将测量的数据导入 Excel 中，画出接收光强与直流偏压的图像，并观察二者之间的关系。与 I_{max} 对应的偏压 U 即为被测的半波电压 U_π 值，由图像可直观得出半波电压 $U_{\pi-}=V$ ，$U_{\pi+}=V$ 。

计算电光晶体的消光比和透光率。

由光电流的极大值、极小值得消光比，即

$$M = \frac{I_{max}}{I_{min}} = \underline{\qquad\qquad}$$

将电光晶体从光路中取出，旋转检偏器 A，测出最大光强值 I_0，可计算透射率

$$T = \frac{I_{max}}{I_0} = \underline{\qquad\qquad}$$

5.8.5　分析讨论

在实验过程中，常常会遇到实际记录数据与理想数据相差甚远的情况，如在本实验中，可能通过 Excel 绘制的图像并非是一个正弦曲线，而是一个失真的波形，这是为什么呢？可以从以下两个方面去思考去分析讨论。

（1）在本实验过程中，长时间的照射会导致光线接收器的光敏元件疲劳，灵敏度下降，这是导致数据偏差的主要原因，因此调节好后，应随机用塑料盖将光电接收孔的塑料盖盖好，以减小误差。

（2）有可能出现激光光束没有垂直于铌酸锂晶体端面的情况。不是正入射时会使激光在光电晶体内部发生全反射，经过光电晶体出射的光线发生改变而不与检偏器垂直。光束正入射于晶体的端面正确的摆放方式是经过端面反射后的圆点与激光光源的圆点重合。

5.8.6　思考总结

在本实验中，在理论上知道了什么是光调制，掌握了电光调制的原理及其实验方法，学会了如何用实验装置测量晶体的半波电压、绘制晶体特性曲线、计算电光晶体的消光比和透光率。通过本次实验基本达到了实验目的，对初步认识光通信有着很大的帮助。

在实验过程中，思考以下问题。

（1）简述利用调制法测量电光晶体半波电压的原理和实验步骤。

提示：当晶体电压为半波电压时，光波出射晶体时相对入射光产生相位差为 π，而偏转方向旋转 $\pi/2$，使得 P 垂直于 A。当电压为 0 时，接收器光强最小，电压增大，光强增大，当光强最大时，光偏转旋转了 $\pi/2$，此时电压即为半波电压。具体实验步骤见操作流程。

（2）铌酸锂晶体具有哪些特性？

（3）如何保证光束正入射晶体的端面？不是正入射会有什么影响？

提示：经过端面反射后的圆点与激光光源的圆点重合时，光束正入射于晶体的端面。不是正入射时会使激光在光电晶体内部发生全反射，经过光电晶体出射的光线发生改变不与检偏器垂直。

5.9　实验三十九　黑体辐射

5.9.1　物理问题

　　黑体是能够完全吸收入射的各种波长的电磁波而不发生反射的物体。在空腔壁上开一个很小的孔，射入小孔的电磁波在空腔内表面会发生多次反射和吸收，最终不能从空腔射出，这个小孔就可以近似看作一个绝对黑体。黑体虽然不反射电磁波，却可以向外辐射电磁波，这样的辐射叫作黑体辐射。因此一个温度恒定的黑体对应一个能量吸收和辐射的动态平衡。黑体是一种理想化的辐射体，它能吸收所有波长的辐射能量，没有能量的反射和透射，其表面的发射率为1。黑体在工业上主要应用于测温领域，最主要的产品是黑体炉。通常采用比较法对辐射温度计的校准、检定，通过高稳定度的辐射源（通常为黑体辐射源）和其他配套设备，将标准器所复现的温度与被检辐射温度计所复现的温度进行比较，以判断其是否合格或给出校准结果。

　　通过本实验将理解热辐射及热成像仪的工作原理，学会热成像仪的操作并完成热成像的基本测量，以及理解斯特潘-玻尔兹曼定律、维恩定律、黑体辐射理论，比较测量同材料不同性质面的辐射率。

5.9.2　物理原理

1．维恩定律

　　自然界存在着一种不为人们所注意的客观现象，这就是任何物体都具有一定的温度，它们都是"热"的，所不同的只是热的程度有差异而已。在物理学中，热是用绝对温度来表示的（即用 K 表示）。因此，上述现象又可表示为自然界不存在绝对温度为零的物体。绝对温度=摄氏温度+273。

　　热与光、电、磁一样，具有辐射特性（热辐射），只是辐射波长有长有短。将热、光、电，磁等的辐射，按其辐射波长的长短依次排列，便是人们熟知的波谱如图 5.28 所示。

α射线	X射线	紫外线	可见光	红外线	微波
10^{-5}	0.2	0.4	0.75	1.00	波长（μm）

图 5.28　波谱

　　热辐射又称红外辐射，这是因为其辐射波长的位置与可见的红光相邻并在其外。红外辐射为英国科学家赫胥尔于 1800 年所发现。人们发现物体的红外辐射波长与其自身温度有关，服从维恩定律。维恩位移如图 5.29 所示，维恩定律可表示为

$$\lambda_m T = b$$

式中，λ_m 为物体红外辐射的峰值波长（μm），T 为物体的绝对温度（K），B 为常数 $b = 2.897 \times 10^{-3}$（m·K）。

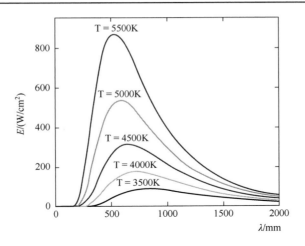

图 5.29　维恩位移

从式中可看出，物体绝对温度越高，其辐射波长越短；反之亦然。

2. 斯忒藩–波尔兹曼定律

物体的绝对温度不仅决定了物体辐射的波长，而且也确定了物体的辐射出射度（单位面积上向外辐射的总功率），因此绝对温度越高，物体的辐射出射度越大（呈指数增大），二者之间的关系遵守斯忒藩–波尔兹曼定律，即

$$E(T) \propto A\sigma T^4$$

式中，E 为辐射出射度（W/cm^2）σ 为斯忒藩–波尔兹曼常数 $=5.67\times10{-8}$（W/(m$^2 \cdot$ K^4)）；A 为发射体的面积。

3. 基尔霍夫辐射定律

基尔霍夫辐射定律（Kirchhoff）：物体在向外辐射的同时，还吸收从其他物体辐射来的能量，物体辐射或吸收的能量与它的温度、表面积、黑度等因素有关。处于热平衡状态的物体所辐射的能量与吸收的能量之比与物体本身物性无关，只与波长和温度有关。该定律表明，辐射量大的物体其吸收比也大，反之亦然。

4. 斯忒藩–玻尔兹曼（Stofan-Boltzmann）定律的验证

普朗克公式为

$$\frac{\mathrm{d}M(\lambda,T)}{\mathrm{d}\lambda} = 2\pi C^2 h\lambda^{-5}(\mathrm{e}^{\frac{hc}{\lambda kt}}-1)^{-1}$$

式中，$C = 3.00\times10^8\,\mathrm{m/s}$，$h = 6.62\times10^{-34}\,\mathrm{JS}$，$K = 1.381\times10^{-23}\,\mathrm{JK^{-1}}$，$\sigma = 5.67\times10^{-8}\,\mathrm{Wm^{-2}K^{-4}}$。

$$M(T) = \int_0^\infty M(\lambda,T)\mathrm{d}\lambda = \frac{2\pi^5}{15}\frac{k^4}{C^2h^3}\,T^4 = \sigma T^4$$

在实际的实验中还要考虑环境温度 T，所以实验需要验证 $M(T) \propto T^4 - T_\mathrm{r}^4$，并通过测出热象显示温度量 M（℃）来表示出射度的大小，因此实验就表示成 M（℃）$= A\sigma(T^4 - T_\mathrm{r}^4)$，

但实际上环境温度 T_r 的四次方数据很小，因此在定性实验中往往可以将其忽略，实际计算公式是

$$M(^\circ\text{C}) = \sigma T^4$$

5.9.3　实验方法

1．实验装置

实验装置如图 5.30 所示。

2．操作流程

（1）试用热像仪，观察热像的颜色图像

对人体手掌进行试探性拍摄。在拍摄过程中需调整热像仪的方向，以保证拍到清晰的热像，并改变混色度观测不同混色度下的不同图像。

图 5.30　实验装置

（2）测量不规则表面物体辐射下的热分布特性

在测量不光滑表面物体时，由于其表面凹凸不平，因此会引起各部分的辐射量不同，反映在热图像上的色彩也不一样。本实验的样品是一个中间划有深槽的简单图样，因此形成的热图像凹槽处的色彩显得特别炽热，这表明凹槽的热幅射要比其他部分大得多。

物体不加热条件下热图像的变化如图 5.31 所示。从左到右分别是冷物块的热图像、手压在物块上的热图像、在加大混色效果下的热图像。

(a)　　　　　　　　　　　(b)　　　　　　　　　　　(c)

图 5.31　物体不加热条件下热图像的变化

在物体加热条件下，混色程度不同时的热图像，如图 5.32 所示。

|　(a)　|　(b)　|　(c)　|　(d)　|

图 5.32　物体加热条件下混色程度不同时的热图像

（3）测量辐射与位置的曲线

将表格温度设置在固定温度（这里取 40℃），将粗糙面对准成像探头，用 X-Y 移位器，使红外探头从左向右移动，每固定长度记录一次数据，并画出 ΔL-M 曲线。

（4）同材料不同性质面辐射率的比较

① 将黑体与热像感应头分开适当的距离，约为 20～40cm。

② 设置 PDI 温度控制器到 30℃（303K），然后对黑体通电加热。

③ 旋转黑体，测量各表面（黑面、白面、光面）的辐射出射度并记录。当温度上升到预定温度后，待温度稳定后记录热像仪上的温度，然后继续设定更高的温度（从 30℃到 80℃，每 10℃一次），记录热像仪温度。

④ 整理数据，绘制出 T-M 曲线。实验测量在基本恒定的室温环境中进行，各面的出射度 M 与温度 T^4 基本成线性递增，但各条曲线的斜率不同。建议降温时读取数据。可以先将温度升高到 80℃（353K），然后测量各表面的数据，然后再降低 10℃，再次测量各表面的数据，依此类推。注，ΔL =250mm。

（5）斯特藩–玻尔兹曼定律的验证

① 使灯与热像感应头距离 10～20cm。调节热像感应头的高度与左右方位，使测试点对准灯丝的发光点。

② 调节灯丝电压，使其从 4～12V 之间等间距变化，根据公式得出灯丝温度，待温度稳定后记录热像仪上的温度（℃）。

③ 灯丝的温度最高可以达到 3000K 左右，在一定精度与温度变化不太大的范围内，用以下公式进行计算

$$T = \frac{R - R_{\text{ref}}}{\alpha R_{\text{ref}}} + \frac{R}{R_{\text{ref}}} T_{\text{ref}}$$

式中，T 为待测量的温度；R 为温度 T 时的灯丝电阻；T_{ref} 为传感器的参考温度，一般都用实验时的室温代替（这里取 300K）；R_{ref} 为室温时的灯丝电阻，实际测量大约 1.16Ω；α 为灯丝温度的电阻参量，数值为 $4.5 \times 10^3 \text{K}^{-1}$。

根据公式 M（℃）$= \sigma T^4$ 画出曲线，注，$R_{\text{ref}} = 1.16\Omega$，$T_{\text{ref}} = 300\text{K}$。

④ 低温条件下，采用辐射盒的黑面作为辐射体。

本实验的注意事项如下

（1）实验调节过程中必须轻、慢、缓，在滑轨上移动试样必须将固定螺钉松开后操作；

数据线的插拔要注意抓住数据头操作且要对准，不要硬插，防止插口损坏。

（2）实验要等仪器充分预热后再进行，数据读取必须在稳定状态下进行，以提高测量的准确率。

（3）实验过程中，当辐射体的温度很高时，禁止触摸辐射体，尤其是玻尔兹曼灯，以免烫伤。

（4）在测量不同辐射表面对辐射强度影响时，不要将辐射温度设置太高，在转动辐射体时，应戴手套。

（5）因辐射体的光面光洁度较高，故应避免其受损。

5.9.4　实验数据

1. 数据记录

将ΔL-M数据、同材料不同性质面的辐射率验证斯特藩–玻尔兹曼定律的数据分别记录在表5.15、表5.16、表5.17和表5.18中。

表5.15　ΔL-M数据记录

相距长度ΔL/mm	M/℃	相距长度ΔL/mm	M/℃	相距长度ΔL/mm	M/℃
100		200		300	
150		250		350	

表5.16　同材料不同性质面辐射率的比较

T/℃	黑 M/℃	白 M/℃	光 M/℃
30			
40			
50			
60			
70			
80			

表5.17　斯特藩–玻尔兹曼定律的验证1

V/V	I/A	R/Ω	T/K	T^4/（×10^{12}K）	M/℃
4					
4.5					
5					
5.5					
6					
6.5					
7					
7.5					

续表

V/V	I/A	R/Ω	T/K	T^4/（×10^{12}K）	M/℃
8					
8.5					
9					
9.5					
10					
10.5					
11					
11.5					
12					

表 5.18　斯特藩–玻尔兹曼定律的验证 2

T/K	T^4/（×10^{12}K）	M/℃	T/K	T^4/（×10^{12}K）	M/℃	T/K	T^4/（×10^{12}K）	M/℃
353			333			313		
348			328			308		
343			323			303		
338			318					

2. 数据处理

（1）将表 5.15 中的数据导入 Excel 中并画出 ΔL-M 图像，根据图像观察距离变化和温度的关系。

（2）将表 5.16 中的数据导入 Excel 中并画出 T-M 图像，比较同材料不同性质面的辐射率。

（3）整理表 5.17 和表 5.18 中的数据，根据式

$$T = \frac{R - R_{ref}}{\alpha R_{ref}} + \frac{R}{R_{ref}} T_{ref}$$

验证斯特藩–玻尔兹曼定律。

5.9.5　分析讨论

研究表明，对于一般材料的物体，辐射电磁波的情况除了与温度有关，还与材料种类及表面颜色和粗糙程度等因素有关，而对于理想黑体，辐射电磁波的辐射规律的强度按波长的分布只与黑体的温度有关。高温的黑体辐射强度在任何一个波长范围内，都高于低温的黑体辐射强度。随着温度的升高，一方面，各种波长的辐射强度都在增大；另一方面，辐射强度的峰值向波长较短的方向移动。黑体辐射定律给出了辐射测温方法的理论依据，一般指的是普朗克定律、维恩位移定律和斯特潘–玻尔兹曼定律，这三个定律揭示了物体温度与辐射能量的关系。

除去个别数据偏差带来的影响，能够看到随着溴钨灯色温的升高，测得的辐射曲线与

普朗克的理论曲线差别越大，误差越明显。误差的主要原因是本实验中被等效为黑体的灯箱实际上开有很多散热孔，导致了溴钨灯的热量流失，从而使得辐射曲线幅值下降，偏离了理论标准值。

5.9.6　思考总结

通过本实验理解热辐射及热成像仪的工作原理，学会热成像仪的操作并完成热成像的基本测量，掌握斯特潘–玻尔兹曼定律、维恩定律、黑体辐射理论，并对同材料不同性质的面辐射率进行了比较，对黑体辐射有了更深的认识。

同时在实验过程中可以思考以下问题：

（1）什么是"紫外灾难"？它与黑体辐射有什么关系？

（2）黑体是什么？黑体辐射又是什么？黑体可的应用在哪些领域？

5.10　实验四十　音乐合成

5.10.1　物理问题

音乐合成是指利用计算机，通过 Python 或 MATLAB 软件合成单个音符，并且通过单个音符的衔接来制作完整流畅的歌曲。因此若要实现音乐合成，就要了解音乐乐理的基本知识，认识编程工具，熟悉 sound()函数，并且将乐理知识与编程知识紧密结合。

本实验的目的是了解声音的合成原理，如何通过傅里叶变化对非周期性离散信号进行处理，如何通过傅里叶逆变换将频域信息变换为时域信息并合成一段钢琴音。通过本实验可以掌握乐音基波构成规律、谐波作用、波形包络、音调持续时间、音符叠接等内容，理解音乐合成方法原理，掌握简单的音乐合成方法，掌握利用 Python（MATLAB）进行基本数据处理的方法。通过本实验，熟练运用 Python（MATLAB）基本指令，以及加强对傅里叶级数、变换的理解。

5.10.2　物理原理

1. MATLAB

MATLAB 是 MathWorks 公司推出的用于算法开发、数据可视化、数据分析及数值计算的高级技术计算语言和交互式环境的商业数学软件。MATLAB 具有数值分析、数值和符号计算、工程与科学绘图、控制系统的设计与仿真、数字图像处理、数字信号处理等功能，为众多科学领域提供了全面的解决方案，代表了当今国际科学计算软件的先进水平。

2. Python

Python 由荷兰数学和计算机科学研究学会的 Guido van Rossum 于 1990 年年初设计。Python 提供了高效的高级数据结构，还能简单有效地面向对象编程。Python 语法和动态类型及解释型语言的本质，使它成为多数平台上写脚本和快速开发应用的编程语言，随着版本的不断更新和语言功能的添加，逐渐被用于独立的、大型项目的开发中。

Python 解释器易于扩展，可以使用 C 或 C++（或者其他可以通过 C 调用的语言）扩展新的功能和数据类型。Python 也可用于可定制化软件中的扩展程序语言。Python 具有丰富的标准库，提供了适用于各个主要系统平台的源码或机器码。

3．乐音解析

乐音的基本特征可以用基波频率、谐波频率和包络波形三个方面来描述，用大写英文字母 CDEFGAB 表示每个音的音名（或称为调），当指定某一音名时，它对应固定的基波信号频率。

图 5.33 为基波构成规律，表示钢琴的键盘结构，并注明了每个琴键对应的音名和基波频率值。这些频率值是按"十二平均律"计算导出的。

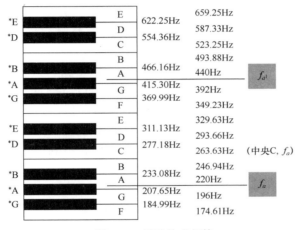

图 5.33　基波构成规律

从图 5.33 可以看到，靠下边的 A 键称为小字组 A，它的频率值 $f_{A0}=220\text{Hz}$ 而靠上面的另一个 A 键是小字一组 A，它的频率值是 $f_{A1}=440\text{Hz}$，两者为二倍频率关系，即 f_{A1} 相当于 f_{A0} 的二次谐波。

4．傅里叶变换

复杂的波都是可以通过正弦波的线性叠加来进行合成的。本实验就是通过叠加不同的正弦波合成钢琴的音波。

录制一段钢琴音，将钢琴的音波分解成数个正弦波，显然在这里可以利用傅里叶变换将时域信息转换为频域信息，频域信息中包含了组成原波的所有正弦波的频率以及振幅信息。

因为在计算机中存储的音频信息是一种周期离散信息，所以可以用周期性离散信号进行傅里叶变换。

5.10.3　实验方法

1．实验工作

本实验需要一段钢琴音、Python 编译器及相关库函数、MATLAB 软件、录音软件、

Excel 等数据处理软件。

2．操作流程

以下分为 Python 和 MATLAB 两种方法进行讲述。

图 5.34　两只老虎部分五线谱

（1）Python 方法

① 首先将音频的波形信号转化为周期性离散信号，即利用傅里叶变换能够处理的数据。

② 之后对这些数据进行傅里叶变换，得到处理后的数据。

③ 提取声波的特征频谱及相应的振幅。

④ 将这些数据重新转换为频域信息。

⑤ 对这些信息进行傅里叶逆变换得到合成的声波，将声波文件保存。

（1）MATLAB 方法

① 如图 5.34 所示为《两只老虎》部分五线谱，根据《两只老虎》简谱和十二平均律计算出该小节每个乐音的频率及持续时间。

当曲调为 C 时，得到每个乐音对应的频率分别如表 5.19 所示。

表 5.19　乐音对应频率　　　　　　　　　　　　　　　单位：Hz

1	2	3	4	5
262.63	293.66	329.63	346.23	392

每小节有 4 拍，一拍的持续时间为 0.5s，因此各乐音的持续时间如表 5.20 所示。

表 5.20　乐音对应频率

乐音	时间	乐音	时间
1	0.5	3	0.5
2	0.5	4	0.5
3	0.5	5	1
1	0.5	3	0.5
1	0.5	4	0.5
2	0.5	5	1
3	0.5		
1	0.5		

（2）用幅度为 1、抽样频率为 8kHz 的正弦信号来表示乐音，用 MATLAB 编写的程序如下。

```
clear; clc;
fs=8000;   %抽样频率
f=[262.63 293.66 329.63 262.63 262.63 293.66 329.63 262.63 329.63 349.23 392 329.6
3 349.23 392]; %各个乐音对应的频率
time=fs*[1/2, 1/2, 1/2, 1/2, 1/2, 1/2, 1/2, 1/2, 1/2, 1/2, 1, 1/2, 1/2, 1]; %各个乐音的抽样点数
N=length（time）;    %这段乐音的总抽样点数
east=zeros（1，N）;    %用 east 向量来储存抽样点
n=1;
for num=1：N %利用循环产生抽样数据，num 表示乐音编号
t=1/fs：1/fs：time（num）/fs;   %产生第 hum 个乐音的抽样点
east（n：n+time（num）-1）=sin（2*pi*f（num）*t）;
n=n+time（num）;
end
sound（east，8000）;    %播放
plot（east）;
```

运行结果如图 5.35 所示。

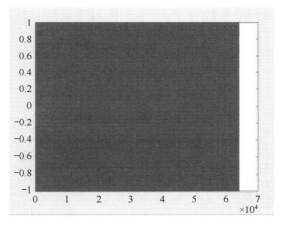

图 5.35　运行结果

此时可以听出《两只老虎》的调子，但效果不是很好。

（3）对信号进行处理，加包络波形，用 MATLAB 编写的程序如下。

```
clear; clc;
fs=8000; %抽样频率
f=[262.63 293.66 329.63 262.63 262.63 293.66 329.63 262.63 329.63 349.23 392 329.63 349.23
392 ]; %各个乐音对应的频率
time=fs*[1/2, 1/2, 1/2, 1/2, 1/2, 1/2, 1/2, 1/2, 1/2, 1/2, 1, 1/2, 1/2, 1];
%各个乐音的抽样点数
N=length（time）;    %这段音乐的总抽样点数
east=zeros（1，N）;    %用 east 向量来储存抽样点
n=1;
for num=1：N %利用循环产生抽样数据，num 表示乐音编号
t=1/fs：1/fs：time（num）/fs;   %产生第 hum 个乐音的抽样点
G=zeros（1，time（num））;    %G 为存储包络数据的向量
```

```
G（1：time（num））=exp（1：（-1/time（num））：1/8000）；%产生包络点
east（n：n+time（num）-1）=sin（2*pi*f（num）*t）.*G（1：time（num））；
%给第 num 个乐音加上包络
n=n+time（num）；
end
sound（east，8000）；　%播放
plot（east）；
```

运行结果如图 5.36 所示。

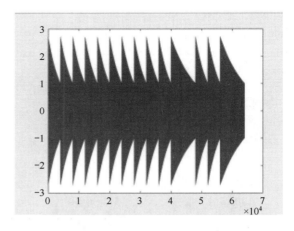

图 5.36　运行结果

此时播放后音乐听起来更有节奏。

（4）将音乐信号数据存储到 Excel 中。

（5）用傅里叶变换分析音乐频谱，具体 MATLAB 程序如下。

```
[x，fs]=audioread（'laohu.wav'）；　%打开语音信号
sound（x，fs）；　%播放语音信号
N=length（x）；　%长度
n=0：N-1；
w=2*n*pi/N；
y1=fft（x）；　%对原始信号做 FFT 变换
subplot（2，1，1）；
plot（n，x）　%作原始语音信号的时域波形图
title（'原始语音信号时域图'）；
xlabel（'时间 t'）；
ylabel（'幅值'）；
subplot（2，1，2）；　%做原始语音信号的频谱图
plot（w/pi，abs（y1））；
title（'原始语音信号频谱'）
xlabel（'频率 Hz'）；
ylabel（'幅度'）；
```

运行结果如图 5.37 所示。

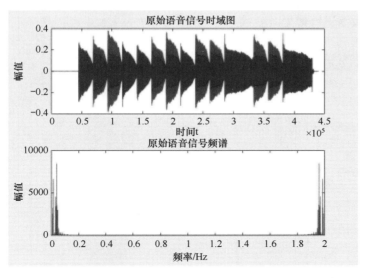

图 5.37　运行结果

5.10.4　实验数据

（1）首先引入相关的函数库。

① import wave。

② import pyaudio。

③ import numpy。

④ import pylab。

（2）导入音频文件，将音频波形数据转换为一个数组。可以看到此时的音频波形如图 5.38 所示，横坐标为时间，纵坐标为振幅。

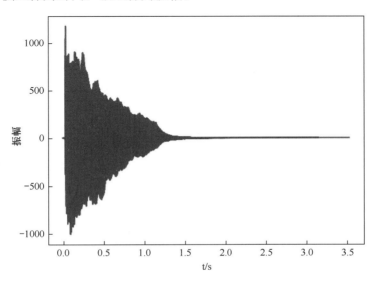

图 5.38　音频波形

3. 对音频数据进行傅里叶变换

在进行傅里叶变换后，以频率为横坐标，相应频率的振幅为纵坐标，如图 5.39 所示。

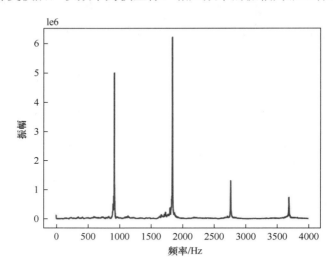

图 5.39　傅里叶变换图像

（4）提取原音频的相应频谱及振幅，并组成一个新的频域信息。

（5）将频域信息进行傅里叶逆变换得到合成的音波。

（6）之后将合成的音波写入到一个新的音频文件中。

根据实验步骤合成音频，该音频文件的前面部分为合成音，后面部分为原音，可以很明显感觉到合成的音乐明显不够顺畅，有一种细微的撕裂感。这是因为在提取频率时，有一些振幅过小的频率并没有被提取，所以最后合成的声音就显得有一些不顺畅，如果能将这些频率都提取出来，声音就会顺畅得多，感兴趣的学生可以修改以下代码来完成。

Python 源代码如下。

```
1.    import wave
2.    import pyaudio
3.    import numpy
4.    import pylab
5.
6.
7.    # 对数组进行粗处理，将频率大于 max（array）*ratio% 的数据都保留，并将其他数据都设为 0
8.    def process（array，ratio）:
9.        newArray = array
10.       minValue = abs（max（array））*ratio/100
11.       for index in range（0，len（newArray））:
12.           if abs（newArray[index]）<= minValue:
13.               newArray[index] = 0+0j
14.       return newArray
15.
16.
```

```
17.    # 将音频写入到 wave 文件中
18.    def wavWriter（path，frameRate，time，wave_data）：
19.        t = numpy.arange（0，time，1.0 / frameRate）
20.
21.        # 打开 wave 文档
22.        f = wave.open（path，" wb "）
23.
24.        # 配置声道数、量化位数和取样频率
25.        f.setnchannels（1）
26.        f.setsampwidth（2）
27.        f.setframerate（frameRate）
28.        # 将 wave_data 转换为二进制数据并写入文件
29.        f.writeframes（wave_data.tostring（））
30.        f.close（）
31.
32.
33.    def audioCompound（path）：
34.        # 打开 WAV 文档，根据需要对文件路径做修改
35.        wf = wave.open（path，" rb "）
36.        # 创建 PyAudio 对象
37.        p = pyaudio.PyAudio（）
38.        stream = p.open  （ format=p.get_format_from_width （ wf.getsampwidth （ ） ），
channels=wf.getnchannels（），rate=wf.getframerate（），output=True）
39.        nFrames = wf.getnframes（）
40.        framerate = wf.getframerate（）
41.        # 读取完整的帧数据到 str_data 中，这是一个 string 类型的数据
42.        str_data = wf.readframes（nFrames）
43.        wf.close（）
44.        # 将波形数据转换为数组
45.        # A new 1-D array initialized from raw binary or text data in a string.
46.        wave_data = numpy.fromstring（str_data，dtype=numpy.short）
47.        # 将 wave_data 数组改为 2 列，行数自动匹配。在修改 shape 属性时，需使数组的总长度不变
48.        wave_data.shape = -1，2
49.        # 将数组转置
50.        wave_data = wave_data.T
51.        # time 也是一个数组，与 wave_data[0]或 wave_data[1]配对形成系列点坐标
52.        time = numpy.arange（0，nFrames）* （1.0/framerate）
53.
54.        # 显示原音频波形
55.        pylab.plot（time，wave_data[1]，c=" g "）
56.        pylab.xlabel（" time（seconds）"）
57.        pylab.show（）
58.
59.        # 采样点数，修改采样点数和起始位置，对不同位置和长度的音频波形进行分析
60.        N = framerate
```

```
61.    #开始采样位置
62.    start = 0
63.    # 分辨率
64.    df = framerate/（N-1）
65.    #N 个元素的频率
66.    freq = [df*n for n in range（0，nFrames）]
67.    wave_data2 = wave_data[0][start：start+nFrames]
68.    #对音频进行傅里叶变换，找出组成该音调的基本正弦函数
69.    c = numpy.fft.fft（wave_data2）
70.    #常规显示采样频率一半的频谱
71.    d = int（len（c）/2）
72.    #d = int（len（c））
73.    #仅显示频率在 4000Hz 以下的频谱
74.    while freq[d] > 4000:
75.        d -= 10
76.    pylab.plot（freq[：d-1]，abs（c[：d-1]），'r'）
77.    pylab.show（）
78.
79.    # 对其特征频谱进行处理，找出较为明显的特征谱线，并合成为新的特征频谱
80.    c = process（c，1）
81.
82.    # 对合成的特征频谱进行傅里叶逆变换，得到合成的音频数据
83.    wave_data2 = numpy.abs（numpy.fft.ifft（c））
84.    #将音频数据录入
85.    wave_data[0] = wave_data2[：]
86.
87.    # 合成的音频时长
88.    time = nFrames / framerate
89.
90.    # 设定写入文件的文件名
91.    name，suffix = path.split（'.'）
92.    path = 'compound_'+name+'.'+suffix
93.    #将合成的音频写入到文件中
94.    wavWriter（path，framerate，time，wave_data）
95.
96.
97.  path = 'C.wav'
98.  audioCompound（path）
```

5.10.5　分析讨论

（1）本实验是结合 MATLAB/Python 操作、音乐信号的处理、傅里叶变换及频谱图的综合实验，思考如何更好地学习这些知识。

分析：首先学生需要上网查阅资料，初步了解编程软件及各种知识，然后可选择其中一种编程软件进行深入学习，如果时间充足可以学习两种编程软件。

（2）实验所述的两种方法看起来相差很大，探究原因。

分析：两种方法看似相差很大，但其实运用的原理相同，都是通过傅里叶变换来编写程序的。

5.10.6　思考总结

本实验存在一定难度，对学生的编程能力有一定要求，而且涉及一定的乐理知识，所以未接触过编程与乐理知识的学生可能会感到比较吃力，需要花费一定时间。在实验过程中要不断克服困难，初步掌握 MATLAB（Python）的基本编程思想。相信通过本实验会帮助学生更加熟练掌握 MATLAB（Python），同时也帮助学生了解一定的乐理知识，拓宽学生知识面。

5.11　实验四十一　基于几何光学的隐形实验

5.11.1　物理问题

本实验是基于几何光学的隐形实验，涉及光学隐形技术领域，根据物理光学的原理，利用凸透镜将光束汇聚，改变光束的横截面积，可将物体前方入射光线经过凸透镜汇聚，由传像渠道传递至物体后方，再经发散还原成原先的入射光线，达到可见光隐形的效果。该实验装置具有无须外部能源、结构简单、易生产、成本低及应用领域广泛等特点。实难过程中需要思考为什么透镜组可以实现物体的隐形效果？若透镜组可实现物体隐形，其与哪些因素有关？若改变透镜的属性或物体的几何形状，其对隐形的效果有什么影响？

5.11.2　物理原理

图 5.40 为凸透镜对光线的汇聚示意图。

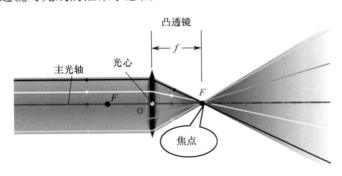

图 5.40　凸透镜对光线的汇聚作用示意图

不同透镜的种类如图 5.41 所示，透镜是用透明物质制成的表面为球面一部分的光学元件。本实验所使用的透镜为凸透镜，是中央较厚、边缘较薄的透镜，有双凸、平凸和凹凸（正弯月形）等形式。

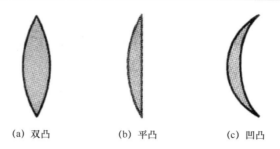

(a) 双凸　　　　　　　　(b) 平凸　　　　　　　　(c) 凹凸

图 5.41　不同透镜的种类

凸透镜有会聚光线的作用，故又称会聚透镜，凸透镜组可以实现与会聚有关的作用，根据透镜曲率半径的不同，其成像效果也会有不同程度的差异。根据这一点，可以实现实验室内的光学隐形效果（注，凹透镜组无法实现隐形效果，故此不做讨论）。

显然，经过凸透镜的光线会发生方向上的偏移，而当物体处于实际光路之外的位置时，其本身将无法影响到光学系统的最终成像效果，即实现隐形效果。

如图 5.42 所示，在 L1、L2、L3、L4 之间区域可实现在透镜组间的隐形效果。

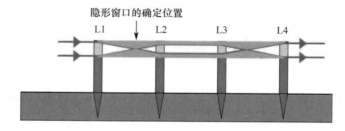

图 5.42　四透镜组隐形区域

利用矩阵光学相关知识，选用两组相同的 4 个凸透镜搭建的近轴光学隐身光路，它们的焦距依次为 f_1、f_2、f_3、f_4（进行对称摆放，令 $f_1=f_4$，$f_2=f_3$），凸透镜 L1 与 L2 共焦摆放，凸透镜 L3 与 L4 共焦摆放，L2 与 L3 的距离为 t_2（未知）。根据矩阵光学理论，在近轴近似条件下，光线通过光学系统的传播可以用矩阵来描述。

单个薄透镜的传输矩阵为

$$\begin{bmatrix} A & B \\ C & D \end{bmatrix}$$

在上述对称摆放中，$f_1=f_4$，$f_2=f_3$，令 $C=0$，得到四透镜光学系统的传输矩阵为

$$\boldsymbol{T} = M_4 \begin{bmatrix} 1 & f_3 + f_4 \\ 0 & 1 \end{bmatrix} M_3 \begin{bmatrix} 1 & t_2 \\ 0 & 1 \end{bmatrix} M_2 \begin{bmatrix} 1 & f_1 + f_2 \\ 0 & 1 \end{bmatrix} M_1 \tag{5.31}$$

化简后得

$$t_2 = \frac{2(f_1 f_2 + f_2^2)}{f_1 - f_2} \tag{5.32}$$

因此，已知透镜组的焦距 f 即可得出 t_2，在保证中间透镜的焦距小于外侧透镜焦距的前提下，增大透镜的焦距会使 t_2 的值也增大。

5.11.3　实验仪器

实验仪器包括凸透镜、光具座、直尺。

5.11.4　实验内容

1. 隐形效果与透镜焦距的关系

本次实验的前提条件为：在实验 A、B 组中，A 组透镜焦距分别为 10cm、5cm，口径为 5cm 保持不变；B 组透镜焦距分别为 15cm、10cm，口径为 5cm 保持不变。

本实验步骤如下。

（1）如图 5.43 所示建立透镜组坐标系，即 x–y 坐标系，x 轴对应记录隐身现象出现的位置，y 轴对应记录 y 方向上隐形区域的大小。

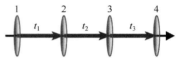

图 5.43　透镜组坐标系的建立

（2）固定 y 值，将一条钢丝从初始点缓慢移动至下一个透镜前，在此过程中，记录隐形与显形的临界点；固定 x 值，将一条钢丝从初始点缓慢上移至透镜以上，同样记录隐形与显形的临界点。

实验数据见表 5.21～表 5.24。

表 5.21　隐形临界坐标（焦距为 10cm）

X 值/cm	Y 值/cm	X 值/cm	Y 值/cm
1	2.30	8	0.65
2	2.05	9	0.17
3	1.85	10	0.55
4	1.67	11	0.92
5	1.45	12	1.15
6	1.26	13	1.47
7	1.04	14	1.90

表 5.22　隐形临界坐标（焦距为 5cm）

X 值/cm	Y 值/cm	X 值/cm	Y 值/cm
14.4	2	11.4	1
2.3	2	7.1	1
13.1	1.5	9.95	0.5
4.8	1.5	8.6	0.5

表 5.23　隐形临界坐标（焦距为 15cm）

X 值/cm	Y 值/cm	X 值/cm	Y 值/cm
1	2.35	13	0.75
3	2.05	15	0.2
5	1.7	17	0.67
7	1.53	19	1.15
9	1.35	21	1.6
11	1.1	23	1.92

表 5.24　隐形临界坐标（焦距为 10cm）

X 值/cm	Y 值/cm		
24.1	2	12.4	0.5
21.3	1.5	8.6	1
18.1	1	4.3	1.5
16.7	0.5	2.8	2
15.3	0		

画出当焦距分别为 10cm、5cm，t_2 = 30cm 时的隐形临界点，如图 5.44 所示。

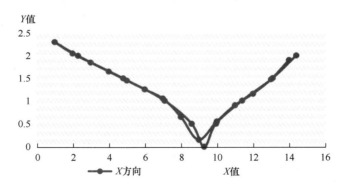

图 5.44　焦距分别为 10cm、5cm 的隐形临界点图

画出当焦距分别为 15cm、10cm，t_2=100cm 的隐形临界点图，如图 5.45 所示。

2．隐形效果与透镜直径的关系

该实验前提条件与"隐形效果与透镜焦距的关系"这一实验相同。

本实验步骤如下。

（1）建立 x-y 坐标轴，x 轴记录隐形出现的位置，y 轴记录 y 方向上隐形出现的位置。

（2）固定 y 值，将一条钢丝从初始点缓慢移动至下一个透镜前，在此过程中记录隐形与显形的临界点；固定 x 值，将一条钢丝从初始点缓慢上移至透镜以上，同样记录下隐形与显形的临界点。图 5.46、图 5.47 分别为透镜直径为 5cm 和 4cm 时的隐形范围，对应数据见表 5.25 和表 5.26。

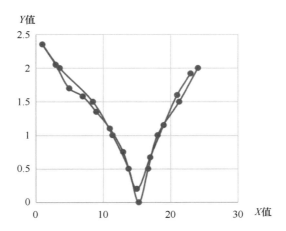

图 5.45　焦距分别为 15cm、10cm 的隐形临界点图

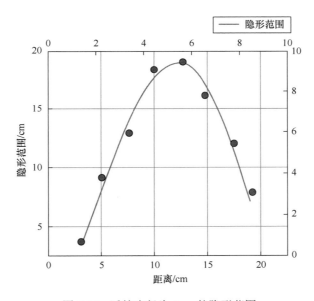

图 5.46　透镜直径为 5cm 的隐形范围

3．隐形现象与物体几何形状的关系

本实验的前提条件如下。

（1）选用实验 1 中的透镜组作为前提条件进行实验，在已测出的隐形范围内分别置入不同大小的长方体与圆锥，观察哪一种物体能达到更好的隐形效果。

（2）选用不同形状的物体，长方体尺寸：长 5cm，宽 4cm，高 1cm；圆锥尺寸：高 5cm，底面直径 5cm。

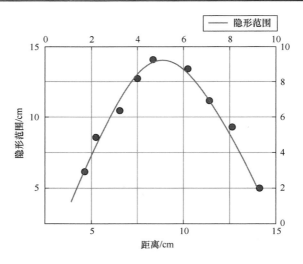

图 5.47　透镜直径为 4cm 的隐形范围

表 5.25　透镜直径为 5cm 的隐形范围

透镜区间	距离/cm	隐形范围/cm
t_1	2.4	4.0
	4.2	8.9
	6.2	13.0
	8.1	18.4
	10.3	19.0
	11.8	17.9
	14.1	12.3
	15.3	7.9

表 5.26　透镜直径为 4cm 的隐形范围

透镜区间	距离/cm	隐形范围/cm
t_1	4.4	6.2
	5.3	8.6
	6.3	10.7
	7.5	12.7
	8.5	14.1
	10.3	11.3
	12.7	9.2
	13.9	5.0

本实验步骤如下。

（1）建立 x-y 坐标轴，x 轴对应记录隐形现象出现的位置，y 轴对应记录 y 方向上隐形区域的大小。

（2）将小物体从共焦位置沿 y 轴从上至下缓慢移动，并在此基础上左右移动，并不断找出隐形范围的边界。

（3）记录数据，以此比较不同物体的隐形效果。

数据分析情况如表 5.27 所示。

表 5.27 数据分析情况

物体形状	横向置入	纵向置入
长方体	由上至中轴线处隐形效果逐渐减弱，至底部过程中再慢慢变强。不隐形区域呈对称分布	隐形过程与横向置入相同，均为从上到下慢慢变差，但在接近焦点时，其隐身效果更好
圆锥体	由于横向置入时自身形状的不对称，导致其隐身效果比长方体更差	纵向置入时自身形状沿焦点纵向线呈轴对称，从上往下移动时，几乎完美契合隐形区域

5.11.5 分析讨论

实验中可能存在的误差如下。

（1）实验器材的精度带来的误差。

（2）透镜组主光轴不绝对共线导致光线偏移，进而产生误差。

（3）透镜边缘效应与理论的差异。

（4）观察视角产生的观测误差。

（5）非近轴光路（实际光路）与近轴光路近似理论不同导致的像差。

5.11.6 思考总结

1. 透镜属性与隐身范围的关系

根据高等数学曲线积分知识，可得到隐形范围与透镜属性有如下关系。

（1）在其他参数不变的情况下，透镜本身的焦距越大，其隐形范围越大；焦距越小，隐形范围越小。

（2）在其他参数不变的情况下，透镜本身的直径越大，其隐形范围越大；反之，直径越小，其隐形范围越小。

2. 物体几何形状与隐身范围的关系

在其他外界条件不变化的情况下，物体形状越是贴合光线光路所成的立体锥形，就越能契合隐形区域，达到更好的隐形效果。

5.11.7 未来展望

（1）可使用更准确的分析方法进行误差校正，如实际光学系统获得不同孔径角的精确的成像点与复杂透镜组来矫正像差等。

（2）使用透镜阵列进一步改变光路，从而实现更有实际意义的光学隐形。

（3）所用理论与研究成果或将对军事、教育等领域有一定的参考意义。

（4）可以使用反隐形思维做一些其他方面上的分析与突破。

反侵权盗版声明

电子工业出版社依法对本作品享有专有出版权。任何未经权利人书面许可，复制、销售或通过信息网络传播本作品的行为；歪曲、篡改、剽窃本作品的行为，均违反《中华人民共和国著作权法》，其行为人应承担相应的民事责任和行政责任，构成犯罪的，将被依法追究刑事责任。

为了维护市场秩序，保护权利人的合法权益，我社将依法查处和打击侵权盗版的单位和个人。欢迎社会各界人士积极举报侵权盗版行为，本社将奖励举报有功人员，并保证举报人的信息不被泄露。

举报电话：（010）88254396；（010）88258888

传　　真：（010）88254397

E-mail：　dbqq@phei.com.cn

通信地址：北京市万寿路 173 信箱

　　　　　电子工业出版社总编办公室

邮　　编：100036